Übungsbuch Analysis für Dummies

W0320684

Übungsbuch Analysis für Dummies – Schummelseite

Grenzwerte bestimmen

- ✓ Der Grenzwert an einer Lücke ist die Höhe der Lücke.
- ✓ Der Grenzwert bei Unendlich ist die Höhe der horizontalen Asymptote.
- ✓ Bevor Sie andere Techniken ausprobieren, setzen Sie die Zahl am Pfeil ein. Wenn das Ergebnis:
  1. eine Zahl ist, sind Sie fertig.
  2. eine Zahl dividiert durch Null oder Unendlich dividiert durch Null ist, ist die Lösung Unendlich.
  3. eine Zahl dividiert durch Unendlich ist, ist die Lösung 0.
  4. $\frac{0}{0}$ oder $\frac{\infty}{\infty}$ ist, wenden Sie die Regel von L'Hôpital an.
     (a) Wenn Sie $\infty \cdot 0$ oder $\infty - \infty$ erhalten, probieren Sie eine Umformulierung, so dass Sie $\frac{0}{0}$ oder $\frac{\infty}{\infty}$ erhalten.
     (b) Wenn Sie 1^∞, 0^0 oder ∞^0 erhalten, wenden Sie die logarithmische Differentiation an.

Integrationsaufgaben

- ✓ **Mittelwertsatz**: $\int_a^b f(x)dx = f(c)(b-a)$ für ein c im Intervall von a bis b; $f(c) = \frac{\int_a^b f(x)dx}{b-a}$ ist der *Mittel-* oder *Durchschnittswert* der Funktion zwischen a und b.
- ✓ **Beilagscheibenmethode** (Fläche eines Kreises $= \pi r^2$): $\int_a^b (\pi R^2 - \pi r^2)dx = \pi \int_a^b (R^2 - r^2)dx$
- ✓ **Hüllenmethode**: (Seitenfläche eines Zylinders = Umfang · Höhe): $\int_a^b 2\pi rhdr = 2\pi \int_a^b rhdr$
- ✓ **Bogenlänge**: $\int_a^b \sqrt{1+\left(\frac{dy}{dx}\right)^2}\,dx$
- ✓ **Rotationsoberfläche**: $2\pi \int_a^b r\sqrt{1+\left(\frac{dy}{dx}\right)^2}\,dx$

Integrationstechniken

- ✓ **Raten und ausprobieren**: Funktioniert, wenn der Integrand ähnlich einer einfachen Rückwärts-Ableitung ist.
- ✓ **u-Substitution**: Das Gegenstück in der Integration zur Kettenregel. Wird verwendet, wenn es mehr als ein einfaches x gibt.
- ✓ **Partielle Integration**: Das Gegenstück in der Integration zur Produktregel.
  1. Wird verwendet, wenn der Integrand ein Produkt aus Funktionen enthält.
  2. Wählen Sie Ihr u gemäß LIATE, schreiben Sie es in den Rahmen, wenden Sie »7« darauf an und rechnen Sie die Aufgabe fertig.
- ✓ **Trigonometrische Integrale**
  1. Verwenden Sie Pythagoras-Beziehungen.
     (1) $\sin^2 x + \cos^2 x = 1$
     (2) $\tan^2 x + 1 = \sec^2 x$
     (3) $1 + \cot^2 x = \csc^2 x$
  2. Verwenden Sie Halbwinkel-Formeln
     (1) $\sin^2\theta = \frac{1}{2}(1-\cos 2\theta)$
     (2) $\cos^2\theta = \frac{1}{2}(1+\cos 2\theta)$
- ✓ **Trigonometrische Substitution**: Funktioniert, wenn der Integrand Wurzeln der Formen $\sqrt{u^2++a^2}$, $\sqrt{u^2-a^2}$ oder $\sqrt{a^2-u^2}$ enthält (oder Potenzen dieser Wurzeln), wobei a eine Konstante ist und u ein Ausdruck in x.
  1. Verwenden Sie $\frac{u}{a}$.
  2. Zeichnen Sie Ihr Dreieck.
  3. Verwenden Sie $\frac{\sqrt{}}{a}$.
  4. Substituieren und integrieren Sie.
  5. Substituieren Sie zurück.
- ✓ **Partialbrüche**: Funktioniert für rationale Funktionen (ein Polynom dividiert durch ein anderes).
  1. Faktorisieren Sie und splitten Sie den Bruch auf: Verwenden Sie $\frac{A}{2x-5}$ für lineare Faktoren und $\frac{Ax+B}{3x^2+1}$ für nicht kürzbare quadratische Faktoren.
  2. Multiplizieren Sie beide Seiten mit dem Nenner von der linken Seite.
  3. Lösen Sie nach den Unbekannten auf.
  4. Splitten Sie das Integral auf und integrieren Sie alle Teile.

Ableitungsaufgaben lösen

✓ **Aufgaben mit Kettenregel**

1. Wenden Sie die Kettenregel an, wenn das Funktionsargument nicht nur ein einfaches x ist.
2. Arbeiten Sie von *außen nach innen*.
3. Machen Sie nichts mit den inneren Ausdrücken.
4. Wenden Sie nur eine Ableitungsregel pro Schritt an.

✓ **Optimierungsaufgaben**

1. Drücken Sie alles, was Sie minimieren oder maximieren wollen, als Funktion der Unbekannten aus.
2. Differenzieren Sie und setzen Sie die Ableitung gleich Null.
3. Lösen Sie und setzen Sie die Lösung in die ursprüngliche Funktion ein.

✓ **Aufgaben mit Position, Geschwindigkeit und Beschleunigung**

1. Die *Ableitung* der Position ist die Geschwindigkeit, und die *Anti-Ableitung* der Geschwindigkeit ist die Position.
2. Die *Ableitung* der Geschwindigkeit ist die Beschleunigung, und die *Anti-Ableitung* der Beschleunigung ist die Geschwindigkeit.

✓ **Aufgaben mit verketteten Änderungsraten**

1. Ordnen Sie den sich *verändernden* Mengen Variablen zu, nicht aber den *unveränderbaren* Dingen.
2. Differenzieren Sie, *bevor* Sie die Variablenwerte einsetzen.
3. Wenden Sie den Satz des Pythagoras für Aufgaben mit rechtwinkligen und ähnlichen Dreiecken an, wenn Sie Aufgaben mit Kegeln oder anderen Formen mit dreieckigem Querschnitt haben.

Unendliche Reihen

✓ **Test auf den n-ten Term**: Wenn der n-te Term einer Reihe nicht gegen Null konvergiert, divergiert die Reihe.

✓ **Geometrische Reihen**: Wenn $0 < |r| < 1$, konvergiert die Reihe gegen $\frac{a}{1-r}$, wenn $|r| \geq 1$, divergiert die Reihe.

✓ **p-Reihen**: $\sum_{n=1}^{\infty} \frac{1}{n^p}$ konvergiert, wenn $p > 1$, und es divergiert, wenn $p \leq 1$.

✓ **Quotiententest**: Für $\sum a_n$ gilt für $\lim_{n\to\infty} \frac{a_{n+1}}{a_n} < 1$, die Reihe konvergiert; ist der Grenzwert größer 1, divergiert die Reihe; ist der Grenzwert gleich 1, macht der Test keine Aussage.

✓ **Wurzeltest**: Für $\sum a_n$ gilt für $\lim_{n\to\infty} \sqrt[n]{a} < 1$, die Reihe konvergiert; ist der Grenzwert größer 1, divergiert die Reihe; ist der Grenzwert gleich 1, macht der Test keine Aussage.

✓ **Direkter Vergleichstest**: Wenn die betrachtete Reihe kleiner als Ihre konvergente Vergleichsreihe ist, dann konvergiert auch die betrachtete Reihe. Wenn die betrachtete Reihe größer als Ihre divergente Vergleichsreihe ist, dann divergiert auch die betrachtete Reihe.

✓ **Integral-Vergleichstest:** Wenn das unechte Vergleichs-Integral konvergiert, konvergiert auch die betrachtete Reihe; dies gilt auch für die Divergenz.

✓ **Grenzwertvergleichstest:** Für zwei Reihen $\sum a_n$ und $\sum b_n$ mit $a_n > 0$ und $b_n > 0$ und $\lim_{n\to\infty} \frac{a_n}{b_n} = L$, wobei L endlich und positiv ist, gilt, dass entweder beide Reihen konvergieren oder beide Reihen divergieren.

✓ **Test auf alternierende Reihen:** Eine alternierende Reihe konvergiert, wenn

1. Ihr n-ter Term gegen Null konvergiert.
2. Jeder Term kleiner oder gleich dem vorhergehenden Term ist (wobei die Minuszeichen ignoriert werden).

Mark Ryan

Übungsbuch Analysis für Dummies

Übersetzung aus dem Amerikanischen von
Judith Muhr

Fachkorrektur von Dr. Patrick Kühnel

WILEY-
VCH

WILEY-VCH Verlag GmbH & Co. KGaA

Bibliografische Information
der Deutschen Nationalbibliothek

Die Deutsche Nationalbibliothek verzeichnet diese Publikation in der Deutschen Nationalbibliografie; detaillierte bibliografische Daten sind im Internet über http://dnb.d-nb.de abrufbar.

1. Auflage 2009

© 2009 WILEY-VCH Verlag GmbH & Co. KGaA, Weinheim

Original English language edition Copyright © 2005 by Wiley Publishing, Inc.

All rights reserved including the right of reproduction in whole or in part in any form. This translation published by arrangement with John Wiley and Sons, Inc.

Copyright der englischsprachigen Originalausgabe © 2005 by Wiley Publishing, Inc.

Alle Rechte vorbehalten inklusive des Rechtes auf Reproduktion im Ganzen oder in Teilen und in jeglicher Form. Diese Übersetzung wird mit Genehmigung von John Wiley and Sons, Inc. publiziert.

Wiley, the Wiley logo, Für Dummies, the Dummies Man logo, and related trademarks and trade dress are trademarks or registered trademarks of John Wiley & Sons, Inc. and/or its affiliates, in the United States and other countries. Used by permission.

Wiley, die Bezeichnung »Für Dummies«, das Dummies-Mann-Logo und darauf bezogene Gestaltungen sind Marken oder eingetragene Marken von John Wiley & Sons, Inc., USA, Deutschland und in anderen Ländern.

Das vorliegende Werk wurde sorgfältig erarbeitet. Dennoch übernehmen Autoren und Verlag für die Richtigkeit von Angaben, Hinweisen und Ratschlägen sowie eventuelle Druckfehler keine Haftung.

Printed in Germany

Gedruckt auf säurefreiem Papier

Korrektur: Dr. Patrick Kühnel

Satz: Druckhaus »Thomas Müntzer«, Bad Langensalza
Druck und Bindung: Ebner & Spiegel GmbH, Ulm

ISBN 978-3-527-70531-3

Über die Autoren

Als Absolvent der Brown Universität unterrichtet Mark Ryan seit 1989 Mathematik. Er betreibt das Math Center in Winnetka, Illinois (www.thmathcenter.com), dort lehrt er Mathematik, gibt unter anderem eine Einführung in Analysis und hat einen Workshop für Eltern basierend auf dem Programm *Zehn Gewohnheiten von sehr erfolgreichen Mathematikschülern*. Nach seinem Studium praktizierte er vier Jahre als Jurist, bis er sich entschloss, etwas zu tun, das ihm richtig Spaß macht und seinem Talent entspricht. Ryan ist Mitglied der Authors Guild und des National Council of Teachers of Mathematics.

Neben dem *Übungsbuch Analysis für Dummies* hat er auch, na raten Sie mal, *Analysis für Dummies* geschrieben.

Seine Hobbys sind Backgammon, Ski und Tennis, Ryan lebt in Chicago.

Cartoons im Überblick

von Rich Tennant

Seite 23

»Was genau wollten wir eigentlich beweisen...?«

Seite 49

»Ich habe mir Ihre Gleichungen angesehen, Frau Mühsam. Die Krümmung und die Wendepunkte laufen sauber, und auch Geschwindigkeit und Beschleunigung sind in Ordnung. Es könnte an Ihrer Differentiation liegen, aber vor Donnerstag komme ich sicher nich dazu.«

Seite 83

»Das ist Hütchen-Franz, der berühmteste Mathe-Zocker aller Zeiten. Wenn er dich anspricht und ein paar schnelle trigonometrische Integrale mit dir lösen will, lauf einfach weg, so schnell du kannst.«

Seite 209

»Pass auf, Gerlinde! Langsam... Laaaangsam... erst berechnest du das Volumen des Krugs!«

Seite 343

Fax: 001-978-546-7747

Internet: www.the5thwave.com

E-Mail: richtennant@the5thwave.com

Inhaltsverzeichnis

Kapitel 12
Integrale lösen Ihre Probleme. Wer braucht schon Freud? 287

Kapitel 13
Unendliche Reihen: Willkommen an den äußeren Grenzen! 321

Teil V
Der Teil der Zehn 343

Kapitel 14
Zehn Dinge, die Sie über Grenzwerte, Stetigkeit und unendliche Reihen wissen sollten 345

Kapitel 15
Zehn Dinge, die Sie sich über die Differentiation merken sollten 349

Kapitel 16
Zehn Dinge, die Sie sich über die Integration merken sollten, wenn Sie sich etwas Gutes tun wollen 353

Einleitung

Wenn Sie dieses Buch bereits gekauft haben oder vorhaben es zu kaufen, dann ist es vermutlich schon zu spät – zu spät, um es sich anders zu überlegen und die Analysis zu vergessen. (Wenn Sie noch Gelegenheit haben, auszubrechen, laufen Sie nach draußen und suchen Sie das Weite!) Aber jetzt sind Sie bei der Analysis und es gibt kein Zurück. Gibt es noch Hoffnung? Natürlich! Für Anfänger: Kaufen Sie dieses Juwel eines Buches oder meinen anderen Klassiker, *Analysis für Dummies*. In beiden Büchern wird die Analysis in ganz normaler Sprache erklärt und so wenig technischer Jargon verwendet wie möglich. *Analysis für Dummies* deckt die Themen im Detail ab. Das *Arbeitsbuch Analysis für Dummies* bietet Ihnen die Gelegenheit, Bereiche der Analysis, die Sie in der Schule oder in *Analysis für Dummies* kennen gelernt haben, in Hunderten von praktischen Aufgaben anzuwenden und den Stoff begeistert zu vertiefen – oder sich die Haare zu raufen.

Aber im Ernst: Analysis ist nicht annähernd so schwierig, wie es den Anschein hat. Es handelt sich dabei um eine logische Erweiterung der Algebra und Geometrie, und viele Themen aus der Analysis sind leicht verständlich, wenn Sie die Algebra und die Geometrie erkennen, die ihnen zugrunde liegt.

Man muss vermutlich nicht gesondert erwähnen, dass Sie die Analysis erst dann wirklich verstehen, wenn Sie Aufgaben dazu gelöst haben, unabhängig davon, wie gut oder wie schlecht Sie die Theorie verstanden haben. Und genau dafür ist dieses Buch vorgesehen.

Zu diesem Buch

Das *Arbeitsbuch Analysis für Dummies* ist wie auch *Analysis für Dummies* für drei Lesergruppen vorgesehen: Schüler oder Studenten, die gerade mit der Analysis beginnen, Schüler oder Studenten, die bereits Analysis gelernt haben, aber eine Auffrischung für weiterführende Studien benötigen, sowie Leser aller Altersgruppen, die die Konzepte einüben wollen, die sie in *Analysis für Dummies* oder aus irgendeiner anderen Quelle gelernt haben.

Wann immer es möglich ist, werde ich die Analysis hier auf ganz einfache Weise erklären, indem ich ihre Verbindung zu der grundlegenden Algebra und Geometrie darlege. Viele Aufgaben aus der Analysis sehen schwieriger aus als sie tatsächlich sind, weil sie so viele exotische, seltsam anmutende Symbole enthalten. Wenn Sie erkennen, dass sich die Aufgaben gar nicht so sehr von verwandten Aufgaben aus der Algebra und Geometrie unterscheiden, dann verlieren sie schnell ihren Schrecken.

Ich ergänze die Aufgabenerklärungen durch Tipps, Abkürzungen und Eselsbrücken. Häufig machen es ein einfacher Tipp oder eine Merkhilfe viel einfacher, ein neues, schwieriges Konzept zu lernen und es sich zu merken.

Konventionen in diesem Buch

In diesem Buch werden bestimmte Konventionen verwendet:

- Variablen werden *kursiv* dargestellt.
- Wichtige mathematische Begriffe werden häufig *kursiv* dargestellt und bei Bedarf definiert.
- Im Lösungsabschnitt nehme ich ein bisschen Rücksicht auf Ihre Augen und stelle nicht alle nummerierten Schritte fett dar, wie es in den *Dummies*-Büchern sonst üblich ist.
- Besonders schwierige Aufgaben sind mit einem Stern gekennzeichnet. Sie können sie überspringen, wenn Sie Angst haben, Ihr Gehirn dabei zu verknoten.

Wie Sie dieses Buch einsetzen

Wie alle *Dummies*-Bücher können Sie auch dieses Buch als Nachschlagewerk verwenden. Sie brauchen es nicht Seite für Seite zu lesen, oder alle Aufgaben der Reihe nach zu bearbeiten. In einigen Bereichen benötigen Sie vielleicht mehr Übung als in anderen, während Sie in anderen Abschnitten nur die Hälfte der Aufgaben oder vielleicht so gar überhaupt keine lösen wollen.

Wie Sie vermutlich erwartet haben, folgt die Reihenfolge der Themen im *Übungsbuch Analysis für Dummies* der Reihenfolge des herkömmlichen Lehrplans für einen Anfängerkurs in Analysis. Sie können deshalb das Buch der Reihe nach durchlesen und es als Ergänzung zu Ihrem Unterricht nutzen. Dabei werden Sie feststellen, dass viele der Erklärungen, Methoden, Vorgehensweisen und Tipps in diesem Buch dazu beitragen, die Aufgaben, die Sie im Verlaufe des Unterrichts als schwierig oder verwirrend empfunden haben, sehr viel einfacher erscheinen zu lassen.

Törichte Annahmen über den Leser

Nachdem Sie nun ein bisschen darüber erfahren haben, wie ich die Analysis sehe, folgt hier, was ich von Ihnen voraussetze:

- Sie haben nicht die gesamte Algebra, Geometrie und Trigonometrie vergessen, die Sie in der Schule gelernt haben. Falls Sie dies doch getan haben, dann wird die Analysis für Sie *wirklich* schwierig sein. In jeder Aufgabenstellung aus der Analysis brauchen Sie die Algebra, häufig die Trigonometrie und auch einiges an Geometrie. Wenn Sie also nicht mehr fit in diesen Bereichen sind, machen Sie sich wieder an die Grundlagen und frischen Sie sie auf. Dieses Buch enthält einige praktische Aufgaben, um Ihnen eine kleine Rückschau auf die Grundlagen der Analysis zu bieten, und in *Analysis für Dummies* finden Sie einen ausgezeichneten Überblick über die Voraussetzungen für die Analysis.
- Sie sind bereit, ein bisschen Zeit und Mühe in die Lösung dieser Aufgaben zu stecken. Auch hier macht nur die Übung den Meister, und dazu gehört ein bisschen Kampfgeist. Aber das ist etwas Positives. Am Besten sollten Sie die Aufgaben so gut wie möglich selbst bearbeiten, bevor Sie sich den Lösungsteil ansehen. Sie lernen natürlich auch durch Betrachtung der Lösungen, aber am meisten lernen Sie, wenn Sie die Aufgaben selbst ausführen – auch wenn Sie dabei bisweilen in eine Sackgasse gelangen.

Wie dieses Buch aufgebaut ist

Wie alle *Dummies*-Bücher ist auch dieses Buch in Teile gegliedert, die Teile in Kapitel und die Kapitel in Themen. Der Ordnung halber!

Teil I: Voraussetzungen für die Analysis

Teil I bietet einen kurzen Überblick über Algebra, Geometrie, Funktionen und Trigonometrie – was Sie eben für die Analysis brauchen. Ohne fundiertes Wissen über Algebra und Funktionen ist einfach keine Analysis möglich, weil bei fast jeder Aufgabe aus der Analysis diese Themen auf die eine oder andere Weise beteiligt sind. Man könnte sagen, die Algebra ist die Sprache, in der die Analysis geschrieben ist, und die Funktionen sind die Objekte, die die Analysis analysiert. Geometrie und Trigonometrie sind nicht von ganz so großer Bedeutung, weil Sie die Analysis bis zu einem gewissen Grad auch ohne sie betreiben könnten, aber in sehr vielen Aufgabenstellungen aus der Analysis geht es auch um Geometrie und Trigonometrie. Wenn Ihre Kenntnisse über die Grundlagen der Analysis also eingerostet sind, dann holen Sie sich ein Kännchen Öl!

Teil II: Grenzwerte und Stetigkeit

Die meisten praktischen Aufgaben der Analysis sind auch ohne umfangreichere Kenntnisse über Grenzwerte und Stetigkeit machbar. Die Analysis der Naturwissenschaftler, Ingenieure und Wirtschaftswissenschaftler besteht aus Differential- und Integral-Analysis (siehe Teil III und IV), und nicht aus Grenzwerten und Stetigkeit. Aber weil sich *Mathematiker* sehr wohl mit Grenzwerten und Stetigkeit beschäftigen, und weil genau diese Mathematiker die Analysisbücher und Lehrpläne schreiben, müssen Sie sich auch mit diesen Themen befassen.

Natürlich bin ich hier ein wenig zynisch. Grenzwerte und Stetigkeit sind logische Gerüste, die die Analysis stützen, und damit sind sie natürlich auch Ihre Zeit und Ihre Mühe wert.

Teil III: Differentiation

Differentiation und Integration (Teil IV) sind die beiden wichtigsten Konzepte in der Analysis. Die Differentiation betrachtet die *Ableitung*, also die Steigung von Funktionen: ob die Steigung positiv, negativ oder Null ist, ob die Steigung einen Minimum- oder Maximumwert hat, ob die Steigung zunimmt oder abnimmt, wie die Steigung einer Funktion mit der Steigung einer anderen Funktion zusammenhängt usw. In Teil III geht es um die Grundlagen der Differentiation, Differentiationsregeln und Techniken für die Analyse von Kurvenformen und die Lösung von Aufgaben mit Hilfe von Ableitungen.

Teil IV: Integration und unendliche Reihen

Wie »Differentiation« ist auch »Integration« ein kompliziertes Wort für einen einfachen Sachverhalt. Jede Integrationsaufgabe beinhaltet auf die eine oder andere Weise eine Addition. Was die Integration so toll macht, ist, dass Sie es Ihnen ermöglicht, eine unendliche Anzahl unendlich kleiner Mengen zu addieren. Und die Magie der Grenzwerte hilft der Integration, etwas (eine Fläche, ein Volumen, den Druck auf der Wand eines Öltanks usw.) in unendlich kleine Stücke zu erlegen und dann zu addieren, um schließlich die Summe zu bestimmen. In Teil IV lernen Sie die Grundlagen der Integration, Techniken zur Bestimmung von Integralen sowie Techniken zur Lösung von Aufgaben unter Verwendung der Integration kennen.

Unendliche Reihen sind ein faszinierendes Thema voller bizarrer, der Intuition widersprechender Ergebnisse, wie etwa die unendlich lange trompetenartige Form, die eine unendliche Oberfläche aber ein endliches Volumen hat! Kaum zu glauben aber Realität! Ihre Aufgabe bei unendlichen Reihen besteht darin, festzustellen, ob die Summe einer unendlich langen Liste von Zahlen Unendlich ergibt (was man sich ja ganz einfach vorstellen kann), oder eine ganz normale, endliche Zahl (etwas, das man sich schon nicht mehr ganz so einfach vorstellen kann).

Teil V: Der Teil der Zehn

Hier erfahren Sie zehn Dinge, die Sie über Grenzwerte und unendliche Reihen wissen sollten, zehn Dinge, die Sie über die Differentiation wissen sollten, und zehn Dinge, die Sie über die Integration wissen sollten. Wenn Sie plötzlich feststellen, dass Sie keine Ahnung von Analysis haben, Ihre Abschlussprüfung aber in 24 Stunden stattfindet (weil Sie im Unterricht möglicherweise zu viel Marilyn Manson auf Ihrem iPod gehört haben und nicht alle Termine ihrer Lerngruppe wahrgenommen haben), dann blättern Sie zum Teil der Zehn und zur Schummelseite. Wenn Sie sich auf diesen Stoff konzentrieren – auch wenn das nicht der von mir empfohlene Ansatz ist –, werden Sie Ihre Prüfung möglicherweise mit einem blauen Auge überstehen.

Symbole in diesem Buch

Diese Symbole helfen Ihnen, schnell die wichtigsten Konzepte im Buch zu erkennen.

Neben diesem Symbol finden Sie wichtige Definitionen aus der Analysis oder aus den Grundlagen der Analysis, Theoreme usw.

Dieses Symbol befindet sich – halten Sie sich fest – neben Beispielen.

Das Tipp-Symbol weist auf Abkürzungen, Merkhilfen, Vorgehensweisen usw. hin.

Wenn Sie diese Symbole ignorieren werden Sie sich sehr viel unnötige Arbeit machen und womöglich doch das falsche Ergebnis erhalten.

Dieses Icon zeigt Ihnen die Lösungen der Beispielaufgaben an.

Wie es von hier aus weitergeht

Sie können weiterlesen

- ✔ in Kapitel 1 – oder in welchem Kapitel auch immer, zu dem Sie Übungsaufgaben brauchen.
- ✔ in *Analysis für Dummies*, um weitere Erklärungen zu finden. Ihre Erfahrung aus diesen beiden Büchern wird Ihre Attraktivität verdoppeln oder gar verdreifachen, und Sie können dann *Französisch für Dummies* oder *Wein für Dummies* kaufen, um Nanette oder Jean Paul zu beeindrucken.
- ✔ in irgendeinem Buch.
- ✔ in den Klassenbestenlisten, auf denen Sie sich natürlich ganz oben befinden.
- ✔ Nirgendwo. Es gibt keine Fortsetzung. Nachdem Sie die Analysis beherrschen, ist Ihr Leben vollkommen.

Teil I
Voraussetzungen für die Analysis – Ein Rückblick

In diesem Teil ...

Ein Großteil der Mathematik baut aufeinander auf – Sie brauchen für die Analysis also unbedingt ein solides Wissen über die Grundlagen der Analysis. Natürlich beinhalten diese sehr viel mehr Stoff, als in den beiden kurzen Kapiteln von Teil I behandelt werden kann. Wenn Sie sich aber die hier gezeigten Konzepte angeeignet haben, dann sind Sie fit für die Analysis. Sie sollten diese Dinge also wirklich gut verstehen. Arbeiten Sie deshalb die Übungsaufgaben in den Kapiteln 1 und 2 am besten sorgfältig durch. Wenn Sie sich an irgendeiner Stelle nicht sicher sind, holen Sie Ihre alten Lehrbücher zu Hilfe (vorausgesetzt, Sie haben sie nicht verbrannt), oder lesen Sie den Überblick über die Voraussetzungen für die Analysis in *Analysis für Dummies*. Füllen Sie alle Ihre Lücken, was Algebra, Geometrie, Funktionen und Trigonometrie betrifft. Damit haben Sie endlich eine Antwort auf die Frage, die Sie sich in allen Mathematikstunden der Oberstufe vermutlich gestellt haben: »Wann werde ich all dies je brauchen?« Leider wird sie abgelöst von der neuen Frage: »Wann werde ich je Analysis brauchen?«

1 Noch einmal zu den Grundlagen: Algebra und Geometrie

In diesem Kapitel...

- Operationen an Brüchen
- Die elementare Algebra aufpolieren
- Die Geometrie ins Lot bringen

Ich weiß, ich weiß. Dies ist ein Arbeitsbuch zur *Analysis*, was soll also dieser ganze Aufstand von wegen Algebra und Geometrie? Keine Sorge, ich werde nicht allzu viele kostbare Seiten mit Algebra und Geometrie vergeuden, aber diese Themen sind ziemlich wichtig für die Analysis. Ohne Algebra können Sie keine Analysis betreiben – Sie können ja schließlich ohne Französischkenntnisse auch keine französischen Gedichte schreiben. Und Elementargeometrie (ohne geometrische Beweise!) ist deswegen so entscheidend, weil es bei der Analysis häufig um praktische Probleme mit Winkeln, Steigungen, Formen usw. geht. In diesem Kapitel – und in Kapitel 2, wo es um Funktionen und Trigonometrie gehen wird – stelle ich Ihnen deshalb ein paar schnelllösbare Aufgaben, so dass Sie Ihr Wissen wieder auffrischen können. Falls Sie all dies bereits aus dem Effeff beherrschen, blättern Sie weiter zu Kapitel 3.

Falls Sie bei ein paar Fragen daneben liegen und nicht genau wissen, warum, dann lesen Sie in Ihren alten Lehrbüchern nach oder sehen Sie sich den großartigen Überblick über die Voraussetzungen der Analysis in *Analysis für Dummies* an. Es ist wirklich wichtig, diese Grundlagen ständig parat zu haben.

Der Frust mit den Brüchen

Viele Schüler hassen Brüche. Vielleicht hat ihnen das Konzept nicht gleich zu Beginn eingeleuchtet, und mit jedem weiteren Mathe-Kurs ist der Umgang mit Brüchen dann immer frustrierender für sie geworden.

Aber ohne ein Verständnis für Brüche werden Sie die Analysis nicht verstehen. Die Definition der Ableitung selbst beispielsweise basiert auf einem Bruch, der als *Differenzquotient* bezeichnet wird. Und darüber hinaus ist auch das Symbol für die Ableitung, $\frac{dy}{dx}$, ein Bruch.

Wenn Sie also nicht mehr ganz fit beim Thema Brüche sind, sollten Sie sich schnell an die folgenden Aufgaben machen!

Beispiel

1. Lösen Sie $\frac{a}{b} \cdot \frac{c}{d}$.

2. Lösen Sie $\frac{a}{b} \div \frac{c}{d}$.

Lösung

1. $\boldsymbol{\frac{ac}{bd}}$. Für die Multiplikation von Brüchen multiplizieren Sie den Nenner mit dem Nenner und den Zähler mit dem Zähler. Hier wird *nicht* kreuzmultipliziert!

2. $\frac{a}{b} \div \frac{c}{d} = \frac{a}{b} \cdot \frac{d}{c} = \boldsymbol{\frac{ad}{bc}}$. Um durch einen Bruch zu dividieren, bilden Sie den Kehrbruch des Bruchs und multiplizieren damit.

Aufgabe 1

Lösen Sie $\frac{5}{0} = ?$

Aufgabe 2

Lösen Sie $\frac{0}{10} = ?$

Aufgabe 3

Ist $\frac{3a+b}{3a+c}$ gleich $\frac{a+b}{a+c}$? Warum oder warum nicht?

Aufgabe 4

Ist $\frac{3a+b}{3a+c}$ gleich $\frac{b}{c}$? Warum oder warum nicht?

Aufgabe 5

Ist $\frac{4ab}{4ac}$ gleich $\frac{ab}{ac}$? Warum oder warum nicht?

Aufgabe 6

Ist $\frac{4ab}{4ac}$ gleich $\frac{b}{c}$? Warum oder warum nicht?

Algebraisches Allgemeinwissen: Was Ihnen bei jeder Miss-Wahl abverlangt wird…

Dieser Abschnitt bietet einen kurzen Überblick über Grundlagen der Algebra, wie etwa Faktoren, Potenzen und Wurzeln, Logarithmen und Quadrate. An diesen Grundlagen führt kein Weg vorbei!

Beispiel

1. Faktorisieren Sie $9x^4 - y^6$.

2. Schreiben Sie $x^{2/5}$ ohne Bruchpotenz.

Lösung

1. $9x^4 - y^6 = (\mathbf{3x^2 - y^3}) \times (\mathbf{3x^2 + y^3})$.
Dies ist ein Beispiel für das allerwichtigste Faktorisierungsmuster:
$a^2 - b^2 = (a - b)(a + b)$.
Merken Sie sich das!

2. $\sqrt[5]{x^2} = \left(\sqrt[5]{x}\right)^2$. Vergessen Sie nicht, wie Bruchpotenzen funktionieren!

Aufgabe 7

Schreiben Sie x^{-3} ohne negative Potenz.

Aufgabe 8

Ist $(abc)^4$ dasselbe wie $a^4b^4c^4$? Warum oder warum nicht?

Aufgabe 9

Ist $(a+b+c)^4$ dasselbe wie $a^4+b^4+c^4$? Warum oder warum nicht?

Aufgabe 10

Schreiben Sie $\sqrt[3]{\sqrt[4]{x}}$ unter Verwendung eines einzigen Wurzelzeichens.

Aufgabe 11

Ist $\sqrt{a^2+b^2}$ dasselbe wie $a+b$? Warum oder warum nicht?

Aufgabe 12

Schreiben Sie $\log_a b = c$ als Exponentialgleichung.

Aufgabe 13

Schreiben Sie $\log_c a - \log_c b$ als einen einzigen Logarithmus.

Aufgabe 14

Schreiben Sie $\log 5 + \log 200$ als einen einzigen Logarithmus und lösen Sie ihn auf.

Aufgabe 15

Lösen Sie $5x^2 = 3x + 8$ unter Verwendung der Quadratformel nach x auf.

Aufgabe 16

Lösen Sie $|3x + 2| > 14$.

Geometrie: Wer soll das je brauchen?

Mit Hilfe der Analysis können Sie Probleme aus dem täglichen Leben lösen, bei denen es um Oberflächen, Volumen und Formen geht. Beispielsweise können Sie das Volumen einer zylinderförmigen Suppendose so groß wie möglich machen oder die Belastung an einem in parabolischer Form hängenden Kabel bestimmen. Sie sollten deshalb die grundlegenden geometrischen Formeln für Länge, Fläche und Volumen kennen. Außerdem benötigen Sie die wichtigsten Kenntnisse über Dinge wie etwa den Satz von Pythagoras, proportionale Formen und grundlegende Koordinatengeometrie, wie etwa die Distanzformel.

Beispiel

1. Wie groß ist die Fläche des abgebildeten Dreiecks?

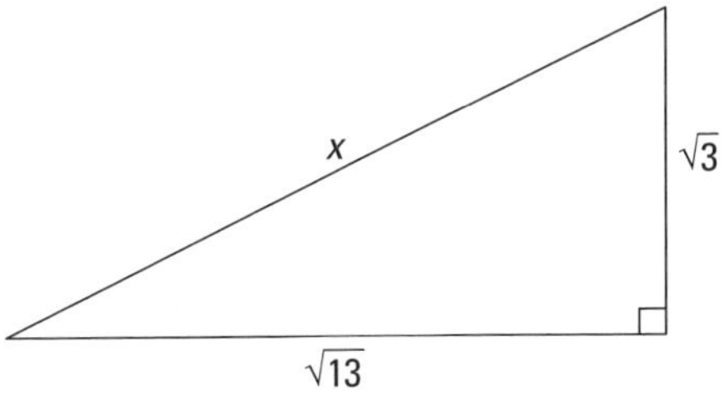

2. Wie lang ist die Hypotenuse des Dreiecks aus dem vorigen Beispiel?

Lösung

1. $\frac{\sqrt{39}}{2}$

$$\begin{aligned} Fläche_{Dreieck} &= \frac{1}{2} Grundlinie \cdot Höhe \\ &= \frac{1}{2} \cdot \sqrt{13}\sqrt{3} \\ &= \frac{\sqrt{39}}{2} \end{aligned}$$

2. **$x = 4$**

$$a^2 + b^2 = c^2$$
$$x^2 = a^2 + b^2$$
$$x^2 = \sqrt{13}^2 + \sqrt{3}^2$$
$$x^2 = 13 + 3$$
$$x^2 = 16$$
$$x = 4$$

Aufgabe 17

Tragen Sie die zwei fehlenden Längen für die Seiten des Dreiecks in der folgenden Abbildung ein.

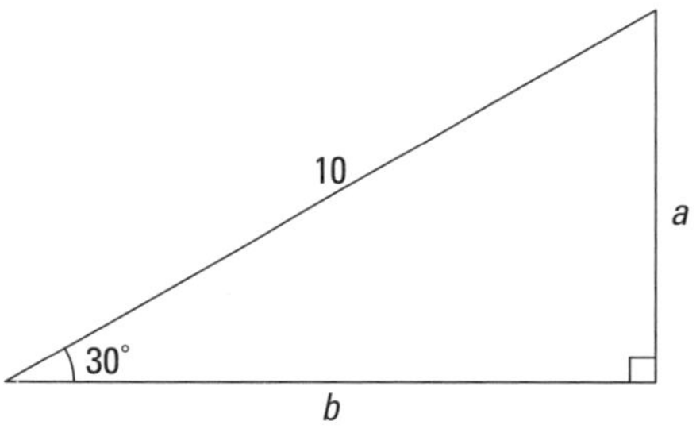

Aufgabe 18

Wie lang sind die beiden Seiten ohne Längenangabe in dem nachfolgend abgebildeten Dreieck?

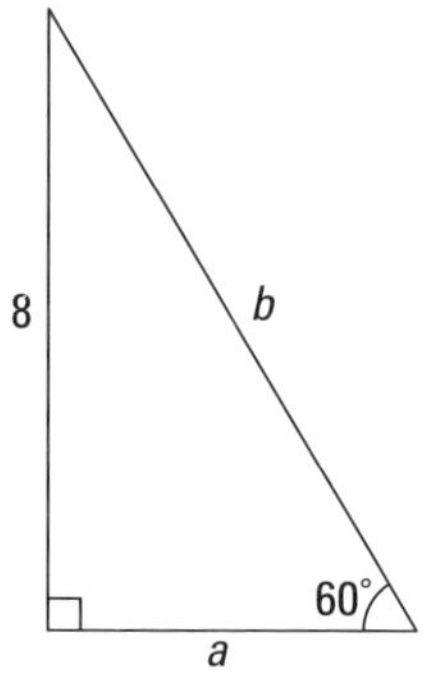

Aufgabe 19

Bestimmen Sie die Längen der Seiten ohne Längenangabe des nachfolgend abgebildeten Dreiecks.

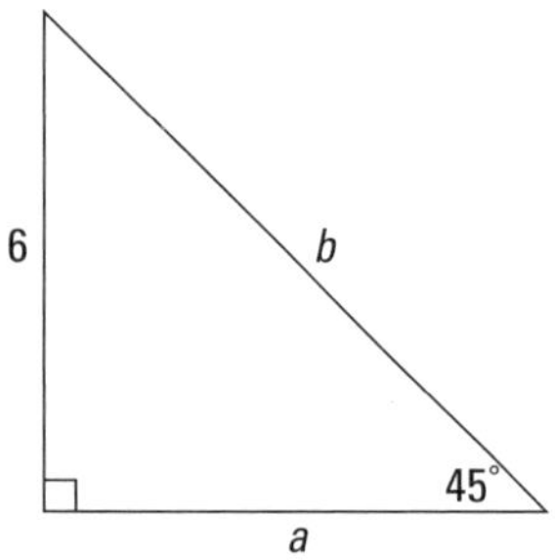

Aufgabe 20

1. Wie groß ist die Gesamtfläche des Fünfecks in der folgenden Abbildung?
2. Wie groß ist der Umfang?

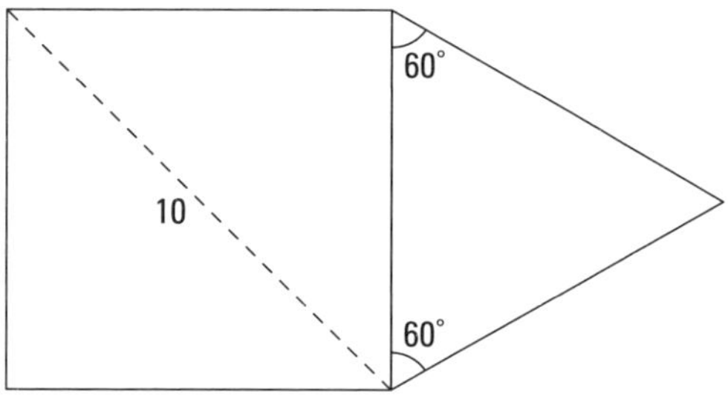

Aufgabe 21

Berechnen Sie die Fläche des nachfolgend gezeigten Parallelogramms.

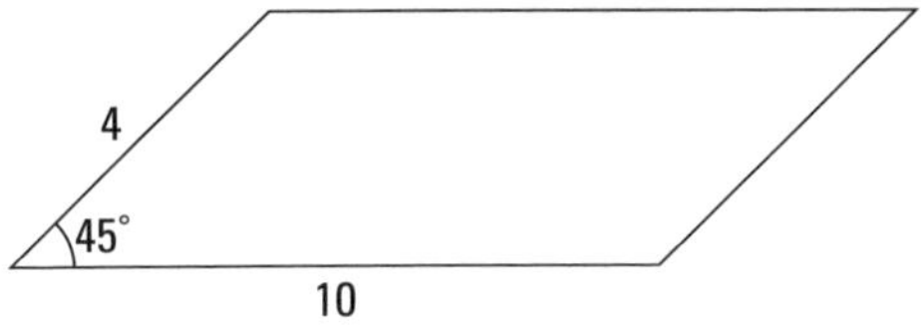

Aufgabe 22

Welche Steigung hat $\overline{PQ}$?

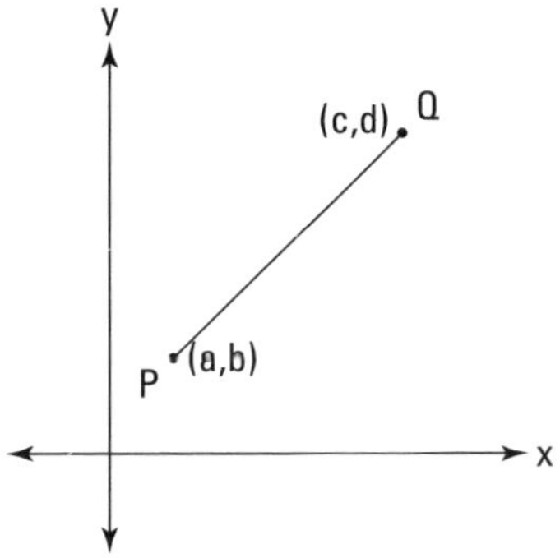

Aufgabe 23

Wie lang ist die Strecke zwischen P und Q in der Abbildung zu Frage 22?

Aufgabe 24

Wie lauten die Koordinaten des Mittelpunkts von $\overline{PQ}$ in der Abbildung zu Frage 22?

Lösungen für diesen einfachen Elementarkram

1. Lösen Sie $5/0 = ?$. $5/0$ **ist nicht definiert**. Verwechseln Sie das nicht mit etwas wie $0/8$, was gleich 0 ist. Wenn Sie sich diese beiden Brüche in Form einer Steigung ($\frac{\textit{Höhe}}{\textit{Länge}}$) vorstellen, hat $5/0$ eine *Höhe* von 5 und eine *Länge* von 0, wodurch Sie eine *vertikale* Gerade erhalten, die eine unendliche Steilheit oder Steigung aufweist (und deshalb eben nicht definiert ist). Oder denken Sie einfach daran, dass es unmöglich ist, auf einer vertikalen Straße zu fahren, und ebenso unmöglich, eine Steigung für eine vertikale Gerade anzugeben. Der Bruch $0/8$ dagegen hat eine *Höhe* von 0 und eine *Länge* von 8, womit Sie eine *horizontale* Gerade haben, die überhaupt keine Steilheit hat und damit eine ganz gewöhnliche Steigung von Null aufweist. Natürlich ist es auch völlig alltäglich auf einer horizontalen Straße zu fahren.

2. $\mathbf{\frac{0}{10} = 0}$. (Siehe Lösung Aufgabe 1.)

3. Ist $\frac{3a+b}{3a+c}$ dasselbe wie $\frac{a+b}{a+c}$? **Nein**. Die 3 kann nicht gekürzt werden.

Es ist nicht möglich, in einem Bruch zu kürzen, wenn nicht im gesamten Nenner eine ununterbrochene Multiplikationskette vorliegt, ebenso wie im Zähler.

4. Ist $\frac{3a+b}{3a+c}$ gleich $\frac{b}{c}$? **Nein**. 3a kann nicht gekürzt werden. (Siehe obige Warnung.)

5. Ist $\frac{4ab}{4ac}$ gleich $\frac{ab}{ac}$? **Ja**. Sie können 4 kürzen, weil der ganze Zähler und der ganze Nenner aus Multiplikationsketten bestehen.

6. Ist $\frac{4ab}{4ac}$ gleich $\frac{b}{c}$? **Ja**. Sie können $4a$ kürzen.

7. Schreiben Sie x^{-3} ohne negative Potenz. $\mathbf{\frac{1}{x^3}}$.

8. Ist $(abc)^4$ gleich $a^4b^4c^4$? **Ja**. Exponenten verteilen sich über die Multiplikation.

9. Ist $(a+b+c)^4$ gleich $a^4b^4c^4$? **Nein**! Exponenten verteilen sich nicht über Addition (oder Subtraktion).

Wenn Sie an einer Aufgabe arbeiten und sich nicht mehr an die algebraische Regel erinnern, probieren Sie, die Aufgabe mit Zahlen statt mit Variablen zu berechnen. Ersetzen Sie die Variablen durch einfache, gerade Zahlen und berechnen Sie die numerische Aufgabe. (Verwenden Sie aber nicht 0, 1 oder 2, weil diese Zahlen spezielle Eigenschaften aufweisen, die Ihr ganzes Beispiel zunichte machen könnten.) Was für Zahlen funktioniert, funktioniert auch für Variablen, und was für Zahlen nicht funktioniert, funktioniert auch nicht für Variablen. Beachten Sie, was passiert, wenn Sie das obige Beispiel unter Verwendung von Zahlen ausprobieren:

$$(3+4+6)^4 \stackrel{?}{=} 3^4+4^4+6^4$$
$$13^4 \stackrel{?}{=} 81+256+1296$$
$$28561 \neq 1633$$

10. Schreiben Sie $\sqrt[3]{\sqrt[4]{x}}$ unter Verwendung eines einzigen Wurzelzeichens. $\boldsymbol{\sqrt[3]{\sqrt[4]{x}} = \sqrt[12]{x}}$.

11. Ist $\sqrt{a^2+b^2}$ gleich $a + b$? **Nein**! Die Erklärung ist im Grunde genommen dieselbe wie für Aufgabe 9. Überlegen Sie folgendes: Wenn Sie die Wurzel zu einer Potenz machen, erhalten Sie $\sqrt{a^2+b^2} = (a^2+b^2)^{1/2}$. Weil Sie aber die Potenz nicht verteilen können, ist $(a^2+b^2)^{1/2} \neq (a^2)^{1/2} + (b^2)^{1/2}$ oder $a + b$, und damit ist $\sqrt{a^2+b^2} \neq a+b$.

12. Schreiben Sie $\log_a b = c$ als Exponentialgleichung. $\boldsymbol{a^c = b}$.

13. Schreiben Sie $\log_c a - \log_c b$ als einen einzigen Logarithmus. $\boldsymbol{\log_c \frac{a}{b}}$.

14. Schreiben Sie log 5 + log 200 mit einem einzigen Logarithmus und lösen Sie dann. $\log 5 + \log 200 = \log(5 \cdot 200) = \log 1000 = \mathbf{3}$.

Wenn Sie »log« ohne Basiszahl sehen, ist die Basis 10 gemeint.

15. Lösen Sie $5x^2 = 3x + 8$ unter Verwendung der Quadratformel nach x auf. $\boldsymbol{x = 8/5}$ **oder –1**. Fangen Sie damit an, $5x^2 = 3x+8$ umzuformen in $5x^2 - 3x - 8 = 0$, weil auf einer Seite der Gleichung eine Null stehen sollte.

    Die Quadratformel besagt, dass $x = \frac{-b \pm \sqrt{b^2-4ac}}{2a}$. Wenn Sie 5 für a, –3 für b und –8 für c einsetzen, erhalten Sie $x = \frac{-(-3) \pm \sqrt{(-3)^2 - 4(5)(-8)}}{2 \cdot 5} = \frac{3 \pm \sqrt{9+160}}{10} = \frac{3 \pm 13}{10} = \frac{16}{10}$ oder $\frac{-10}{10}$, also ist $x = \frac{8}{5}$ oder -1.

16. Lösen Sie $|3x+2|>14$. $\boldsymbol{x<-\frac{16}{3}\cup x>4}$.

a. Wandeln Sie die Ungleichung in eine Gleichung um: $|3x+2|=14$.

b. Lösen Sie die Betragsgleichung.

$$3x+2=14 \qquad\qquad 3x+2=-14$$

$$3x=12 \qquad \text{oder} \qquad 3x=-16$$

$$x=4 \qquad\qquad x=-\frac{16}{3}$$

c. Stellen Sie beide Lösungen auf einem Zahlenstrahl dar (siehe folgende Abbildung). (Für > und < sind hier kleine Kreise dargestellt; wären ≥ oder ≤ in der Aufgabenstellung vorgekommen, würde die Darstellung ausgefüllte Punkte verwenden.)

d. Probieren Sie jeweils eine Zahl aus jedem der drei Bereiche auf dem Zahlenstrahl in der ursprünglichen Ungleichung aus.

Hier verwenden wir -10, 0 und 10.

$$|3\cdot(-10)+|2\overset{?}{>}14$$

$$|-28|\overset{?}{>}14$$

$$28\overset{?}{>}14$$

Das ist richtig, Sie können also den linken Bereich markieren.

$$|3\cdot(0)+|2\overset{?}{>}14$$

$$2\overset{?}{>}14$$

Das ist falsch, der mittlere Bereich darf also nicht markiert werden.

$$|3\cdot(10)+|2\overset{?}{>}14$$

$$|32|\overset{?}{>}14$$

$$32\overset{?}{>}14$$

Das ist richtig, Sie können also den Bereich auf der rechten Seite markieren. Die folgende Abbildung zeigt das Ergebnis. x kann eine beliebige Zahl aus den Bereichen sein, die in der Abbildung markiert sind. Und so lautet Ihre Lösung:

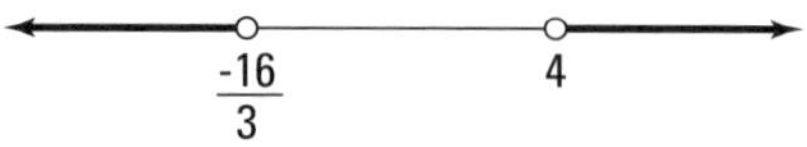

e. Wenn Sie Wert darauf legen, können Sie diese Lösung auch in Symbolschreibweise darstellen.

Weil x eine Zahl aus dem linken Bereich oder eine Zahl aus dem rechten Bereich sein kann, ist dies eine *oder*-Lösung, d.h. eine Vereinigung ($\cup$). Wenn Sie alles aus beiden Bereichen auf dem Zahlenstrahl einbeziehen wollen, drücken Sie dies als die *Vereinigung* der beiden Bereiche aus. Die Lösung in Symboldarstellung lautet also:

$$x < -\frac{16}{3} \cup x > 4$$

Wäre nur der mittlere Bereich markiert, hätten Sie eine *und*-Lösung oder eine *Schnittmenge* ($\cap$). Wenn Sie nur den Bereich auf dem Zahlenstrahl wollen, wo sich die beiden Bereiche überlappen, verwenden Sie die Schnittmenge der beiden Bereiche. Unter Verwendung der obigen Beispielpunkte auf dem Zahlenstrahl würden Sie die Lösung für den mittleren Bereich wie folgt ausdrücken:

$$x > -\frac{16}{3} \text{ und } x < 4 \text{ oder}$$

$$x > -\frac{16}{3} \cap x < 4 \text{ oder}$$

$$-\frac{16}{3} < x < 4 .$$

Welche Darstellung man wählt, ist letztlich Geschmacksfrage.

Denken Sie in Bezug auf die Betragswerte unbedingt daran, dass $\sqrt{x^2} = |x|$ ist. $\sqrt{x^2}$ ist *nicht* gleich $\pm x$.

17. Tragen Sie die beiden fehlenden Seitenlängen für das Dreieck ein. **$a = 5$ und $b = 5\sqrt{3}$**. Dies ist ein 30°-60°-90°-Dreieck. Alles klar?

18. Tragen Sie die beiden fehlenden Seitenlängen für das Dreieck ein.

$$\boldsymbol{a = \frac{8}{\sqrt{3}} \text{ oder } \frac{8\sqrt{3}}{3}}$$

$$\boldsymbol{b = \frac{16}{\sqrt{3}} \text{ oder } \frac{16\sqrt{3}}{3}}$$

Noch ein 30°-60°-90°-Dreieck!

19. Tragen Sie die beiden fehlenden Seitenlängen für das Dreieck ein. **$a = 6$ und $b = 6\sqrt{2}$.** Kennen Sie sich aus mit 45°-45°-90°-Dreiecken ?

20. 1. Wie groß ist die Fläche des Fünfecks? $\boldsymbol{50 + \frac{25\sqrt{3}}{2}}$.

Das Quadrat ist $\frac{10}{\sqrt{2}}$ mal $\frac{10}{\sqrt{2}}$ groß (weil ein halbes Quadrat ein 45°-45°-90°-Dreieck ist), seine Fläche ist also $\frac{10}{\sqrt{2}} \cdot \frac{10}{\sqrt{2}} = \frac{100}{2} = 50$. Das gleichseitige Dreieck hat eine Basis von $\frac{10}{\sqrt{2}}$ oder $5\sqrt{2}$, seine Höhe ist also $\frac{5\sqrt{2}}{2}$ (weil die Hälfte eines gleichseitigen Dreiecks ein 30°-60°-90°-Dreieck ist). Die Fläche des Dreiecks ist also $\frac{1}{2}\left(5\sqrt{2}\right)\left(\frac{5\sqrt{6}}{2}\right) = \frac{25\sqrt{12}}{4} = \frac{50\sqrt{3}}{4} = \frac{25\sqrt{3}}{2}$. Die Gesamtfläche beträgt also $50 + \frac{25\sqrt{3}}{2}$.

2. Wie groß ist der Umfang? **Die Lösung lautet $25\sqrt{2}$.**

   Die Seiten des Quadrats sind $\frac{10}{\sqrt{2}}$ oder $5\sqrt{2}$, ebenso wie die Seiten des gleichseitigen Dreiecks.

   Das Fünfeck hat fünf Seiten, der Umfang beträgt also $5 \cdot 5\sqrt{2}$ oder $25\sqrt{2}$.

21. Berechnen Sie die Fläche des Parallelogramms. Die Lösung lautet $\mathbf{20\sqrt{2}}$.

    Die Höhe ist $\frac{4}{\sqrt{2}}$ oder $2\sqrt{2}$, weil die Höhe einer der Schenkel eines 45°-45°-90°-Dreiecks ist, dessen Basis 10 ist. Weil die Fläche eines Parallelogramms gleich der *Basis* multipliziert mit der *Höhe* ist, ist die Fläche $10 \cdot 2\sqrt{2}$ oder $20\sqrt{2}$.

22. Welche Steigung hat $\overline{PQ}$? $\boldsymbol{\frac{d-b}{c-a}}$. Sie wissen, dass Steigung = $\frac{\textit{Höhe}}{\textit{Länge}}$ ist, also $\frac{y_2 - y_1}{x_2 - x_1}$.

23. Wie weit ist P von Q entfernt? $\boldsymbol{\sqrt{(c-a)^2 + (d-b)^2}}$.

Merken Sie sich, dass *Abstand* $= \sqrt{(x_2 - x_1)^2 + (y_2 - y_1)^2}$ ist.

24. Wie lauten die Koordinaten des Mittelpunkts von $\overline{PQ}$? $\boldsymbol{\left(\frac{a+c}{2}, \frac{b+d}{2}\right)}$. Der Mittelpunkt eines Segments ist gegeben durch den Mittelwert aus den beiden x-Koordinaten und den Mittelwert aus den beiden y-Koordinaten.

Irre Funktionen und knifflige Trigonometrie

2

In diesem Kapitel...

- Funktionen berechnen
- In Erinnerungen an SGH-KHA-TGA schwelgen

In Kapitel 2 setzen Sie Ihre Aufwärmphase für die Grundlagen der Analysis fort, mit der Sie in Kapitel 1 begonnen haben. Betrachtet man Algebra als die Sprache, in der die Analysis geschrieben ist, dann kann man sich Funktionen als die »Sätze« der Analysis vorstellen. Und in der Analysis sind Sätze genauso wichtig wie in der Sprache. Ohne Funktionen ist keine Analysis möglich. Trigonometrie ist nicht deswegen so wichtig, weil sie ein wesentliches Element der Analysis wäre – tatsächlich könnten Sie einen Großteil der Analysis auch ohne Trigonometrie meistern – sondern einfach deswegen, weil viele Aufgabenstellungen der Analysis nun mal mit Trigonometrie zu tun haben.

Kommen Sie Ihren Funktionen näher!

Kurz gesagt, eine Funktion ist alles, was Sie auf Ihrem graphischen Taschenrechner im Graphenmodus (»$y=$«) darstellen können. Die Gerade $y = 3x - 2$ ist eine Funktion, ebenso wie die Parabel $y = 4x^2 - 3x + 6$. Andererseits ist die seitliche Parabel $x = 3y^2 - 4y + 6$ keine Funktion, weil es keine Möglichkeit gibt, sie als $y =$ *irgendwas* zu schreiben. Probieren Sie es aus!

Sie können feststellen, ob der Graph einer Kurve eine Funktion ist, indem Sie den *Test mit der vertikalen Linie* anwenden. Wenn es im Graphen keine Stelle gibt, an der Sie eine vertikale Linie zeichnen können, die die Kurve mehr als einmal berührt, dann handelt es sich um eine Funktion. Wenn Sie an einer beliebigen Stelle im Graphen eine Linie zeichnen können, die die Kurve mehr als einmal berührt, handelt es sich *nicht* um eine Funktion.

Wie Sie wissen, können Sie die obigen Funktionen auch unter Verwendung von »$f(x)$« oder »$g(x)$« anstelle von »y« schreiben. Das ändert nichts an der Funktion. Die Schreibweise $f(x)$ ist einfach nur eine praktische Notation. Hier ein paar Beispiele für Funktionen in der Analysis:

$$g'(x) = 3x^5 - 20x^3$$

$$f'(x) = \lim_{h \to 0} \frac{\sqrt{x+h} - \sqrt{x}}{h}$$

$$A_f(x) = \int_3^x 10dt$$

Fast jede Aufgabenstellung in der Analysis beinhaltet die eine oder andere Funktion. Sie sollten sich also mit den Grundlagen von Funktionen auskennen. Also los!

Beispiel

1. Wenn $f(x)=3x^2-4x+8$, was ist dann $f(a+b)$?

Lösung

1. $\mathbf{3a^2+6ab+3b^2-4a-4b+8}$

$$f(x)=3x^2-4x+8$$
$$f(a+b)=3(a+b)^2-4(a+b)+8$$
$$=3(a^2+2ab+b^2)-4a-4b+8$$
$$=3a^2+6ab+3b^2-4a-4b+8$$

2. Welche Steigung hat die Gerade $g(x)=5-4x$ und wo schneidet sie die y-Achse?

2. **Die Steigung ist –4, der Schnittpunkt mit der y-Achse ist 5.**

Läuten bei $y = mx + b$ irgendwelche Glocken? Hoffentlich!

Aufgabe 1

Welche der vier in der folgenden Abbildung gezeigten Relationen stellen Funktionen dar, und warum? (Eine Relation ist übrigens eine beliebige Sammlung von Punkten im x, y-Koordinatensystem.)

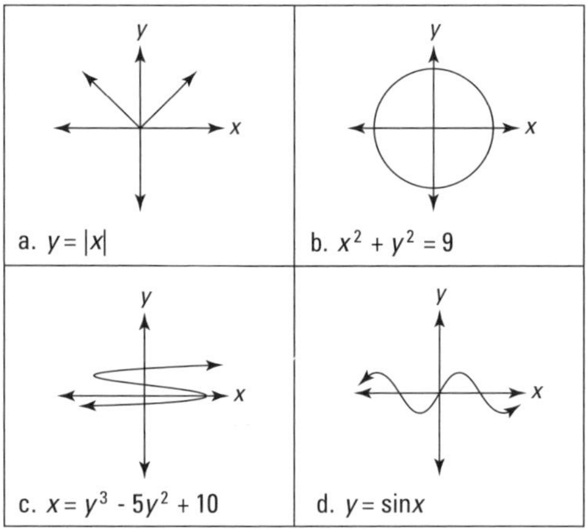

Aufgabe 2

Die Steigung der Geraden l ist 3.

1. Welche Steigung hat eine Gerade, die parallel zu l ist?
2. Welche Steigung hat eine Gerade, die senkrecht zu l ist?

Aufgabe 3

Skizzieren Sie den Graphen von $f(x) = e^x$.

Aufgabe 4

Skizzieren Sie den Graphen von $g(x) = \ln x$.

Aufgabe 5

Die folgende Abbildung zeigt den Graphen von $f(x)$. Skizzieren Sie die Inverse von f, $f^{-1}(x)$.

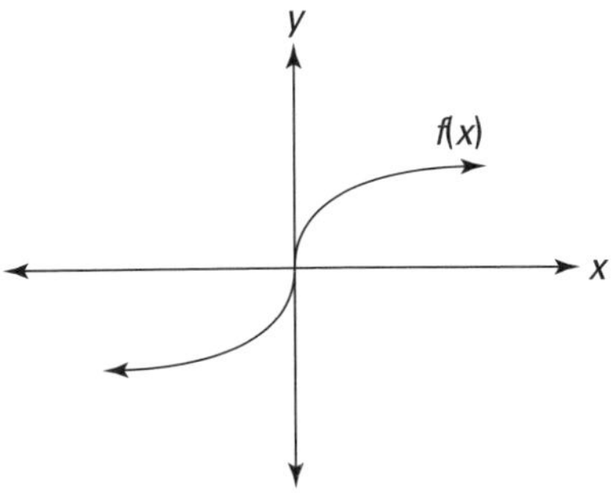

Aufgabe 6

Die Abbildung zeigt den Graphen von $p(x) = 2^x$. Skizzieren Sie die folgende Transformation von p: $q(x) = 2^{x+3} + 5$.

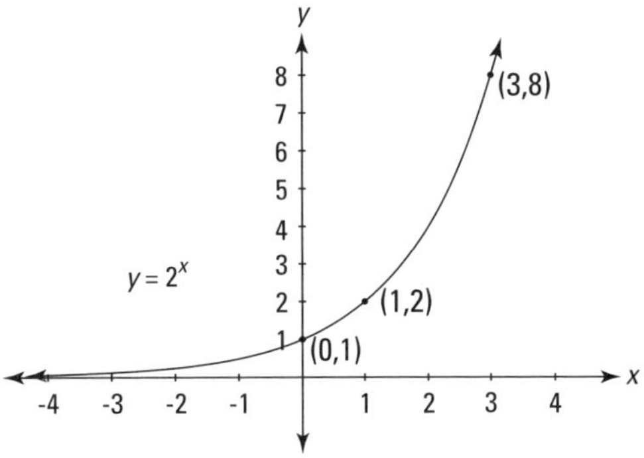

Trigonometrische Übungen

Ob Sie es glauben oder nicht, die Trigonometrie ist ein sehr praktischer, realistischer Zweig der Mathematik, weil es dabei auch um die Messung von Längen und Winkeln geht. Landvermesser verwenden sie zum Vermessen von Grundstücken, für die Erstellung topographischer Karten usw. Und selbst die alten Griechen kannten nicht nur das simple SGH-KAH-TGA, sondern auch noch eine sehr viel komplexere Trigonometrie. Sie verwendeten sie für ihre Bauwerke, Navigation und Astronomie. In der Analysis begegnet sie Ihnen überall, wenn Sie also die Oberstufe verschlafen haben, dann WACHEN SIE AUF! und sehen Sie sich die folgenden Aufgaben an. (Falls Sie mehr über Trigonometrie (und Funktionen) erfahren wollen, lesen Sie am besten *Analysis für Dummies* (Wiley-VCH).)

Aufgabe 7

Vervollständigen Sie die Tabelle mit Hilfe des rechtwinkligen Dreiecks.

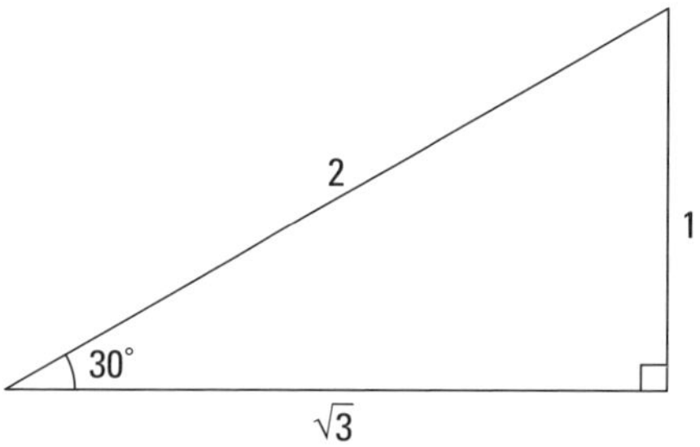

sin 30° = _____ csc 30° = _____

cos 30° = _____ sec 30° = _____

tan 30° = _____ cot 30° = _____

Aufgabe 8

Vervollständigen Sie die folgende Auflistung unter Verwendung des Dreiecks aus Aufgabe 7.

sin 60° = _____ csc 60° = _____

cos 60° = _____ sec 60° = _____

tan 60° = _____ cot 60° = _____

Aufgabe 9

Vervollständigen Sie die nachstehende Auflistung unter Verwendung des folgenden Dreiecks.

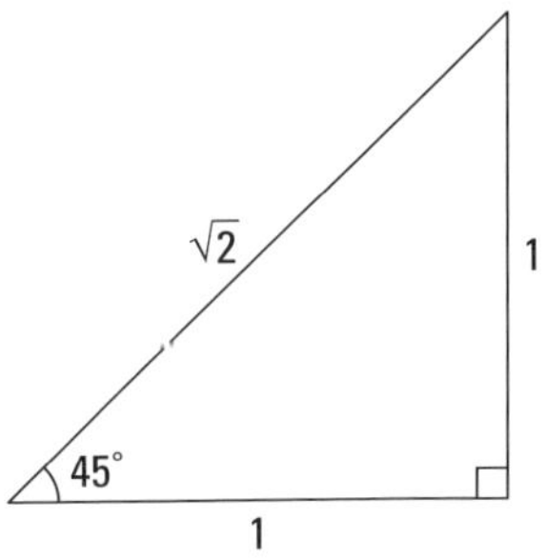

sin 45° = ______	csc 45° = ______
cos 45° = ______	sec 45° = ______
tan 45° = ______	cot 45° = ______

Aufgabe 10

Tragen Sie unter Verwendung Ihrer Ergebnisse aus den Aufgaben 7, 8 und 9 die Koordinaten für die Punkte auf dem Einheitskreis ein.

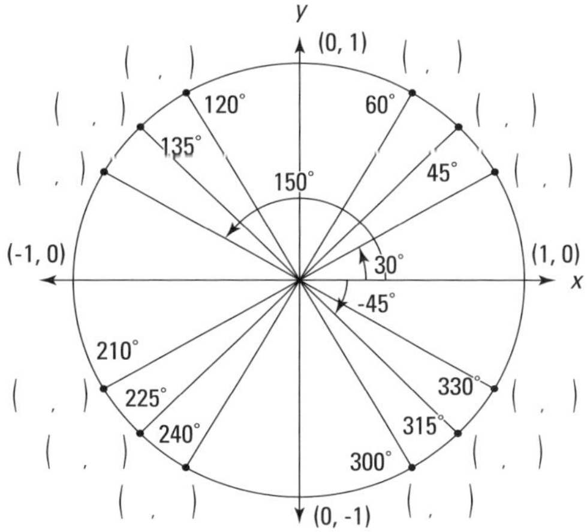

Aufgabe 11

Vervollständigen Sie die folgende Auflistung unter Verwendung der Ergebnisse aus Aufgabe 10.

tan 120° = ______	csc 180° = ______
csc 150° = ______	cot 300° = ______
cot 270° = ______	sec 225° = ______

Aufgabe 12

Wandeln Sie die folgenden Winkelmaße von Grad in das Bogenmaß um oder umgekehrt.

150° = _____	im Bogenmaß	$\frac{4\pi}{3}$ = _____°
225° = _____	im Bogenmaß	$\frac{7\pi}{4}$ = _____°
300° = _____	im Bogenmaß	$\frac{5\pi}{2}$ = _____°
–60° = _____	im Bogenmaß	$-\frac{7\pi}{6}$ = _____°

Aufgabe 13

Skizzieren Sie $y = \sin x$ und $y = \cos x$.

Aufgabe 14

Vervollständigen Sie unter Verwendung der Lösungen aus Aufgabe 10 die folgende Tabelle mit inversen trigonometrischen Funktionen.

$\sin^{-1}\left(\frac{1}{2}\right) = \_\_\_^\circ$ $\tan^{-1}\sqrt{3} = \_\_\_$ im Bogenmaß

$\sin^{-1}\left(-\frac{1}{2}\right) = \_\_\_^\circ$ $\sin^{-1} 1 = \_\_\_$ im Bogenmaß

$\cos^{-1}\left(-\frac{1}{2}\right) = \_\_\_^\circ$ $\cos^{-1} 1 = \_\_\_$ im Bogenmaß

$\tan^{-1}(-1) = \_\_\_^\circ$ $\cos^{-1} 0 = \_\_\_$ im Bogenmaß

Lösungen für Funktionen und Trigonometrie

1. Welche der vier Relationen in der Abbildung stellen Funktionen dar, und warum? **A und D.**

   Der Kreis und die S-förmige Kurve sind *keine* Funktionen, weil sie den Test mit der vertikalen Linie nicht bestehen: Sie *können* eine vertikale Linie auf ihren Graphen zeichnen, die die Kurve mehr als einmal berührt. Diese beiden Kurven bestehen auch den algebraischen Test nicht: Eine Kurve ist eine Funktion, wenn es für jeden Eingabewert (x) höchstens einen Ausgabewert (y) gibt. Der Kreis und die S-förmige Kurve haben mehrere x, die zu mehreren y gehören, es handelt sich also nicht um Funktionen. Beachten Sie, dass das Umgekehrte *nicht* gilt: Sie *können* eine Funktion haben, bei der es für mehrere Eingabewerte (x) nur einen einzigen Ausgabewert (y) gibt.

2. Wenn die Steigung der Geraden l gleich 3 ist,
   1. Welche Steigung hat eine Gerade parallel zu l? **Die Antwort lautet 3.**
   2. Welche Steigung hat eine Gerade senkrecht zu l? **Die Antwort lautet $-\frac{1}{3}$, das negativ Reziproke zu 3.**

3. Skizzieren Sie einen Graphen für $f(x) = e^x$.

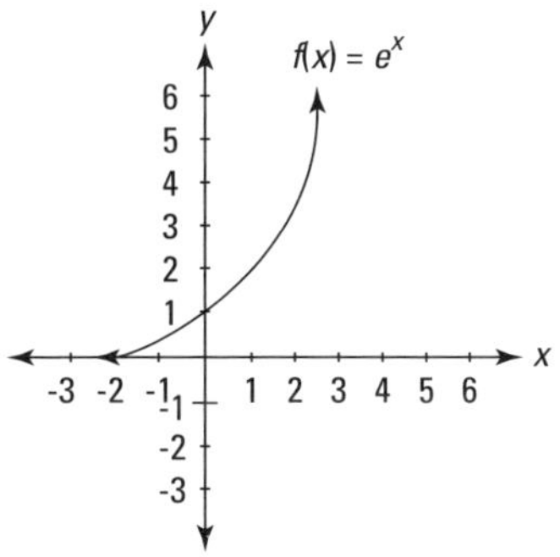

4. Skizzieren Sie einen Graphen für $g(x) = \ln x$.

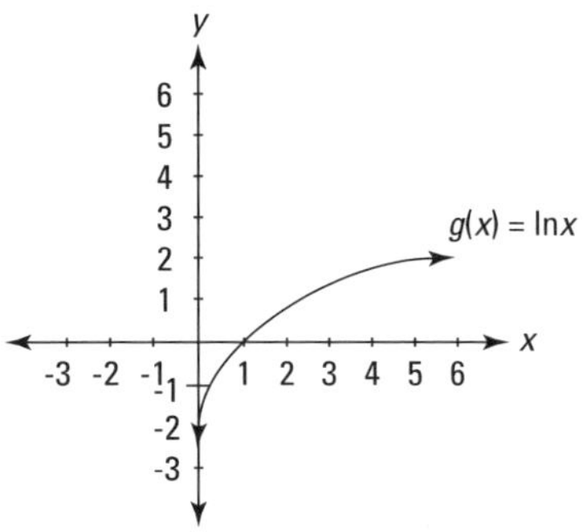

5. Die Abbildung zeigt den Graphen von $f(x)$. Skizzieren Sie die Inverse von f, $f^{-1}(x)$.

   Sie erhalten $f^{-1}(x)$, indem Sie $f(x)$ an der Geraden $y = x$ spiegeln, wie in der nachfolgenden Abbildung gezeigt.

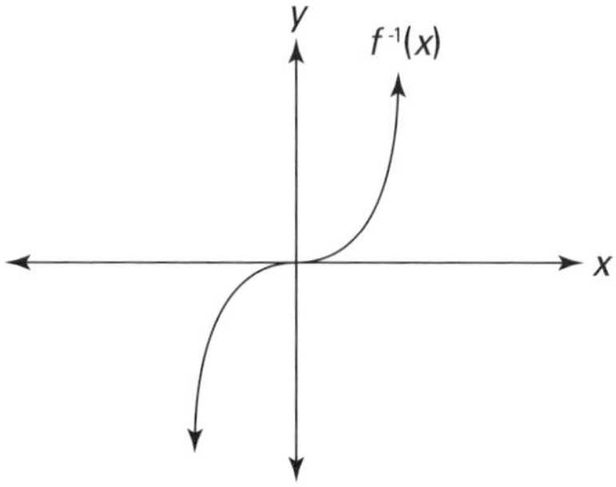

6. Die Abbildung zeigt den Graphen von $p(x) = 2^x$. Zeichnen Sie die Transformation von p, $q(x) = 2^{x+3} + 5$.

   Sie erhalten $q(x)$ aus $p(x)$, indem Sie $p(x)$ um 3 Einheiten nach *links* und 5 Einheiten nach oben verschieben, wie in der Abbildung gezeigt. Beachten Sie, dass $q(x)$ die Anweisung »x plus 3« enthält, die horizontale Transformation aber 3 nach links geht – das Gegenteil dessen, was Sie erwarten. Das »+5« in $q(x)$ teilt Ihnen mit, dass Sie 5 Einheiten nach oben gehen müssen.

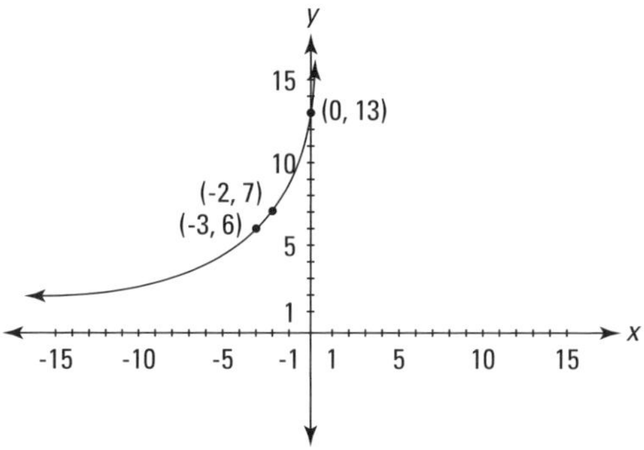

Horizontale Transformationen verhalten sich immer entgegen der Richtung, die Sie erwarten. Die vertikalen Transformationen dagegen verlaufen in die normale Richtung – nach *oben* für *plus* und nach *unten* für *minus*.

7. Vervollständigen Sie die Auflistung mit Hilfe des rechtwinkligen Dreiecks.

$\sin 30° = \mathbf{\frac{1}{2}}$	$\csc 30° = \mathbf{2}$
$\cos 30° = \mathbf{\frac{\sqrt{3}}{2}}$	$\sec 30° = \mathbf{\frac{2\sqrt{3}}{3}}$
$\tan 30° = \mathbf{\frac{\sqrt{3}}{3}}$	$\cot 30° = \mathbf{\sqrt{3}}$

8. Vervollständigen Sie die folgende Auflistung unter Verwendung des Dreiecks aus Aufgabe 7.

$\sin 60° = \mathbf{\frac{\sqrt{3}}{2}}$ $\csc 60° = \mathbf{\frac{2\sqrt{3}}{3}}$

$\cos 60° = \mathbf{\frac{1}{2}}$ $\sec 60° = \mathbf{2}$

$\tan 60° = \mathbf{\sqrt{3}}$ $\cot 60° = \mathbf{\frac{\sqrt{3}}{3}}$

9. Vervollständigen Sie die nachstehende Auflistung unter Verwendung des folgenden Dreiecks.

$\sin 45° = \mathbf{\frac{\sqrt{2}}{2}}$ $\csc 45° = \mathbf{\sqrt{2}}$

$\cos 45° = \mathbf{\frac{\sqrt{2}}{2}}$ $\sec 45° = \mathbf{\sqrt{2}}$

$\tan 45° = \mathbf{1}$ $\cot 45° = \mathbf{1}$

10. Tragen Sie unter Verwendung Ihrer Ergebnisse aus den Aufgaben 7, 8 und 9 die Koordinaten für die Punkte auf dem Einheitskreis ein.

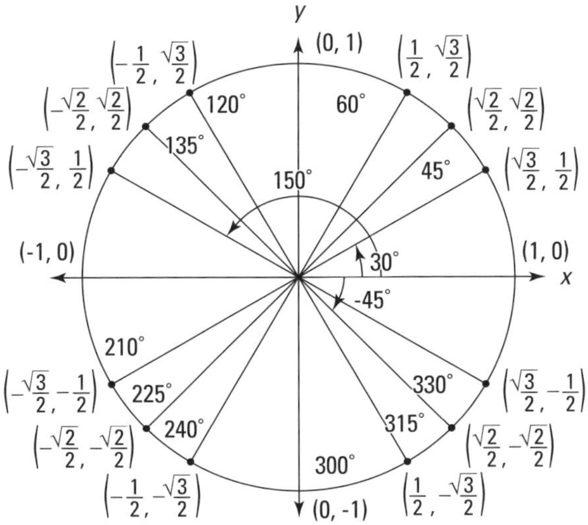

11. Vervollständigen Sie die folgende Auflistung unter Verwendung der Ergebnisse aus Aufgabe 10.

$\tan 120° = \mathbf{-\sqrt{3}}$ $\csc 180° =$ **nicht definiert**

$\csc 150° = \mathbf{2}$ $\cot 300° = \mathbf{-\frac{\sqrt{3}}{3}}$

$\cot 270° = \mathbf{0}$ $\sec 225° = \mathbf{-\sqrt{2}}$

12. Wandeln Sie die folgenden Winkelmaße von Grad in das Bogenmaß um oder umgekehrt.

$150° = \mathbf{\frac{5\pi}{6}}$ **im Bogenmaß** $\qquad \frac{4\pi}{3} = \mathbf{240°}$

$225° = \mathbf{\frac{5\pi}{4}}$ **im Bogenmaß** $\qquad \frac{7\pi}{4} = \mathbf{315°}$

$300° = \mathbf{\frac{5\pi}{3}}$ **im Bogenmaß** $\qquad \frac{5\pi}{2} = \mathbf{450°}$ **(äquivalent zu 90°)**

$-60° = -\mathbf{\frac{\pi}{3}}$ **im Bogenmaß** $\qquad -\frac{7\pi}{6} = \mathbf{-210°}$ **(äquivalent zu 150°)**

13. Skizzieren Sie $y = \sin x$ und $y = \cos x$.

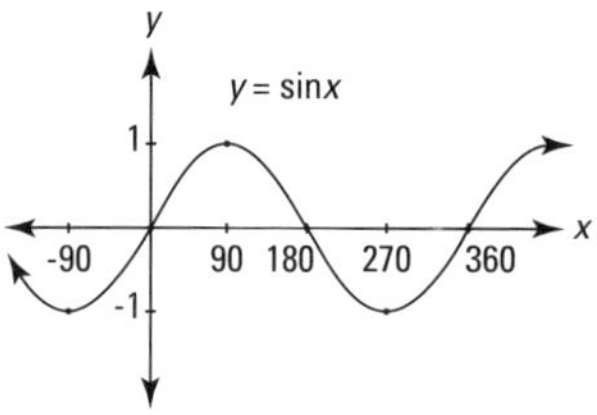

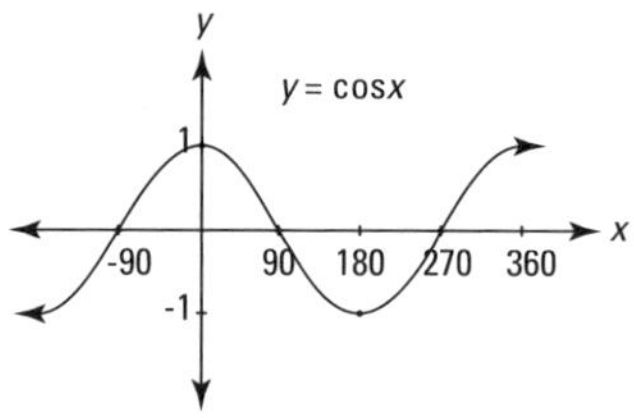

14. Vervollständigen Sie unter Verwendung der Lösungen aus Aufgabe 10 die folgende Tabelle mit inversen trigonometrischen Funktionen.

$\sin^{-1}\left(\frac{1}{2}\right) = \mathbf{30°}$ $\qquad \tan^{-1}\sqrt{3} = \mathbf{\frac{\pi}{3}}$ **im Bogenmaß**

$\sin^{-1}\left(-\frac{1}{2}\right) = \mathbf{-30°}$ $\qquad \sin^{-1}1 = \mathbf{\frac{\pi}{2}}$ **im Bogenmaß**

$\cos^{-1}\left(-\frac{1}{2}\right) = \mathbf{120°}$ $\qquad \cos^{-1}1 = \mathbf{0}$ **im Bogenmaß**

$\tan^{-1}(-1) = \mathbf{-45°}$ $\qquad \cos^{-1}0 = \mathbf{\frac{\pi}{2}}$ **im Bogenmaß**

Vergessen Sie nicht: inverse Sinus- und inverse Tangenslösungen müssen zwischen einschließlich –90° und 90° liegen (oder im Bogenmaß zwischen $-\frac{\pi}{2}$ und $\frac{\pi}{2}$). Und inverse Kosinuslösungen müssen zwischen einschließlich 0° und 180° (oder im Bogenmaß 0 und π) liegen.

Teil II
Grenzwerte und Stetigkeit

»Was genau wollten wir eigentlich beweisen…?«

In diesem Teil ...

Isaac Newton und Gottfried Leibniz, Miterfinder der Analysis Ende des 17. Jahrhunderts, praktizierten die Analysis ohne die solide Grundlage, die Grenzwerte und Stetigkeit bieten. Nachdem aber Newton und Leibniz lediglich zwei der größten Genies waren, die je gelebt haben, wollen Sie doch sicher die Mathematik nicht auf deren niedrigem Niveau praktizieren, oder? Natürlich nicht! Sie wollen, dass Ihre Analysis mathematisch streng ist, und dafür brauchen Sie Grenzwerte und Stetigkeit – auch wenn diese so gut wie keine praktische Bedeutung haben. Aber machen Sie mich nicht dafür verantwortlich – wenn Sie gesteigerten Wert auf praktische Relevanz legen, könnten Sie genauso gut die Schule verlassen. Die Beschäftigung mit Grenzwerten (und in geringerem Maße mit Stetigkeit) kann faszinierend sein. Und wenn Sie erst einmal damit umgehen können, werden Ihnen die Grenzwerte ermöglichen, zu beweisen, dass Sie bei einem Rennen mit einer Schildkröte, bei dem die Schildkröte einen Vorsprung erhält, diese tatsächlich einholen und überholen werden. Und das ist längst nicht alles!

Ein Graph sagt mehr als tausend Worte: Grenzwerte und Stetigkeit

3

In diesem Kapitel...

- Der mathematische Wirbel um Grenzwerte und Stetigkeit
- Wann Grenzwerte existieren, und wann sie *nicht* existieren
- Unstetigkeit... oder Graphus interruptus

Wenn sich die Dinge in einer Mathematikaufgabe *nicht ändern* und wenn die Linien *gerade* sind, können Sie die gewöhnliche Algebra und Geometrie anwenden. Sie brauchen die Analysis, *wenn* sich etwas ändert (diese sich ändernden Dinge werden häufig als Kurven dargestellt). Beispielsweise benötigen Sie die Analysis, um die Bewegung eines Space Shuttles zu Beginn seines Fluges zu analysieren, weil sich seine Beschleunigung in jedem Sekundenbruchteil ändert.

Normale Algebra und Geometrie kommen mit solchen Aufgabenstellungen nicht zurecht, weil die Formel aus der Algebra oder aus der Geometrie nur für einen bestimmten Moment gilt, aber eine Millionstel Sekunde später eben nicht mehr. Die Analysis dagegen kommt mit diesen sich ständig ändernden Dingen zurecht – wie etwa mit der Bewegung des Space Shuttles –, denn es können so winzige Abschnitte betrachtet werden (letztlich unendlich kleine Abschnitte), dass sich innerhalb eines solchen Abschnitts nichts ändert. Und *dann* können Sie die gewöhnliche Algebra und Geometrie einsetzen.

Grenzwerte sind der »Zaubertrick«, oder das Werkzeug, das Ihnen bei dieser Aufteilung von Dingen in unendlich kleine Teile hilft. Die Mathematik der Grenzwerte lässt die Analysis erst funktionieren. Grenzwerte sind so wichtig, dass die formalen Definitionen sowohl der Ableitung als auch des bestimmten Integrals Grenzwerte beinhalten.

Wenn Sie von Ihren Eltern oder anderen Erwachsenen gefragt werden »Was willst du werden, wenn du groß bist?«, und Sie antworten »Mathematiker natürlich!«, dann müssen Sie sich später sehr wahrscheinlich viel mit den endlosen Feinheiten der *Stetigkeit* beschäftigen. Wenn Sie etwas anderes antworten, dann ist das Konzept der Stetigkeit einfach ein Klacks. Wenn Sie einen Graphen zeichnen können, ohne den Stift abzusetzen, ist der Graph *stetig*. Andernfalls – wenn also der Graph unterbrochen ist – ist der Graph nicht stetig. Das ist alles. Es gibt übrigens einige subtile und technische Zusammenhänge zwischen Grenzwerten und Stetigkeit (die ich aber nicht erörtern werde), deshalb werden beide im selben Kapitel behandelt. Aber mal ganz ehrlich – haben Sie dieses Buch deswegen gekauft, weil Sie unbedingt subtile und technische mathematische Zusammenhänge erfahren wollten?

Definitionen verdauen: Grenzwert und Stetigkeit

Dieser kurze Abschnitt deckt einige formale Definitionen und andere Dinge ab, die Sie über Grenzwerte und Stetigkeit wissen müssen. Hier die formale, dreiteilige Definition eines Grenzwerts:

Für eine Funktion $f(x)$ und eine reelle Zahl a existiert dann und nur dann $\lim_{x \to a} f(x)$, wenn:

1. $\lim_{x \to a^-} f(x)$ existiert. Mit anderen Worten, es gibt einen Grenzwert von links.
2. $\lim_{x \to a^+} f(x)$ existiert. Mit anderen Worten, es gibt einen Grenzwert von rechts.
3. $\lim_{x \to a^-} f(x) = \lim_{x \to a^+} f(x)$. Der Grenzwert von links muss gleich dem Grenzwert von rechts sein.

(Beachten Sie, dass diese Definition nicht gilt, wenn x gegen plus oder minus Unendlich geht.)

Und hier die Definition für die Stetigkeit: Eine Funktion $f(x)$ ist an einem Punkt $x = a$ stetig, wenn drei Bedingungen erfüllt sind:

1. $f(a)$ ist definiert.
2. $\lim_{x \to a} f(x)$ existiert.
3. $f(a) = \lim_{x \to a} f(x)$.

Lösen Sie unter Verwendung dieser Definitionen und Abbildung 3.1 die Aufgaben 1 bis 4.

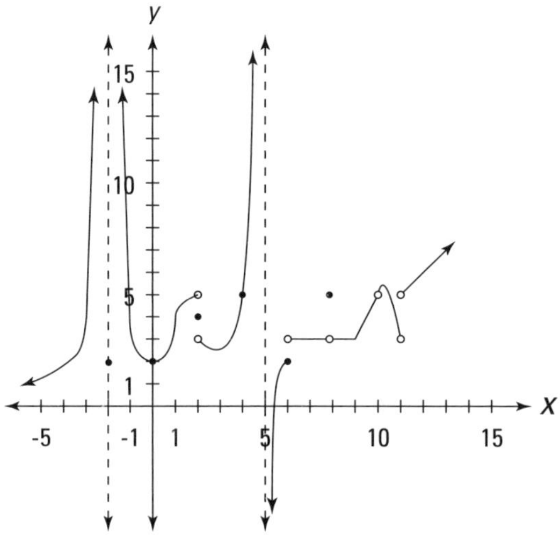

Abbildung 3.1: Graphus Interruptus: Eine Funktion mit mehreren Unstetigkeiten.

Aufgabe 1

An welchem der folgenden x-Werte sind alle drei Anforderungen für die Existenz eines Grenzwerts erfüllt, und wie lautet der Grenzwert an diesen x-Werten? $x = -2, 0, 2, 4, 5, 6, 8, 10$.

Aufgabe 2

Geben Sie an, welche der drei Anforderungen für diejenigen x-Werte nicht erfüllt sind, die nicht alle drei Grenzwertanforderungen erfüllen. Geben Sie für jeden der x-Werte, bei dem einer oder beide einseitigen Grenzwerte existieren, den Wert des einseitigen Grenzwerts an.

Aufgabe 3

An welchem dieser x-Werte sind alle drei Anforderungen für Stetigkeit erfüllt?

Aufgabe 4

Geben Sie für die anderen x-Werte an, welche der drei Anforderungen für die Stetigkeit nicht erfüllt sind.

Genauer betrachtet: Graphische Darstellung von Grenzwert und Stetigkeit

In diesem Abschnitt sammeln Sie weitere Erfahrung mit der visuellen Lösung von Grenzwert- und Stetigkeitsaufgaben. In Kapitel 4 werden Sie Grenzwertprobleme numerisch (mit Hilfe Ihres Taschenrechners) und symbolisch (mit Hilfe der Algebra) lösen.

Lösen Sie mit Hilfe von Abbildung 3.2 die Aufgaben 5 bis 10.

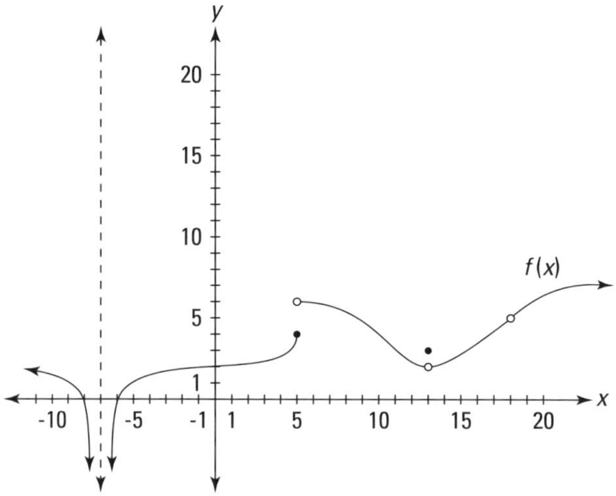

Abbildung 3.2: Noch ein interessanter Graph.

Beispiel

1. $\lim_{x \to 0} f(x) = ?$

Lösung

1. $\mathbf{\lim_{x \to 0} f(x) = 2}$. Weil f(0) = 2 und weil *f* an dieser Stelle stetig ist, muss der Grenzwert gleich dem Funktionswert sein. Immer wenn eine Funktion einen Punkt durchläuft und es an dieser Stelle keine Unstetigkeit gibt, ist der Grenzwert gleich dem Funktionswert.

2. $\lim_{x \to 13} f(x) = ?$

2. $\mathbf{\lim_{x \to 13} f(x) = 2}$, weil es eine Lücke an der Stelle (13, 2) gibt. Der Grenzwert an der Lücke ist die Höhe der Lücke

Aufgabe 5

$\lim_{x \to -7} f(x) = ?$

Aufgabe 6

$\lim_{x \to 5} f(x) = ?$

Aufgabe 7

$\lim_{x \to 18} f(x) = ?$

Aufgabe 8

$\lim_{x \to 5^-} f(x) = ?$

Aufgabe 9

$\lim_{x \to 5^+} f(x) = ?$

Aufgabe 10

Notieren Sie die x-Koordinaten aller unstetigen Punkte von f und geben Sie an, um welche Art von Unstetigkeit es sich handelt – entfernbar, Sprung oder Unendlich.

Aufgabe 11

$\lim_{x \to \infty} \sin x = ?$ Betrachten Sie folgenden Graphen.

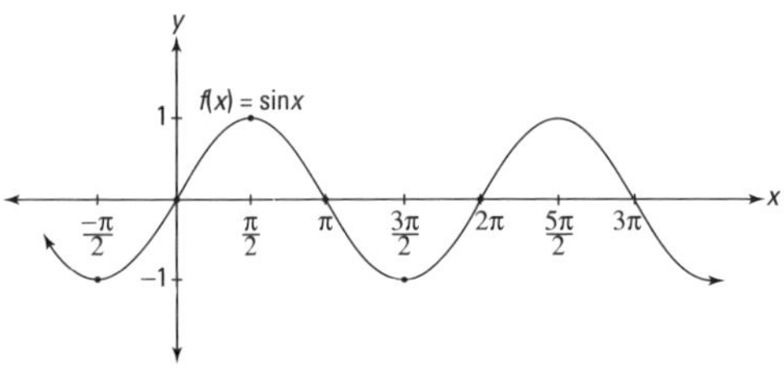

Aufgabe 12

$\lim_{x \to \infty} \frac{1}{x} = ?$ Betrachten Sie folgenden Graphen von $y = \frac{1}{x}$.

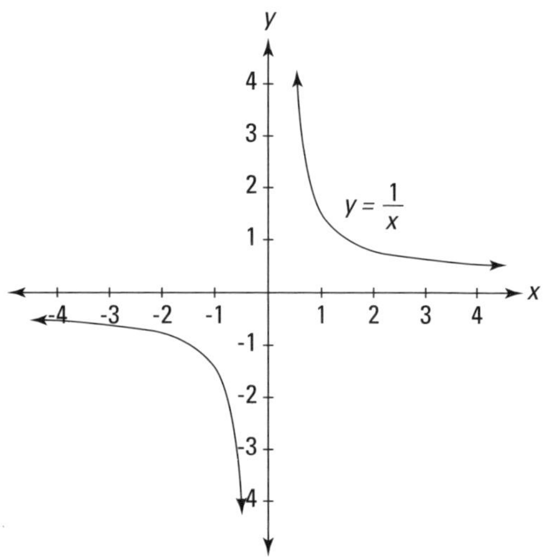

Lösungen für Grenzwerte und Stetigkeit

1. An welchem der folgenden x-Werte sind alle drei Anforderungen für die Existenz eines Grenzwerts erfüllt, und wie lautet der Grenzwert an diesen x-Werten? $x = -2, 0, 2, 4, 5, 6, 8, 10$.

   An der Stelle 0 ist der Grenzwert gleich 2.

   An der Stelle 4 ist der Grenzwert gleich 5.

   An der Stelle 8 ist der Grenzwert gleich 3.

   An der Stelle 10 ist der Grenzwert gleich 5.

   Kurz gesagt, es gibt dann einen Grenzwert für einen bestimmten x-Wert einer Kurve, wenn die Kurve dort auf einen exakten y-Wert zuläuft, und zwar ganz egal, wie nahe Sie an den x-Wert heranzoomen. Die Kurve muss sowohl von rechts als auch von links auf diesen y-Wert zulaufen (es sei denn, bei dem Grenzwert geht x gegen Unendlich). Ich betone hier »zuläuft«, weil das, was an dem gegebenen x-Wert selbst passiert, für diese Grenzwertbetrachtung nicht relevant ist. Aus diesem Grund gibt es auch an einer Lücke wie bei $x = 8$ und $x = 10$ einen Grenzwert.

2. Geben Sie an, welche der drei Anforderungen für diejenigen x-Werte nicht erfüllt sind, die nicht alle drei Grenzwertanforderungen erfüllen. Geben Sie für jeden der x-Werte, bei dem einer oder beide einseitigen Grenzwerte existieren, den Wert des einseitigen Grenzwerts an.

   Für –2 und 5 sind alle drei Bedingungen nicht erfüllt.

   Für 2, 6 und 11 ist nur die dritte Anforderung nicht erfüllt.

   Für 2 ist der Grenzwert von links gleich 5 und der Grenzwert von rechts ist 3.

   Für 6 ist der Grenzwert von links gleich 2 und der Grenzwert von rechts ist 3.

   Und schließlich ist $\lim\limits_{x\to 11^-} f(x) = 3$ und $\lim\limits_{x\to 11^+} f(x) = 5$.

3. An welchem dieser x-Werte sind alle drei Anforderungen für Stetigkeit erfüllt?

   Die Funktion in Abbildung 3.1 ist stetig an den Stellen 0 und 4. Üblicherweise stellt man sich die Stetigkeit so vor, dass eine Kurve dann stetig ist, wenn Sie die Kurve zeichnen können, ohne dass Sie den Stift absetzen müssen. Es sollte offensichtlich sein, dass dies für 0 und 4 der Fall ist, nicht aber für die anderen angegebenen x-Werte.

4. Geben Sie für die übrigen x-Werte an, welche der drei Anforderungen für die Stetigkeit nicht erfüllt sind.

   Alle aufgelisteten x-Werte außer 0 und 4 sind unstetige Punkte. Eine »Unstetigkeit« ist einfach der Analysis-Ausdruck für eine »Lücke«. Wenn Sie den Stift beim Zeichnen der Kurve an einer Stelle absetzen müssen, hat die Kurve dort eine Unstetigkeit.

   Für 5 und 11 ist keine der Anforderungen erfüllt.

Für –2, 2 und 6 sind die Stetigkeitsanforderungen 2 und 3 nicht erfüllt.

Für 10 sind die Anforderungen 1 und 3 nicht erfüllt.

Für 8 ist die Anforderung 3 nicht erfüllt.

5. $\lim\limits_{x \to -7} f(x)$ **existiert nicht, weil es an der Stelle –7 eine vertikale Asymptote gibt**. Oder weil $f(x)$ von links und von rechts gegen $-\infty$ geht, könnten Sie auch sagen, der Grenzwert ist gleich $-\infty$.

6. $\lim\limits_{x \to 5} f(x)$ **existiert nicht, weil der Grenzwert von links nicht gleich dem Grenzwert von rechts ist**. Sie könnten auch sagen, der Grenzwert existiert nicht, weil eine Sprung-Unstetigkeit an der Stelle $x = 5$ vorliegt.

7. $\lim\limits_{x \to 18} f(x) = 5$, **weil wie im zweiten Beispiel der Grenzwert an einer Lücke gleich der Höhe der Lücke ist**. Die Tatsache, dass $f(18)$ undefiniert ist, ist für diese Grenzwertbetrachtung irrelevant.

8. $\lim\limits_{x \to 5^-} f(x) = 4$**, weil $f(5) = 4$ und f von links an der Stelle (5, 4) stetig ist.**

9. $\lim\limits_{x \to 5^+} f(x) = 6$. Diese Aufgabe verhält sich wie Aufgabe 8, außer dass es hier bei (5, 6) einen nicht ausgefüllten Kreis gibt – statt eines ausgefüllten. Aber der nicht ausgefüllte Kreis bei (5, 6) ist irrelevant für die Grenzwertbetrachtung – genau wie bei Aufgabe 7, wo die Lücke irrelevant war.

10. Notieren Sie die x-Koordinaten aller unstetigen Punkte von f und geben Sie an, um welche Art von Unstetigkeit es sich handelt – entfernbar, Sprung oder Unendlich.

    An $x = -7$, der vertikalen Asymptote, gibt es eine nicht entfernbare, unendliche Unstetigkeit.

    An $x = 5$ gibt es eine nicht entfernbare Sprung-Unstetigkeit.

    An $x = 13$ und $x = 18$ gibt es Lücken, bei denen es sich um entfernbare Unstetigkeiten handelt. Obwohl sie unendlich klein sind, sind sie nichtsdestotrotz Unstetigkeiten. Es handelt sich um »entfernbare« Unstetigkeiten, weil Sie die Funktion »reparieren« können, indem Sie die Lücken ausfüllen.

11. $\lim\limits_{x \to \infty} \sin x$ **existiert nicht.** Es gibt keinen Grenzwert, wenn x gegen Unendlich geht, weil die Kurve schwingt – sie pendelt sich nie auf einen genauen y-Wert ein. (Die dreiteilige Definition eines Grenzwerts ist nicht anwendbar bei Grenzwerten, die im Unendlichen liegen.)

12. $\lim\limits_{x \to \infty} \frac{1}{x} = 0$. Im Gegensatz zu $\sin x$ strebt diese Funktion auf einen einzigen Wert zu. Je weiter Sie nach rechts gehen, desto näher liegen die Funktionswerte bei 0, und genau das ist der Grenzwert.

Haarige Grenzwertprobleme

4

In diesem Kapitel...

- Algebra, oh Algebra!
- Taschenrechner – den Weg des geringsten Widerstands gehen
- Grenzwert-Sandwiches zubereiten
- Unendlichkeit – »Sind wir schon da?«
- Konjugierte Multiplikation – einfacher als es sich anhört

In diesem Kapitel geht es um zwei sehr unterschiedliche Methoden, Grenzwertprobleme zu lösen: mit der Algebra und mit Ihrem Taschenrechner. Es ist aus zwei Gründen sehr wichtig, die algebraischen Techniken zu erlernen. Der erste, *unglaublich* wichtige Grund ist, dass die in den algebraischen Methoden enthaltene Mathematik wunderschön, rein und streng ist; und zweitens – etwas so Triviales, dass ich es vielleicht gar nicht erwähnen bräuchte – geht es in der Prüfung darum. Damit sind die Prioritäten gesetzt, klar? Die Taschenrechnermethoden sind aus mehreren Gründen praktisch: 1) Mit Hilfe Ihres Taschenrechners können Sie einige Grenzwertprobleme lösen, die durch Algebra schwer oder überhaupt nicht zu lösen wären, 2) Sie können Ihre algebraischen Antworten mittels des Taschenrechners nachprüfen, und 3) Grenzwertaufgaben können mit Hilfe des Taschenrechners gelöst werden, wenn Sie nicht explizit aufgefordert werden, den Lösungsweg anzugeben – wie etwa bei einem Multiple Choice-Test.

Bevor wir uns genauer mit diesen beiden wichtigen Techniken beschäftigen, wollen wir ein bisschen auswendig lernen. Einige Grenzwerte sind kompliziert herzuleiten oder zu beweisen, deshalb macht man sich das Leben einfacher, wenn man sie sich einfach merkt. Hier sind sie:

- ✔ $\lim\limits_{x\to a} c = c$

  ($y = c$ ist eine horizontale Gerade, der Grenzwert ist also gleich c, unabhängig von der *Pfeilzahl* – der Konstanten hinter dem Pfeil.)
- ✔ $\lim\limits_{x\to 0^+} \frac{1}{x} = \infty$
- ✔ $\lim\limits_{x\to 0^-} \frac{1}{x} = -\infty$
- ✔ $\lim\limits_{x\to -\infty} \frac{1}{x} = 0$
- ✔ $\lim\limits_{x\to -\infty} \frac{1}{x} = 0$
- ✔ $\lim\limits_{x\to 0} \frac{\sin x}{x} = 1$
- ✔ $\lim\limits_{x\to 0} \frac{\cos x - 1}{x} = 0$
- ✔ $\lim\limits_{x\to \infty} \left(1 + \frac{1}{x}\right)^x = e$

Grenzwerte mit Hilfe von Algebra lösen

Sie können Grenzwertprobleme mit Hilfe unterschiedlicher algebraischer Techniken lösen. Aber zuerst sollten Sie immer die Pfeilzahl in den Grenzwertausdruck einsetzen. Wenn Sie eine Zahl erhalten, ist dies die Lösung. Sie sind fertig. Sie sind ebenfalls fertig, wenn Sie durch Einsetzen der Pfeilzahl folgendes erhalten:

- ✔ Eine Zahl oder Unendlich oder minus Unendlich über Null, etwa $\frac{3}{0}$ oder $\frac{+\infty}{0}$; in diesen Fällen existiert der Grenzwert nicht.
- ✔ Null über Unendlich; die Lösung ist Null.

Wenn das Einsetzen fehlschlägt, weil Sie $0/0$ erhalten, liegt ein echtes Grenzwertproblem vor, und Sie müssen den Bruch in einen Ausdruck umwandeln, für den das Einsetzen funktioniert. Hier einige algebraische Methoden, die Sie ausprobieren können:

- ✔ EAIL (Erstes, Äußeres, Inneres, Letztes)
- ✔ Faktorisieren
- ✔ Den kleinsten gemeinsamen Nenner suchen
- ✔ Kürzen
- ✔ Vereinfachen
- ✔ Konjugierte Multiplikation

Die folgenden Beispiele verwenden jeweils unterschiedliche Methoden zur Bestimmung des Grenzwerts.

Beispiel

1. Berechnen Sie $\lim\limits_{x \to 16} \frac{16-x}{4-\sqrt{x}}$.

Lösung

1. **Der Grenzwert ist 8.**

1. **Probieren Sie, 16 für x einzusetzen – bringt nichts.**

2. **Multiplizieren Sie Zähler und Nenner mit dem Konjugierten von $4-\sqrt{x}$, nämlich $4+\sqrt{x}$.**

   Das Konjugierte eines Ausdrucks mit zwei Termen enthält ein Pluszeichen statt eines Minuszeichens – oder umgekehrt.

   $$\lim_{x \to 16} \frac{(16-x)}{(4-\sqrt{x})} \cdot \frac{\left(4+\sqrt{x}\right)}{\left(4+\sqrt{x}\right)}$$

3. **Wenden Sie EAIL auf das Konjugierte an und vereinfachen Sie.**

$$= \lim_{x \to 16} \frac{(16-x)\left(4+\sqrt{x}\right)}{\left(4^2-\sqrt{x}^2\right)}$$

(Weil natürlich $(a-b)(a+b)=a^2-b^2$.)

$$= \lim_{x \to 16} \frac{(16-x)(4+\sqrt{x})}{(16-x)}$$

4. **Jetzt können Sie kürzen und dann einsetzen:**

$$= \lim_{x \to 16}(4+\sqrt{x})$$

$$= 4+\sqrt{16}$$

$$= 8$$

Beachten Sie, dass das Einsetzen im ersten Schritt nicht funktioniert hat, im letzten dagegen schon. Genau das ist Ihr Ziel: den ursprünglichen Ausdruck so umzuwandeln – in der Regel durch Kürzen –, dass das Einsetzen funktioniert.

2. Was ist $\lim_{x \to -2} \frac{x^2-x-6}{x^2+x-2}$?

2. **Der Grenzwert ist $\frac{5}{3}$.**

1. **Versuchen Sie es mit Einsetzen von – 2 für x. Damit erhalten Sie $\frac{0}{0}$, Sie brauchen also Plan B.**

2. **Faktorisieren und kürzen Sie.**

$$= \lim_{x \to -2} \frac{(x+2)(x-3)}{(x+2)(x-1)}$$

$$= \lim_{x \to -2} \frac{(x-3)}{(x-1)}$$

3. **Setzen Sie ein.**

$$= \frac{-2-3}{-2-1}$$

$$= \frac{-5}{-3}$$

$$= \frac{5}{3}$$

Aufgabe 1

$$\lim_{x \to 3} \frac{x^2-9}{x-3}$$

Aufgabe 2

$$\lim_{x \to 1} \frac{x-1}{x^2+x-2}$$

Aufgabe 3

$$\lim_{x \to -2} \frac{x+2}{x^3+8}$$

Aufgabe 4

$$\lim_{x \to 2} \frac{x^2-4}{4x^2+5x-6}$$

Aufgabe 5

$$\lim_{x \to 9} \frac{x-9}{3-\sqrt{x}}$$

Aufgabe 6

$$\lim_{x \to 10} \frac{\sqrt{x-5}-\sqrt{5}}{x-10}$$

Aufgabe 7

$$\lim_{x \to 0} \frac{\cos x - 1}{x}$$

Aufgabe 8

$$\lim_{x \to 2} \frac{\frac{1}{x}-\frac{1}{2}}{x-2}$$

Aufgabe 9

$$\lim_{x \to 0} \frac{x}{\frac{1}{6} + \frac{1}{x-6}}$$

Aufgabe 10

$$\lim_{x \to 0} \frac{\sin x}{x}$$

Aufgabe *11

$$\lim_{x \to 0} \frac{x}{\sin 3x}$$

Aufgabe *12

$$\lim_{x \to 0} \frac{x}{\tan x}$$

Holen Sie Ihren Taschenrechner heraus: Nützliches »Schummeln«

Ihr Taschenrechner ist ein praktisches Werkzeug, um sich Grenzwerte zu verdeutlichen. Häufig kann er Ihnen ein besseres Gefühl für die Funktionsweise eines Grenzwerts verschaffen als die algebraischen Techniken. Bei einer Grenzwertaufgabe müssen Sie feststellen, woran sich der y-Wert einer Funktion annähert, wenn der x-Wert gegen eine bestimmte Zahl geht. Mit Ihrem Taschenrechner können Sie den Prozess unmittelbar verfolgen und das Ergebnis bestimmen. Es gibt drei Möglichkeiten, mit Hilfe des Taschenrechners ein Grenzwertproblem zu lösen.

Methode I. Erstens, speichern Sie eine Zahl in x, die sehr nah an der Zahl beim Pfeil liegt, geben Sie den Grenzwertausdruck auf dem Hauptbildschirm ein und drücken Sie die Eingabetaste. Wenn Sie ein Ergebnis in der Nähe einer ganzen Zahl erhalten, ist diese Ihre Lösung – Sie sind fertig. Wenn Sie Zweifel in Hinblick auf die Lösung haben, speichern Sie eine andere Zahl in x, die noch näher an der Pfeilzahl liegt, und drücken erneut die Eingabetaste. Damit erhalten Sie wahrscheinlich ein Ergebnis, das noch näher an derselben ganzen Zahl liegt – das ist alles. Sie sind fertig. Diese Methode kann die schnellste sein, aber häufig vermittelt Sie Ihnen kein gutes Gefühl dafür, wie sich die y-Werte auf das Ergebnis einschwingen. Um ein besseres Bild von diesem Prozess zu erhalten, können Sie drei oder vier Zahlen in x speichern (eine nach der anderen, natürlich), jede etwas näher an der Pfeilzahl als die vorhergehende, und sich dann die Ergebnisreihenfolge ansehen.

Methode II. Geben Sie den Grenzwertausdruck im Grafik- oder »y=«-Modus ein, wählen Sie *Table Setup*, setzen Sie *Tblstart* auf die Zahl am Pfeil und setzen Sie *ΔTbl* auf einen sehr kleinen Wert, etwa 0,01 oder 0,001. Wenn Sie sich die Tabelle ansehen, erkennen Sie häufig, dass die y-Werte sich mehr und mehr der Grenzwertlösung nähern, und zwar in dem Maße, wie sich x der Pfeilzahl annähert. Falls nicht klar wird, woran sich die y-Werte annähern, probieren Sie es mit einer geringeren Schrittweite für die Zahl in *ΔTbl*. Diese Methode gibt Ihnen häufig ein gutes Gefühl dafür, was bei einem Grenzwertproblem vor sich geht.

Methode III. Diese Methode bietet das beste *visuelle* Verständnis dafür, wie ein Grenzwert funktioniert. Geben Sie den Grenzwertausdruck im Grafik- oder »y=«-Modus ein. (Falls Sie die zweite Methode verwenden, können Sie gleichzeitig diese dritte Methode ausprobieren.) Anschließend zeichnen Sie den Graphen der Funktion und gehen dann in das Fenster und verändern gegebenenfalls die Einstellungen für *xmin*, *xmax*, *ymin* und *ymax*, um den Teil der Funktion zu sehen, der der Pfeilzahl entspricht. Verwenden Sie die Funktion *Trace*, um die Funktion zu verfolgen, bis Sie sich innerhalb des Anzeigefensters befinden. Verfolgen Sie die Funktion, bis Sie deutlich in die Nähe der Pfeilzahl gelangen. Sie können die Funktion nicht genau *bis* zur Pfeilzahl verfolgen, weil es dort eine kleinee Lücke in der Funktion gibt, übrigens in der Höhe, die gleich Ihrer Grenzwertlösung ist. Wenn Sie die Funktion bis in die Nähe der Pfeilzahl verfolgen, nähert sich der y-Wert stark der Grenzwertlösung. Verwenden Sie die Funktion *ZoomBox*, um ein kleines Feld um den Teil des Graphen zu zeichnen, in dem die Pfeilzahl enthalten ist, und zoomen Sie, bis Sie sehen, dass die y-Werte sehr nah an eine runde Zahl gelangen – diese ist Ihre Lösung.

Beispiel

1. Berechnen Sie
$\lim_{x \to 6} \frac{x^2 - 5x - 6}{\sin(x-6)}$.

Lösung

1. **Die Lösung lautet 7.**

Methode I.

1. **Verwenden Sie die Taste STO →, um in x den Wert 6.01 zu speichern.**
2. **Geben Sie auf dem Hauptbildschirm $\frac{x^2 - 5x - 6}{\sin(x-6)}$ ein und drücken Sie die Eingabetaste. (Hinweis: Sie müssen sich im Bogenmaßmodus befinden.)**

   Damit erhalten Sie das Ergebnis ~7,01, was darauf hindeutet, dass die Lösung gleich 7 ist.
3. **Wiederholen Sie die Schritte 1 und 2, wobei Sie in x den Wert 6,001 speichern.**

   Damit erhalten Sie das Ergebnis ~7,001.
4. **Wiederholen Sie die Schritte 1 und 2, wobei Sie in x den Wert 6,0001 speichern.**

   Damit erhalten Sie das Ergebnis ~7,0001. Weil die Ergebnisse offensichtlich immer näher gegen die ganze Zahl 7 gehen, ist dies Ihre Lösung.

Methode II.

1. **Geben Sie $\frac{x^2 - 5x - 6}{\sin(x-6)}$ im Grafik- oder »y=«-Modus ein.**
2. **Gehen Sie auf *Table Setup* und setzen Sie *tblStart* auf die Zahl am Pfeil, 6, und *ΔTbl* auf 0,01.**
3. **Gehen Sie zur Tabelle. Sie sehen, dass die y-Werte immer näher an 7 herangehen, je weiter Sie sich von oben und unten gegen $x = 6$ nähern.**

Ihre Antwort ist also 7.

Methode III.

1. **Geben Sie erneut $\frac{x^2 - 5x - 6}{\sin(x-6)}$ im Grafikmodus ein.**
2. **Zeichnen Sie den Graphen der Funktion. Für die erste Anzeige sollten Sie es mit den Fenstern *ZoomStd*, *ZoomFit* und *ZoomTrig* (für Ausdrücke mit trigonometrischen Funktionen) probieren.**

   Für diese eigenwillige Funktion funktioniert keine der drei Fensteroptionen besonders gut, aber *ZoomStd* ist die beste.
3. **Verfolgen Sie die Funktion bis in der Nähe von $x = 6$. Sie sehen, dass y gegen 7 geht. Verwenden Sie *ZoomBox*, um einen kleinen Rahmen um den Punkt (6, 7) zu ziehen und drücken Sie dann die Eingabetaste.**
4. **Verfolgen Sie die Funktion in diesem gezoomten Graphen bis $x = 6$, bis Sie sehr nahe an $x = 6$ gelangt sind.**
5. **Wiederholen Sie den *ZoomBox*-Prozess noch zwei, drei Mal. Jetzt können Sie sehr wahrscheinlich ganz in die Nähe von $x = 6$ zoomen.**

   (Ich konnte die Funktion bis $x = 6{,}0000022$, $y = 7{,}0000023$ verfolgen.)

Die Antwort lautet 7.

Aufgabe 13

Verwenden Sie Ihren Taschenrechner, um $\lim_{x \to -3} \frac{x^2 - 5x - 24}{x + 3}$ zu berechnen. Probieren Sie alle drei Methoden aus.

Aufgabe 14

Verwenden Sie Ihren Taschenrechner, um $\lim_{x \to 0} \frac{\sin x}{\tan^{-1} x}$ zu berechnen. Probieren Sie alle drei Methoden aus.

Machen Sie sich ein Grenzwert-Sandwich!

Die *Sandwich-Methode* können Sie ausprobieren, wenn Sie ein Grenzwertproblem nicht algebraisch lösen können. Die grundlegende Idee dabei ist es, eine Funktion zu finden, die immer größer als die Grenzwertfunktion ist (zumindest in der Nähe der Zahl am Pfeil), und eine weitere Funktion, die immer kleiner ist als die Grenzwertfunktion. Beide neuen Funktionen müssen denselben Grenzwert haben, wenn x gegen die Zahl am Pfeil geht. Weil die Grenzwertfunktion zwischen den beiden anderen wie in einem Sandwich eingeschlossen ist, so wie die Salami zwischen zwei Brotscheiben, muss sie ebenfalls denselben Grenzwert haben. Siehe Abbildung 4.1.

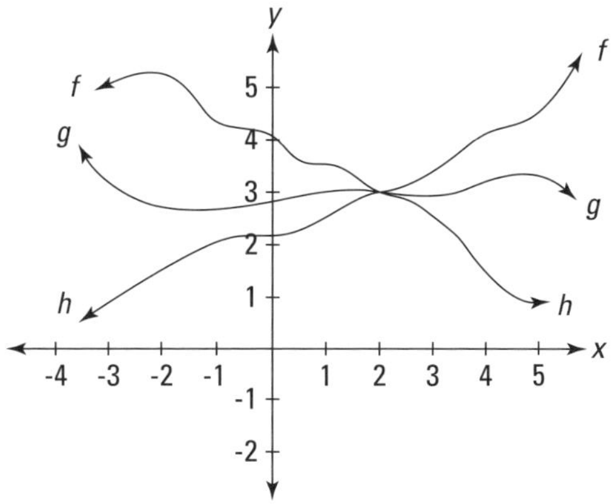

Abbildung 4.1: Ein Grenzwert-Sandwich – die Funktionen f und h stellen das Brot dar, g ist die Salami.

Beispiel

1. Was ist $\lim\limits_{x \to 0} \frac{x}{\sqrt[3]{x}}$?

Lösung

1. **Der Grenzwert ist 0.**

1. **Versuchen Sie, 0 einzusetzen. Bringt nichts – Sie erhalten Null über Null.**

   Sie sind sehr wahrscheinlich in der Lage, dieses Grenzwertproblem mit Hilfe der Algebra zu lösen. Wir wollen hier jedoch annehmen, dass Sie es ausprobiert haben und keine Lösung gefunden haben, so dass Sie jetzt die Sandwich-Methode anwenden.

2. **Zeichnen Sie den Graphen der Funktion.**

   Es sieht aus, als sei der Grenzwert gleich 0, wenn sich x dem Wert 0 annähert.

3. **Um dies zu beweisen, versuchen Sie, zwei »Brot«-Funktionen zu finden, die beide einen Grenzwert von 0 haben, wenn sich x dem Wert 0 annähert.**

   Man kann ganz leicht zeigen, dass die Funktion immer positiv ist (außer vielleicht bei $x = 0$), deshalb verwenden Sie die einfache Funktion y = 0 als die untere Brotscheibe. Natürlich ist offensichtlich, dass $\lim\limits_{x \to 0} 0 = 0$ ist. Eine Funktion für die obere Brotscheibe zu finden, ist schon etwas schwieriger. Nehmen wir an, dass Sie aus irgendeinem unerfindlichen Grund wissen, dass $y = \sqrt{|x|}$ größer als $\frac{x}{\sqrt[3]{x}}$ ist, wenn sich die Funktion der Zahl am Pfeil nähert – der einzigen Stelle, auf die es bei der Sandwich-Methode ankommt. Weil $\lim\limits_{x \to 0} \sqrt{|x|} = 0$, stellt $y = \sqrt{|x|}$ eine gute obere Brotscheibe dar.

   Sie sind fertig. Weil $\frac{x}{\sqrt[3]{x}}$ zwischen $y = 0$ und $y = \sqrt{|x|}$ eingeschlossen ist, die beide den Grenzwert 0 haben, wenn x gegen 0 geht, muss auch $\frac{x}{\sqrt[3]{x}}$ den Grenzwert 0 haben.

Aufgabe 15

Bestimmen Sie $\lim_{x \to 0}\left(x \sin\frac{1}{x^2}\right)$.

Aufgabe 16

Bestimmen Sie $\lim_{x \to 0}\left(x^2 \cos\frac{1}{x}\right)$.

Hinaus in die Weite: Grenzwerte an der Unendlichkeit

Um einen Grenzwert bei Unendlich ($\lim_{x\to\infty}$ oder $\lim_{x\to-\infty}$) zu finden, wenden Sie dieselben Techniken an wie in der Aufzählung im Abschnitt »Grenzwerte mit Hilfe von Algebra lösen« in diesem Kapitel beschrieben, um den Grenzwertausdruck so abzuändern, dass Sie einsetzen und lösen können.

Wenn Sie den Grenzwert bei Unendlich für eine *rationale Funktion* bestimmen (nämlich ein Polynom dividiert durch ein anderes Polynom, etwa $\frac{3x^2-8x+12}{5x^3+4x^2-x-2}$), ist der Grenzwert derselbe wie der y-Wert der *horizontalen Asymptote* der Funktion, nämlich einer imaginären Geraden, an die sich eine Kurve annähert, wenn sie nach rechts, links, oben oder unten gegen Unendlich oder minus Unendlich geht.

✔ **1. Fall**: Wenn der Grad des Polynoms im Zähler *kleiner* als der Grad des Polynoms im Nenner ist, gibt es eine horizontale Asymptote bei $y = 0$, und der Grenzwert für x gegen ∞ oder $-\infty$ ist ebenfalls 0.

✔ **2. Fall**: Wenn die Grade der beiden Polynome *gleich* sind, gibt es eine horizontale Asymptote an der Zahl, die Sie erhalten, wenn Sie den Koeffizienten des Terms mit der höchsten Potenz im Zähler durch den Koeffizienten des Terms mit der höchsten Potenz im Nenner dividieren. Diese Zahl ist die Lösung für den Grenzwert, wenn x gegen Unendlich oder minus Unendlich geht. Ist übrigens der Grad des Zählers größer als der Grad des Nenners, gibt es keine horizontale Asymptote und keinen Grenzwert.

Betrachten Sie die folgenden vier Arten von Ausdrücken: x^{10}, 5^x, $x!$ und x^x. Wenn ein Grenzwert für Unendlich einen Bruch mit einem dieser Terme über einem anderen enthält, können Sie einen praktischen kleinen Trick anwenden. Diese vier Ausdrücke sind vom »kleinsten« hin zum »größten« aufgereiht. (Das ist keine echte Reihenfolge; sie bezieht sich nur auf Aufgaben dieses Typs; beachten Sie, dass die eigentlichen Zahlen hier keine Rolle spielen, es könnte sich genauso gut um x^8, 3^x, $x!$ und x^x handeln.) Der Grenzwert ist gleich 0, wenn Sie einen »kleineren« Ausdruck über einem »größeren« haben, und der Grenzwert ist Unendlich, wenn Sie einen »größeren« Ausdruck über einem »kleineren« haben. Und diese Regel wird nicht durch Koeffizienten beeinträchtigt. Beispielsweise ist $\lim\limits_{x\to\infty}\frac{1000\cdot x^{100}}{3x!}=0$, und $\lim\limits_{x\to\infty}\frac{x^x}{500\cdot 100^x}=\infty$. Beachten Sie jedoch, dass etwas wie $(2x)!$ die Reihenfolge ändern kann.

Beispiel

1. Bestimmen Sie $\lim\limits_{x\to\infty}\frac{x^3}{1{,}01^x}$

2. $\lim\limits_{x\to\infty}\frac{100}{5x-\cos x^2}$

Lösung

1. **Der Grenzwert ist 0.**

Dies ist ein Beispiel für einen »kleinen« Ausdruck über einem »großen«, die Lösung ist also 0. Vielleicht überrascht Sie dieses Ergebnis. Sie denken womöglich, der Bruch wird immer größer und größer, weil es scheint, dass egal in welche Potenz 1,01 erhoben wird, es nie besonders groß wird. Und wenn Sie 1.000 für x einsetzen, dann wird der Quotient groß – über 47.000.

Wenn Sie jedoch $\frac{x^3}{1{,}01^x}$ im Graphenmodus eingeben und dann *tblStart* und Δ*Tbl* auf 1.000 setzen, zeigen die Tabellenwerte sehr überzeugend, dass der Grenzwert gleich 0 ist. ‚Bei $x = 3.000$ ist der Wert 0,00293, und bei $x = 10.000$ ist der Wert 6×10^{-32}.

2. **Der Grenzwert ist 0.**

$$\lim_{x\to\infty}\frac{100}{5x-\cos x^2}$$
$$=\frac{100}{\infty}$$
$$=0$$

Die Werte von $\cos x^2$, die unbestimmt zwischen –1 und 1 oszillieren, sind nicht relevant im Vergleich zu $5x$, wenn x gegen Unendlich geht. Oder betrachten Sie die Tatsache, dass $\lim\limits_{x\to\infty} \frac{100}{5x-10} = 0$, und dass $\frac{100}{5x-\cos x^2} < \frac{100}{5x-10}$ für große Werte von x ist. Weil $\frac{100}{5x \quad \cos x^2}$ für große Werte von x immer positiv und kleiner irgendetwas ist, dessen Grenzwert gleich 0 ist, muss es ebenfalls einen Grenzwert von 0 haben.

Aufgabe 17

Was ist $\lim\limits_{x\to\infty} \frac{5x^3 - x^2 + 10}{2x^4 + x + 3}$? Erklären Sie Ihre Antwort.

Aufgabe 18

Was ist $\lim\limits_{x\to-\infty} \frac{3x^4 + 100x^3 + 4}{8x^4 + 1}$? Erklären Sie Ihre Antwort.

Aufgabe 19

Bestimmen Sie mit Hilfe Ihres Taschenrechners $\lim\limits_{x\to\infty} \frac{x^x}{x!}$.

Aufgabe 20

Bestimmen Sie $\lim\limits_{x\to\infty} \frac{5x+2}{\sqrt{4x^2-1}}$.

Aufgabe *21

Bestimmen Sie $\lim\limits_{x\to-\infty} \left(4x+\sqrt{16x^2-3x}\right)$.

Aufgabe *22

Bestimmen Sie $\lim\limits_{x\to-\infty} \left(\frac{3x^2}{x-1}-\frac{3x^2}{x+1}\right)$.

Lösungen für Grenzwertaufgaben

1. $\lim\limits_{x\to 3}\dfrac{x^2-9}{x-3}=\mathbf{6}$

   Faktorisieren, Kürzen, Einsetzen.

   $$=\lim_{x\to 3}\frac{(x-3)(x+3)}{(x-3)}$$
   $$=\lim_{x\to 3}\frac{x+3}{1}$$
   $$=\frac{3+3}{1}$$
   $$=6$$

2. $\lim\limits_{x\to 1}\dfrac{x-1}{x^2+x-2}=\mathbf{\dfrac{1}{3}}$

   Faktorisieren, Kürzen, Einsetzen.

   $$=\lim_{x\to 1}\frac{(x-1)}{(x-1)(x+2)}$$
   $$=\lim_{x\to 1}\frac{1}{x+2}$$
   $$=\frac{1}{1+2}$$
   $$=\frac{1}{3}$$

3. $\lim\limits_{x\to -2}\dfrac{x+2}{x^3+8}=\mathbf{\dfrac{1}{12}}$

   Faktorisieren, Kürzen, Einsetzen.

   $$=\lim_{x\to -2}\frac{(x+2)}{(x+2)(x^2-2x+4)}$$
   $$=\lim_{x\to -2}\frac{1}{x^2-2x+4}$$
   $$=\frac{1}{(-2)^2-2(-2)+4}$$
   $$=\frac{1}{12}$$

4. $\lim\limits_{x\to 2}\dfrac{x^2-4}{4x^2+5x-6}=\mathbf{0}$

Haben Sie Ihre Zeit damit vergeudet, den Zähler und den Nenner zu faktorisieren? Erwischt! Immer zuerst einsetzen! Wenn Sie in den Grenzwertausdruck den Wert 2 einsetzen, erhalten Sie $\frac{0}{20}$, also 0, und das ist Ihre Lösung.

5. $\lim\limits_{x\to 9} \frac{x-9}{3-\sqrt{x}} = \mathbf{-6}$

   a. Multiplizieren Sie Zähler und Nenner mit $3 + \sqrt{x}$.

$$= \lim_{x\to 9} \frac{(x-9)}{\left(3-\sqrt{x}\right)} \cdot \frac{\left(3+\sqrt{x}\right)}{\left(3+\sqrt{x}\right)}$$

   b. Multiplizieren Sie den Teil des Bruches aus, der das konjugierte Paar enthält (hier den Nenner).

$$= \lim_{x\to 9} \frac{(x-9)\left(3+\sqrt{x}\right)}{(9-x)}$$

   c. Kürzen.

$$= \lim_{x\to 9} \left(-1\left(3+\sqrt{x}\right)\right)$$

Vergessen Sie nicht, dass ein Bruch der Form $\frac{a-b}{b-a}$ immer gleich –1 ist.

   d. Einsetzen.

$$= -1\left(3+\sqrt{9}\right)$$
$$= -6$$

6. $\lim\limits_{x\to 10} \frac{\sqrt{x-5}-\sqrt{5}}{x-10} = \mathbf{\frac{\sqrt{5}}{10}}$

   Multiplizieren mit dem Konjugierten, Ausmultiplizieren, Kürzen, Einsetzen.

$$= \lim_{x\to 10} \frac{\left(\sqrt{x-5}-\sqrt{5}\right)}{(x-10)} \cdot \frac{\left(\sqrt{x-5}+\sqrt{5}\right)}{\left(\sqrt{x-5}+\sqrt{5}\right)}$$
$$= \lim_{x\to 10} \frac{(x-5)-5}{(x-10)\left(\sqrt{x-5}+\sqrt{5}\right)}$$
$$= \lim_{x\to 10} \frac{(x-10)}{(x-10)\left(\sqrt{x-5}+\sqrt{5}\right)}$$

$$= \lim_{x\to 10} \frac{1}{\sqrt{x-5}+\sqrt{5}}$$

$$= \frac{1}{\sqrt{10-5}+\sqrt{5}}$$

$$= \frac{1}{2\sqrt{5}}$$

$$= \frac{\sqrt{5}}{10}$$

7. $\lim\limits_{x\to 0} \frac{\cos x - 1}{x} = \mathbf{0}$

Haben Sie versucht, den Zähler und den Nenner mit dem Konjugierten von $\cos x - 1$ zu multiplizieren? Schon wieder erwischt! Diese Methode funktioniert hier nicht. Die Lösung für diesen Grenzwert lautet 0, das müssen Sie sich einfach merken.

8. $\lim\limits_{x\to 2} \frac{\frac{1}{x}-\frac{1}{2}}{x-2} = -\frac{\mathbf{1}}{\mathbf{4}}$

a. Multiplizieren Sie Zähler und Nenner mit dem kleinsten gemeinsamen Nenner der kleineren Brüche innerhalb des großen Bruchs – also 2*x*.

$$= \lim_{x\to 2} \frac{\frac{1}{x}-\frac{1}{2}}{x-2} \cdot \frac{2x}{2x}$$

b. Den Zähler ausmultiplizieren.

$$= \lim_{x\to 2} \frac{(2-x)}{(x-2)(2x)}$$

c. Kürzen.

$$= \lim_{x\to 2} \frac{-1}{2x}$$

d. Einsetzen.

$$= \frac{-1}{4}$$

$$= -\frac{1}{4}$$

9. $\lim\limits_{x\to 0} \frac{x}{\frac{1}{6}+\frac{1}{x-6}} = \mathbf{-36}$

Mit dem kleinsten gemeinsamen Nenner multiplizieren, ausmultiplizieren, kürzen, einsetzen.

$$= \lim_{x\to 0} \frac{x}{\frac{1}{6}+\frac{1}{x-6}} \cdot \frac{6(x-6)}{6(x-6)}$$

$$= \lim_{x\to 0} \frac{6x(x-6)}{(x-6)+6}$$

$$= \lim_{x\to 0} \frac{6x(x-6)}{x}$$

$$= \lim_{x\to 0} 6\,(x-6)$$

$$= 6(0-6)$$

$$= -36$$

10. $\lim_{x\to 0} = \frac{\sin x}{x} = \mathbf{1}$

Hier ist keine Arbeit erforderlich – Sie mussten es sich nur merken.

*11. $\lim_{x\to 0} \frac{x}{\sin 3x} = \mathbf{\frac{1}{3}}$

Haben Sie das verstanden? Falls nicht, sehen Sie sich den folgenden Hinweis genauer an, bevor Sie die Lösung lesen: Dieser Bruch erinnert irgendwie an den aus Aufgabe 10. Immer noch nicht? Na gut:

a. **Multiplizieren Sie Zähler und Nenner mit 3.**

   Sie haben $3x$ im Nenner, deshalb brauchen Sie auch $3x$ im Zähler (damit der Bruch eher aussieht wie derjenige in Aufgabe 10).

$$= \lim_{x\to 0} \frac{x}{\sin 3x} \cdot \frac{3}{3}$$

$$= \lim_{x\to 0} \frac{3x}{3\sin 3x}$$

b. **Ziehen Sie $\frac{1}{3}$ durch das *lim*-Symbol heraus (die 3 im Nenner ist nämlich eigentlich ein $\frac{1}{3}$).**

$$= \frac{1}{3} \lim_{x\to 0} \frac{3x}{\sin 3x}$$

   Falls Ihre Mathelehrer damit zufrieden ist, sind Sie hier fertig – weil es »offensichtlich« ist, dass $\lim_{x\to 0} \frac{3x}{\sin 3x} = 1$ ist – und können Ihre Antwort $\frac{1}{3} \cdot 1$ oder $\frac{1}{3}$ schreiben. Besteht Ihr Lehrer dagegen auf die ausführliche Darstellung, sind noch ein paar mehr Schritte erforderlich.

c. Setzen Sie $u = 3x$.

d. Setzen Sie u für $3x$ ein. Und weil u gegen 0 geht, wenn x gegen 0 geht, können Sie u für x unter dem *lim*-Symbol einsetzen.

$$= \frac{1}{3} \lim_{u \to 0} \frac{u}{\sin u}$$

$$= \frac{1}{3} \cdot 1$$

$$= \frac{1}{3}$$

Weil $\lim_{x \to 0} \frac{\sin x}{x} = 1$, muss der Kehrwert von $\frac{\sin x}{x}$, nämlich $\frac{x}{\sin x}$, gleich dem Kehrwert von 1 sein – was natürlich 1 ist.

*12. $\lim_{x \to 0} \frac{x}{\tan x} = \mathbf{1}$

a. Nutzen Sie die Tatsache, dass $\lim_{x \to 0} \frac{\sin x}{x} = 1$ ist und ersetzen Sie $\tan x$ durch $\frac{\sin x}{\cos x}$.

$$= \lim_{x \to 0} \frac{x}{\frac{\sin x}{\cos x}}$$

b. Multiplizieren Sie Zähler und Nenner mit $\cos x$.

$$= \lim_{x \to 0} \frac{x}{\frac{\sin x}{\cos x}} \cdot \frac{\cos x}{\cos x}$$

$$= \lim_{x \to 0} \frac{x \cos x}{\sin x}$$

c. Schreiben Sie den Ausdruck so um, dass er das Produkt aus zwei Funktionen darstellt.

$$= \lim_{x \to 0} \left(\frac{x}{\sin x} \cdot \frac{\cos x}{1} \right)$$

d. Zerlegen Sie dies in zwei Grenzwerte, indem Sie die Tatsache ausnutzen, dass $\lim_{x \to c} (f(x) \cdot g(x)) = \lim_{x \to c} f(x) \cdot \lim_{x \to c} g(x)$ ist (vorausgesetzt, beide Grenzwerte von rechts existieren).

$$= \lim_{x \to 0} \frac{x}{\sin x} \cdot \lim_{x \to 0} \cos x$$

$$= 1 \cdot 1 = 1$$

13. $\lim\limits_{x\to -3}\dfrac{x^2-5x-24}{x+3}=\mathbf{-11}$

Sie suchen den Grenzwert, wenn x gegen –3 geht, deshalb wählen Sie eine Zahl, die sehr nah bei –3 liegt, etwa –3,0001, setzen diese Zahl für x in Ihrer Funktion $\dfrac{x^2-5x-24}{x+3}$ ein und geben dies in Ihren Taschenrechner ein. (Falls Sie einen Taschenrechner wie einen Texas Instruments TI-83, TI-86 oder TI-89 haben, speichern Sie dazu -3,0001 mit Hilfe der Taste *STO→* in x, geben dann auf dem Hauptbildschirm $\dfrac{x^2-5x-24}{x+3}$ ein und drücken die Eingabetaste.)

Der Taschenrechner ermittelt die Lösung –11,0001. Weil dies in der Nähe der ganzen Zahl –11 liegt, lautet Ihre Antwort –11. Diese Aufgabe kann übrigens auch mit der Algebra sehr gut gelöst werden.

14. $\lim\limits_{x\to 0}\dfrac{\sin x}{\tan^{-1} x}=\mathbf{1}$

Geben Sie die Funktion wie folgt im Graphenmodus ein: $y=\dfrac{\sin x}{\tan^{-1} x}$. Anschließend gehen Sie in die Tabellenerstellung und geben einen kleinen Inkrementschritt in *Δtbl* ein (hier könnten Sie es etwa mit 0,01 probieren). Anschließend geben Sie die Pfeilzahl 0 in *tblStart* ein. Wenn Sie die Tabelle in der Nähe von $x = 0$ betrachten, erkennen Sie, dass die y-Werte immer näher gegen die ganze Zahl 1 gehen. Und das ist Ihre Lösung. Im Gegensatz zu Aufgabe 13 ist dieses Problem jedoch nicht so einfach mit Hilfe der Algebra zu lösen.

15. Berechnen Sie $\lim\limits_{x\to 0}\left(x\sin\dfrac{1}{x^2}\right)=\mathbf{0}$

Es gibt drei Möglichkeiten, diese Berechnung durchzuführen. Als erstes sagt Ihnen Ihr gesunder Menschenverstand, dass dieser Grenzwert gleich 0 ist. $\lim\limits_{x\to 0} x$ ist natürlich 0, und $\lim\limits_{x\to 0}\left(\sin\dfrac{1}{x^2}\right)$ ist »begrenzt« (nämlich durch –1 und 1). Weil $Null \times begrenzt = Null$ ist, ist der Grenzwert gleich 0. Erzählen Sie das aber nicht Ihrem Mathematiklehrer – es wird ihm nicht gefallen.

Zweitens können Sie Ihren Taschenrechner verwenden: Speichern Sie einen kleinen Wert in x, etwa 0,1, und geben Sie dann $x\sin\dfrac{1}{x^2}$ auf Ihrem Hauptbildschirm ein und drücken Sie die Eingabetaste. Sie erhalten ein Ergebnis von ~–0,05. Jetzt speichern Sie 0,01 in x und drücken die Eingabetaste, um wieder $x\sin\dfrac{1}{x^2}$ zu erhalten, und drücken erneut die Eingabetaste. Das Ergebnis ist ~0,003. Jetzt probieren Sie es mit 0,001, dann mit 0,0001 (womit Sie ~–0,00035 und ~0,00009 erhalten) usw. Es wird schnell klar – wenn auch wahrscheinlich nicht zufrieden stellend für Ihren Lehrer –, dass der Grenzwert gleich 0 ist.

Die dritte Methode wird Ihren pingeligen Lehrer endlich zufrieden stellen. Sie wenden die Sandwich-Methode an, wobei Ihre Funktion, $x\sin\frac{1}{x^2}$, die Salami zwischen zwei Brot-Funktionen mit identischen Grenzwerten für x gegen dieselbe Pfeilzahl wie in der Salami-Funktion darstellt. Weil $\sin\frac{1}{x^2}$ nie größer als 1 oder kleiner als –1 wird, wird $x\sin\frac{1}{x^2}$ nie größer als $|x|$ oder kleiner als $-|x|$. (Sie brauchen die Betragsstriche übrigens, um negative x-Werte zu kompensieren.) Dies legt nahe, dass Sie $u(x) = -|x|$ als untere Brotscheibe und $o(x) = |x|$ als obere Brotscheibe verwenden können. Zeichnen Sie $u(x) = -|x|$, $f(x) = x\sin\frac{1}{x^2}$ und $o(x) = |x|$ gleichzeitig auf Ihrem graphischen Taschenrechner. Sie sehen, dass $x\sin\frac{1}{x^2}$ immer größer oder gleich $-|x|$ ist, und immer kleiner oder gleich $|x|$. Weil $\lim_{x\to 0}(-|x|) = 0$ und $\lim_{x\to 0}|x| = 0$, und weil $x\sin\frac{1}{x^2}$ zwischen den beiden eingeschlossen ist, muss also $\lim_{x\to 0}\left(x\sin\frac{1}{x^2}\right)$ gleich 0 sein.

16. Berechnen Sie $\lim_{x\to 0}\left(x^2\cos\frac{1}{x}\right) = \mathbf{0}$

Für $\lim_{x\to 0}(x^2\cos 1/x)$ verwenden Sie $u(x) = -x^2$ und $o(x) = x^2$ als die Brot-Funktionen. Der Kosinus von irgendeinem Wert liegt immer zwischen –1 und 1, also liegt $x^2\cos 1/x$ in dem Sandwich zwischen diesen beiden Brot-Funktionen. (Sie sollten sich davon überzeugen, indem Sie sich die zugehörigen Graphen ansehen. Verwenden Sie das folgende Fenster auf Ihrem graphischen Taschenrechner: Bogenmaß, *xMin* = –0,15625, *xMax* = 0,15625, *xScl* = 0,05, *yMin* = –0,0125, *yMax* = 0,0125, *yScl* = 0,005.) Weil $\lim_{x\to 0}(-x^2) = 0$ und $\lim_{x\to 0} x^2 = 0$, ist auch $\lim_{x\to 0}(x^2\cos 1/x)$ gleich 0.

17. $\lim_{x\to 0}\frac{5x^3 - x^2 + 10}{2x^4 + x + 3} = \mathbf{0}$

Weil der Grad des Zählers kleiner als der Grad des Nenners ist, ist dies eine Aufgabe des 1. Falls. Der Grenzwert bei x gegen Unendlich ist also 0.

18. $\lim_{x\to -\infty}\frac{3x^4 + 100x^3 + 4}{8x^4 + 1} = \mathbf{\frac{3}{8}}$

$\lim_{x\to -\infty}\frac{3x^4 + 100x^3 + 4}{8x^4 + 1}$ ist ein Beispiel für den 2. Fall, weil der Grad des Zählers und der Grad des Nenners gleich 4 sind. Der Grenzwert ist also $\frac{3}{8}$.

19. $\lim_{x\to\infty} \frac{x^x}{x} = \infty$

Gemäß dem Tipp in Hinblick auf »groß« über »klein« muss diese Lösung gleich Unendlich sein. Sie erhalten dieses Ergebnis auch mit Hilfe Ihres Taschenrechners. Wenn Sie sich die Tabelle mit Werten wie etwa *tblStart* = 100 und Δ*tbl* = 100 einrichten, erhalten Sie »undef« für alle oder einige der y-Werte, je nach Ihrem Taschenrechnermodell. Sie müssen bei der Interpretation von »undef« (für *undefiniert*) auf Ihrem Taschenrechner vorsichtig sein. Häufig steht es für Unendlich, aber nicht immer. Seien Sie daher nicht zu voreilig mit dieser Schlussfolgerung. Nehmen Sie stattdessen kleinere Werte für *tblStart* und Δ*tbl*, etwa 10. In jedem Fall wachsen die y-Werte sehr schnell an, und Sie können sicher schließen, dass der Grenzwert Unendlich ist.

20. $\lim_{x\to\infty} \frac{5x+2}{\sqrt{4x^2-1}} = \mathbf{\frac{5}{2}}$

a. Dividieren Sie Zähler und Nenner durch *x*.

$$= \lim_{x\to\infty} \frac{\frac{5x+2}{x}}{\frac{\sqrt{4x^2-1}}{x}}$$

b. Ziehen Sie das *x* in die Wurzel (es wird zu x^2).

$$= \lim_{x\to\infty} \frac{\frac{5x+2}{x}}{\sqrt{\frac{4x^2-1}{x^2}}}$$

c. Teilen Sie die Brüche.

$$= \lim_{x\to\infty} \frac{5+\frac{2}{x}}{\sqrt{4-\frac{1}{x^2}}}$$

d. Setzen Sie ein und vereinfachen Sie.

$$= \frac{5+\frac{2}{\infty}}{\sqrt{4-\frac{1}{\infty^2}}}$$

$$= \frac{5+0}{\sqrt{4-0}}$$

$$= \frac{5}{2}$$

*21. $\lim_{x\to-\infty}\left(4x+\sqrt{16x^2-3x}\right)=\frac{3}{8}$

a. Schreiben Sie den gesamten Ausdruck über 1, so dass Sie den Trick mit dem Konjugierten anwenden können.

$$=\lim_{x\to-\infty}\frac{\left(4x+\sqrt{16x^2-3x}\right)}{1}\cdot\frac{\left(4x-\sqrt{16x^2-3x}\right)}{\left(4x-\sqrt{16x^2-3x}\right)}$$

b. Wenden Sie EAIL auf den Zähler an.

$$=\lim_{x\to-\infty}\frac{16x^2-(16x^2-3x)}{4x-\sqrt{16x^2-3x}}$$

c. Vereinfachen Sie den Zähler und klammern Sie $16x^2$ innerhalb der Wurzel aus.

$$=\lim_{x\to-\infty}\frac{3x}{4x-\sqrt{16x^2\left(1-\frac{3}{16x}\right)}}$$

d. Ziehen Sie $16x^2$ aus der Quadratwurzel – es wird zu $-4x$.

Der Wert $4x$ wird *negativ*, weil x negativ ist, wenn $x\to-\infty$ geht, und weil Sie etwas *Positives* herausziehen müssen, also $-4x$. Denn wenn x negativ ist, ist $-4x$ positiv. Verstanden?

$$=\lim_{x\to-\infty}\frac{3x}{4x-(-4x)\sqrt{1-\frac{3}{16x}}}$$

$$=\lim_{x\to-\infty}\frac{3x}{4x\left(1+\sqrt{1-\frac{3}{16x}}\right)}$$

e. Kürzen Sie und setzen Sie ein.

$$=\lim_{x\to-\infty}\frac{3}{4\left(1+\sqrt{1-\frac{3}{16x}}\right)}$$

$$=\frac{3}{4\left(1+\sqrt{1-\frac{3}{16(-\infty)}}\right)}$$

$$=\frac{3}{4\left(1+\sqrt{1-0}\right)}$$

$$=\frac{3}{8}$$

Geschenkt.

*22. $\lim\limits_{x \to -\infty} \left(\frac{3x^2}{x-1} - \frac{3x^2}{x+1} \right) = \mathbf{6}$

a. Subtrahieren Sie die Brüche unter Verwendung des kleinsten gemeinsamen Nenners von $(x-1)(x+1) = x^2 - 1$.

$$\lim_{x \to \infty} \frac{3x^2(x+1) - 3x^2(x-1)}{x^2-1}$$

b. Vereinfachen Sie.

$$\lim_{x \to \infty} \frac{3x^3 + 3x^2 - 3x^3 + 3x^2}{x^2-1}$$

$$\lim_{x \to \infty} \frac{6x^2}{x^2-1}$$

c. Ihre Lösung ist der Quotient der Koeffizienten von x^2 im Zähler und im Nenner (siehe 2. Fall im Abschnitt »Hinaus in die Weite«.)

$= 6$

Beachten Sie: Wenn Sie ∞ in die ursprüngliche Aufgabe eingesetzt hätten, dann wäre folgendes Ergebnis herausgekommen:

$$\frac{3\infty^2}{\infty - 1} - \frac{3\infty x^2}{\infty + 1}$$

$$= \infty - \infty$$

$$= 0?$$

Es hört sich komisch an, aber Unendlich minus Unendlich ist *nicht* gleich 0.

Teil III
Differentiation

»Ich habe mir Ihre Gleichungen angesehen, Frau Mühsam. Die Krümmung und die Wendepunkte laufen sauber, und auch Geschwindigkeit und Beschleunigung sind in Ordnung. Es könnte an Ihrer Differentiation liegen, aber vor Donnerstag komme ich sicher nich dazu.«

In diesem Teil ...

In diesem Teil geht es mit dem Ernst der Analysis los. Die Differentiation ist das erste von zwei großen Konzepten der Analysis (das zweite ist die Integration). Angesichts all der Gerüchte um die Analysis glauben Sie vielleicht, die Differentiation sei so schwierig wie die Stringtheorie oder archaisches Sanskrit. Aber *Differentiation* ist einfach der spezielle Ausdruck der Analysis für Steigung, die Sie bereits aus Algebra I kennen, und wobei es sich einfach um die Steilheit einer Geraden handelt. Wann immer möglich sollten Sie sich ins Gedächtnis rufen, dass jede Aufgabe, in der eine Differentiation vorkommt, eigentlich eine Steigungsaufgabe ist. In Teil III geht es um die Grundlagen der Differentiation, die Regeln der Differentiation, Techniken für die Verwendung der Ableitung zur Analyse von Kurvenformen sowie Methoden für die Lösung praktischer Aufgaben mit Hilfe der Ableitung.

Das große Ganze: Grundlagen der Differentiation

5

In diesem Kapitel…

- Das Auf und Ab bei der Suche nach Steigung und Rate
- Der Differenzquotient, auch DQ genannt

Differentiation ist der Prozess, *Ableitungen* zu finden. Die Ableitung ist eine der wichtigsten Erfindungen in der Geschichte der Mathematik und zugleich eines der leistungsfähigsten Werkzeuge der Mathematiker. Ich bin sicher, Sie werden sie bei den nachfolgenden Aufgaben zu schätzen lernen– und den großen Mathematikern aus der Vergangenheit dankbar für sie sein. Also los!

Die Ableitung: Der Analysis-Ausdruck für Steigung und Änderungsrate

Die Ableitung einer Funktion teilt Ihnen mit, wie schnell die Ausgabevariable (wie y) sich im Verhältnis zur Eingabevariablen (wie x) ändert. Wenn y beispielsweise dreimal so schnell anwächst wie x – wie etwa bei der Geraden $y = 3x + 5$ –, sagen Sie, die Ableitung von y nach x ist 3, und Sie schreiben $\frac{dy}{dx} = 3$. Das ist natürlich dasselbe wie $\frac{dy}{dx} = \frac{3}{1}$ und bedeutet nichts anderes, als dass die Änderungsrate von y im Vergleich zu x gleich 3:1 ist, oder dass die Gerade eine Steigung von $3/1$ hat.

Die folgenden Aufgaben betonen die Tatsache, dass eine Ableitung im Grund nur eine Änderungsrate oder eine Steigung wiedergibt. Um die Aufgaben zu lösen, beantworten Sie also die Fragen, als würden Sie dabei gebeten, die Rate oder die Steigung anstelle der Ableitung zu bestimmen.

Beispiel

1. Wie lautet die Ableitung von $y = 4x - 5$?

Lösung

1. **Die Antwort lautet 4**. Sie wissen natürlich, dass die Steigung von $y = 4x - 5$ gleich 4 ist, oder? Nein? Nanu! Eine Gerade der Form $y = mx + b$ hat immer die Steigung m. Ich hoffe, das erinnert Sie an etwas. Die Ableitung einer Geraden oder einer Kurve ist dasselbe wie ihre Steigung, die Ableitung dieser Geraden ist also 4.

Sie können sich die Ableitung $\frac{dy}{dx}$ auch grundsätzlich als $\frac{Höhe}{Länge}$ vorstellen.

Aufgabe 1

Sie verlassen Ihre Wohnung zum Zeitpunkt = 0 und fahren mit 60 km/h in Ihrem Auto. Was ist $\frac{dp}{dt}$, die Ableitung Ihrer Position nach der Zeit?

Aufgabe 2

Schreiben Sie unter Verwendung der Informationen aus Aufgabe 1 eine Funktion, die Ihre Position als Funktion der Zeit angibt.

Aufgabe 3

Welche Steigung hat die Parabel $y = -\frac{1}{3}x^2 + \frac{23}{3}x - \frac{85}{3}$ am Punkt (7, 9) in der folgenden Abbildung?

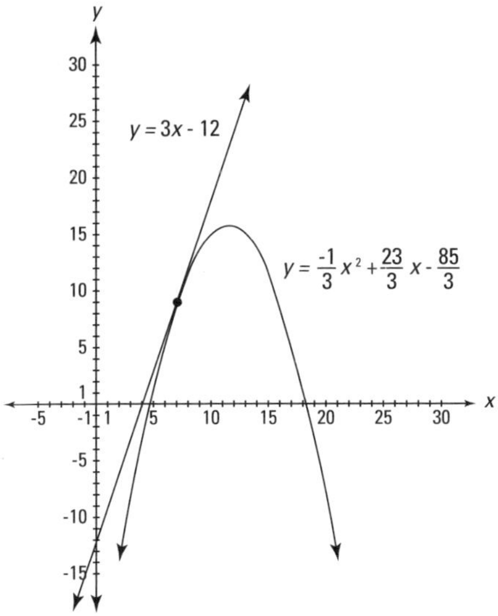

Aufgabe 4

Welche Ableitung hat die Parabel $y = -x^2 + 5$ am Punkt (0, 5)? Hinweis: Sehen Sie sich den Graphen an!

Aufgabe 5

Zeichnen Sie mit Ihrem graphischen Taschenrechner die Gerade $y = -4x + 9$ und die Parabel $y = 5 - x^2$. Sie sehen, dass am Punkt (2, 1) eine Tangente entsteht.

1. Was ist die Ableitung von $y = 5 - x^2$ für $x = 2$?
2. Wie schnell ändert sich y auf der Parabel im Vergleich zu x, wenn $x = 2$?

Aufgabe 6

Zeichnen Sie eine Funktion, die drei Punkte enthält, wo Sie – aus drei unterschiedlichen Gründen – die Steigung nicht feststellen können, und deshalb nicht in der Lage sind, eine Ableitung zu bestimmen.

Der wunderbare Differenzquotient

Der *Differenzquotient* ist das fast schon magische Werkzeug, das uns die Steigung einer Kurve an einem bestimmten Punkt mitteilt. Kurz gesagt, passiert bei der Verwendung des Differenzquotienten folgendes (Wenn Sie die ausführliche Geschichte hören wollen, lesen Sie *Analysis für Dummies*.): Betrachten Sie noch einmal die Abbildung aus Aufgabe 3. Sie können die Steigung der Parabel am Punkt (7, 9) nicht mit der Steigungsformel aus der Algebra bestimmen, $\left(m = \frac{y_2 - y_1}{x_2 - x_1}\right)$, denn egal, welchen anderen Punkt auf der Parabel Sie zusammen mit (7, 9) in der Formel einsetzen, erhalten Sie eine Steigung, die steiler oder weniger steil als die exakte Steigung am Punkt (7, 9) ist.

Wenn Ihr zweiter Punkt auf der Parabel jedoch extrem nahe an (7, 9) liegt – wie etwa $7{,}001,\ 9{,}002999\overline{6}$ – ist Ihre Gerade fast genau so steil wie die Tangente.

Der Differenzquotient bestimmt die exakte Steigung der Tangente, indem er den zweiten Punkt immer näher an (7, 9) schiebt, bis der Abstand von (7, 9) unendlich klein ist.

Genug von dieser ganzen Theorie – wenden wir uns der Mathematik zu. Hier folgt die Definition der Ableitung basierend auf dem Differenzquotienten:

$$f'(x) = \lim_{h \to 0} \frac{f(x+h) - f(x)}{h}$$

Wie bei den meisten Grenzwertaufgaben hilft Ihnen das Einsetzen der Zahl am Pfeil zu Beginn einer Differenzquotientenaufgabe nicht weiter, weil Sie damit $\frac{0}{0}$ erhalten. Sie müssen ein bisschen Algebra anwenden, so dass Sie das h kürzen und dann einsetzen können. (Die Methoden aus Kapitel 4 funktionieren auch hier.)

Und jetzt eine Aufgabenstellung mit Differenzquotient.

Beispiel

1. Was ist die Steigung der Parabel $f(x) = 10 - x^2$ an der Stelle $x = 3$?

Lösung

Die Steigung ist –6.

1. Weil $f(x) = 10 - x^2$, ist $f(x + h) = 10 - (x + h)^2$, und damit ist die Ableitung gleich

$$f(x) = \lim_{h \to 0} \frac{10 - (x+h)^2 - (10 - x^2)}{h}$$

2. Vereinfachen Sie.

$$= \lim_{h \to 0} \frac{10 - (x^2 + 2xh + h^2) - 10 + x^2}{h}$$

$$= \lim_{h \to 0} \frac{10 - x^2 - 2xh - h^2 - 10 + x^2}{h}$$

$$= \lim_{h \to 0} \frac{-2xh - h^2}{h}$$

3. Klammern Sie *h* aus.

$$= \lim_{h \to 0} \frac{h(-2x - h)}{h}$$

4. Kürzen Sie.

$$= \lim_{h \to 0} (-2x - h)$$

5. Setzen Sie die Pfeilzahl ein.

$$= -2x - 0$$

$$f'(x) = -2x$$

6. Sie suchen die Steigung oder Ableitung am Punkt $x = 3$, deshalb setzen Sie 3 ein:

$$f'(3) = -2 \cdot 3$$

$$= -6$$

Aufgabe 7

Bestimmen Sie mit Hilfe des Differenzquotienten die Ableitung der Geraden $y = 4x - 3$.

Aufgabe 8

Bestimmen Sie mit Hilfe des Differenzquotienten die Ableitung der Parabel $f(x) = 3x^2$.

Aufgabe 9

Bestimmen Sie mit Hilfe des Differenzquotienten die Ableitung der Parabel aus Aufgabe 4, $y = -x^2 + 5$.

Aufgabe 10

Bestimmen Sie mit Hilfe des Differenzquotienten die Ableitung von $g(x) = \sqrt{4x+5}$.

Aufgabe 11

Verwenden Sie die Parabel aus Aufgabe 8, machen Sie aber eine Positionsfunktion daraus, $s(t) = 3t^2$, wobei t die Stunden und $s(t)$ die Kilometer angibt.

1. Welche durchschnittliche Geschwindigkeit liegt von $t = 4$ bis $t = 5$ vor?
2. Welche durchschnittliche Geschwindigkeit liegt von $t = 4$ bis $t = 4{,}1$ vor?
3. Welche durchschnittliche Geschwindigkeit liegt von $t = 4$ bis $t = 4{,}01$ vor?

Aufgabe 12

Was ist bei der Positionsfunktion in Aufgabe 11 die *momentane* Geschwindigkeit am Punkt $t = 4$? Hinweis: Verwenden Sie die *Ableitung*.

Lösungen für die Grundlagen der Differentiation

1. Sie verlassen Ihre Wohnung zum Zeitpunkt $t = 0$ und fahren mit 60 km/h in Ihrem Auto. Was ist $\frac{dp}{dt}$, die Ableitung Ihrer Position nach der Zeit? **Die Antwort lautet** $\boldsymbol{\frac{dp}{dt} = 60}$**.** Eine Ableitung ist immer eine Änderungsrate, und eine Änderungsrate ist immer eine Ableitung (weil wir ja über die Änderungsrate zu einem bestimmten Zeitpunkt sprechen).

   Wenn Ihre Geschwindigkeit oder Rate gleich 60 km/h ist, ist also die Ableitung, $\frac{dp}{dt}$, ebenfalls gleich 60. Man kann sich eine Ableitung wie $\frac{dp}{dt}$ auch so vorstellen, dass sie Ihnen (in diesem Fall) mitteilt, wie weit sich Ihre Position (p) ändert, wenn die Fahrtzeit um eine Stunde zunimmt. Eine Änderungsrate von 60 km/h bedeutet, dass sich Ihre Position für jede Stunde, die Sie fahren um jeweils 60 Kilometer ändert

2. Schreiben Sie unter Verwendung der Informationen aus Aufgabe 1 eine Funktion, die Ihre Position als Funktion der Zeit angibt. **$p(t) = 60t$ oder $p = 60t$, wobei t die Stunden und p die Kilometer angibt.** Wenn Sie 1 für t einsetzen, beträgt Ihre Position 60 Kilometer; wenn Sie 2 für t einsetzen, beträgt Ihre Position 120 Kilometer. $p = 60t$ ist natürlich eine Gerade mit der Form $y = mx + b$ (mit $b = 0$). Die Steigung ist also 60, und damit ist auch die Ableitung gleich 60. Und wieder sehen Sie, dass eine Ableitung gleich einer Steigung und einer Änderungsrate ist.

3. Welche Steigung hat die Parabel $y = -\frac{1}{3}x^2 + \frac{23}{3}x - \frac{85}{3}$ am Punkt (7, 9)? **Die Steigung ist 3.**

   Sie sehen, dass die Gerade, $y = 3x - 12$, eine Tangente zur Parabel $y = -\frac{1}{3}x^2 + \frac{23}{3}x - \frac{85}{3}$ an der Stelle (7, 9) ist. Sie wissen aufgrund von $y = mx + b$, dass die Steigung von $y = 3x - 12$ gleich 3 ist. An der Stelle (7, 9) ist die Parabel genauso steil wie die Gerade, die Ableitung (d.h. die Steigung) der Parabel an der Stelle (7, 9) ist also genau 3.

   Während die Steigung der Geraden konstant bleibt, ändert sich die Steigung der Parabel, wenn Sie von (7, 9) weiter nach oben gehen. Sie wird immer flacher. Selbst wenn Sie nur um 0,001 nach rechts gehen, nämlich zu $x = 7{,}001$, ist die Steigung nicht mehr genau 3.

4. Welche Ableitung hat die Parabel $y = -x^2 + 5$ am Punkt (0, 5)? **Die Antwort lautet 0.**

   Der Punkt (0, 5) befindet sich ganz an der Spitze der Parabel $y = -x^2 + 5$. Am höchsten Punkt geht die Parabel weder nach oben noch nach unten – so wie Sie weder nach oben noch nach unten gehen, wenn Sie auf einem Berggipfel herumlaufen. Die Spitze der Parabel ist flach oder eben, und damit sind sowohl die Steigung als auch die Ableitung gleich Null.

Die Tatsache, dass die Ableitung an der Spitze eines Berges – und ganz unten im Tal – gleich Null ist, ist ein äußerst wichtiger Aspekt, zu dem wir von Zeit zu Zeit zurückkehren werden.

5. Zeichnen Sie mit Ihrem graphischen Taschenrechner die Gerade $y = -4x + 9$ und die Parabel $y = 5 - x^2$. Sie sehen, dass sie sich am Punkt (2, 1) berühren.

   1. Was ist die Ableitung von $y = 5 - x^2$ für $x = 2$? **Die Lösung lautet –4**. Die Ableitung einer Kurve gibt deren Steigung oder Steilheit an. Weil die Gerade und die Parabel an der Stelle (2, 1) gleich steil sind, und weil Sie wissen, dass die Steigung der Geraden gleich –4 ist, ist auch die Steigung der Parabel am Punkt (2, 1) gleich –4, ebenso wie ihre Ableitung.

   2. Wie schnell ändert sich y auf der Parabel im Vergleich zu x, wenn $x = 2$? **Es steigt 4-mal so schnell wie x an**. Eine Ableitung ist sowohl eine Änderungsrate als auch ein Steigung. Weil die Ableitung der Parabel am Punkt (2, 1) gleich –4 ist, wissen Sie, dass sich y 4-mal so schnell ändert wie x, aber weil die 4 negativ ist, nimmt y 4-mal so schnell ab wie x zunimmt. Hierbei handelt es sich um die momentane Änderung von y im Vergleich zu x an der Stelle (2, 1), daher die Bezeichnung *momentane Änderungsrate*. Ein Sekundenbruchteil später, etwa an der Stelle $x = 2{,}000001$, nimmt y schon ein bisschen schneller ab.

6. Zeichnen Sie eine Funktion, die drei Punkte enthält, wo Sie – aus drei unterschiedlichen Gründen – die Steigung nicht feststellen können, und wo Sie deshalb nicht in der Lage sind, eine Ableitung zu bestimmen.

   Ihre Skizze sollte enthalten: (1) Eine beliebige Lücke oder Unstetigkeit. An einer Lücke gibt es keine Steigung und damit keine Ableitung, weil man keine Tangente an einer Lücke zeichnen kann (probieren Sie es!). (2) Eine Zacke oder eine Spitze. Es ist nicht möglich, eine Tangente an einer Spitze zu zeichnen, weil eine Gerade, die die Funktion an einer solchen Zacke berührt, nach hinten und vorne schaukeln könnte. Es gibt also keine Steigung und keine Ableitung an einem derartigen Scheitelpunkt. (3) Einen vertikalen Wendepunkt. Sie *können* zwar eine Tangente an einem vertikalen Wendepunkt zeichnen, aber weil sie vertikal ist, ist ihre Steigung – und damit ihre Ableitung – nicht definiert.

7. Bestimmen Sie mit Hilfe des Differenzquotienten die Ableitung der Geraden $y = 4x - 3$. **$y' = 4$.**

$$\begin{aligned} y' &= \lim_{h\to 0} \frac{4(x+h)-3-(4x-3)}{h} \\ &= \lim_{h\to 0} \frac{4x+4h-3-4x+3}{h} \\ &= \lim_{h\to 0} \frac{4h}{h} \\ &= \lim_{h\to 0} 4 \\ y' &= 4 \end{aligned}$$

   Dies können Sie sich auch gut vorstellen, weil die Steigung von $y = 4x - 3$ gleich 4 ist.

8. Bestimmen Sie mit Hilfe des Differenzquotienten die Ableitung der Parabel $f(x) = 3x^2$.
   $f'(x) = 6x$

$$
\begin{aligned}
f'(x) &= \lim_{h\to 0} \frac{3(x+h)^2 - 3x^2}{h} \\
&= \lim_{h\to 0} \frac{3(x^2 + 2xh + h^2) - 3x^2}{h} \\
&= \lim_{h\to 0} \frac{3x^2 + 6xh + 3h^2 - 3x^2}{h} \\
&= \lim_{h\to 0} \frac{6xh + 3h^2}{h} \quad \text{(Jetzt klammern Sie das } h \text{ aus)} \\
&= \lim_{h\to 0} \frac{h(6x + 3h)}{h} \quad \text{(Jetzt kürzen Sie das } h\text{)} \\
&= \lim_{h\to 0} (6x + 3h) \quad \text{(Jetzt setzen Sie 0 ein)} \\
&= 6x + 3 \cdot 0 \\
f'(x) &= 6x
\end{aligned}
$$

9. Bestimmen Sie mit Hilfe des Differenzquotienten die Ableitung der Parabel aus Aufgabe 4, $y = -x^2 + 5$. **$y' = -2x$**

$$
\begin{aligned}
y'' &= \lim_{h\to 0} \frac{-(x+h)^2 + 5 - (-x^2 + 5)}{h} \\
&= \lim_{h\to 0} \frac{-(x^2 + 2xh + h^2) + 5 + x^2 - 5}{h} \\
&= \lim_{h\to 0} \frac{-x^2 - 2xh - h^2 + 5 + x^2 - 5}{h} \\
&= \lim_{h\to 0} \frac{-2xh - h^2}{h} \quad \text{(Jetzt ausklammern)} \\
&= \lim_{h\to 0} \frac{h(-2x - h)}{h} \quad \text{(Und kürzen)} \\
&= \lim_{h\to 0} (-2x - h) \\
y' &= -2x
\end{aligned}
$$

In Aufgabe 4 sehen Sie, dass der Gipfel dieser Parabel ($y = -x^2 + 5$) an der Stelle (0, 5) liegt, und dass die Ableitung dort gleich Null ist, weil die Parabel an dieser Stelle weder nach oben noch nach unten geht. Diese Erklärung folgt dem gesunden Menschenverstand. Aber mit dem Ergebnis, das Sie mit Hilfe des Differenzquotienten erhalten haben, nämlich $y' = -2x$, haben Sie eine strenge Bestätigung für den Wert der Ableitung an der Stelle (0, 5). Sie setzen einfach 0 für x in $y' = -2x$ ein und erhalten $y' = 0$.

10. Bestimmen Sie mit Hilfe des Differenzquotienten die Ableitung von $g(x)=\sqrt{4x+5}$.

$$\boldsymbol{g'(x)=\frac{2}{\sqrt{4x+5}}}$$

Wenn Sie das herausgefunden haben, können Sie sich selbst auf die Schulter klopfen. Es war nicht ganz einfach.

$$g(x)=\sqrt{4x+5}$$

$$g'(x)=\lim_{h\to 0}\frac{\sqrt{4(x+h)+5}-\sqrt{4x+5}}{h}$$

$$=\lim_{h\to 0}\frac{\sqrt{4x+4h+5}-\sqrt{4x+5}}{h}$$

$$=\lim_{h\to 0}\frac{\left(\sqrt{4x+4h+5}-\sqrt{4x+5}\right)}{h}\cdot\frac{\left(\sqrt{4x+4h+5}-\sqrt{4x+5}\right)}{\left(\sqrt{4x+4h+5}-\sqrt{4x+5}\right)}$$

(Konjugierte Multiplikation)

$$=\lim_{h\to 0}\frac{(4x+4h+5)-(4x+5)}{h\left(\sqrt{4x+4h+5}+\sqrt{4x+5}\right)}$$ (Weil $(a-b)(a+b)=a^2-b^2$, natürlich)

$$=\lim_{h\to 0}\frac{4h}{h\left(\sqrt{4x+4h+5}+\sqrt{4x+5}\right)}$$

$$=\lim_{h\to 0}\frac{4}{\sqrt{4x+4h+5}+\sqrt{4x+5}}$$ (Jetzt können Sie einsetzen)

$$=\frac{4}{\sqrt{4x+4\cdot 0+5}+\sqrt{4x+5}}$$

$$=\frac{4}{2\sqrt{4x+5}}$$

$$g'(x)=\frac{2}{\sqrt{4x+5}}$$

11. Verwenden Sie die Parabel aus Aufgabe 8, machen Sie aber eine Positionsfunktion daraus, $s(t)=3t^2$, wobei t die Stunden und $s(t)$ die Kilometer angibt.

$$\text{Die durchschnittliche Geschwindigkeit}=\frac{\text{Gesamtdistanz}}{\text{Gesamtzeit}}$$

1. Welche durchschnittliche Geschwindigkeit liegt zwischen $t = 4$ und $t = 5$ vor?

$$\begin{aligned}\textit{Durchschnittliche Geschwindigkeit}_{4\,bis\,5} &= \frac{s(5)-s(4)}{5-4} \\ &= \frac{3\cdot 5^2 - 3\cdot 4^2}{1} \\ &= 27 \text{ km/h}\end{aligned}$$

Die Antwort lautet 27 km/h

2. Welche durchschnittliche Geschwindigkeit liegt von $t = 4$ bis $t = 4{,}1$ vor?

$$\begin{aligned}\textit{Durchschnittliche Geschwindigkeit}_{4\,bis\,4{,}1} &= \frac{s(4{,}1)-s(4)}{4{,}1-4} \\ &= \frac{3\cdot 4{,}1^2 - 3\cdot 4^2}{0{,}1} \\ &= 24{,}3 \text{ km/h}\end{aligned}$$

Die Antwort lautet 24,3 km/h

3. Welche durchschnittliche Geschwindigkeit liegt von $t = 4$ bis $t = 4{,}01$ vor?

$$\begin{aligned}\textit{Durchschnittliche Geschwindigkeit}_{4\,bis\,4{,}1} &= \frac{s(4{,}01)-s(4)}{4{,}01-4} \\ &= \frac{3\cdot 4{,}01^2 - 3\cdot 4^2}{0{,}01} \\ &= 24{,}03 \text{ km/h}\end{aligned}$$

Die Antwort lautet 24,03 km/h

12. Was ist bei der Positionsfunktion in Aufgabe 11 die *momentane* Geschwindigkeit am Punkt $t = 4$? **Die Antwort lautet 24 km/h**. In Aufgabe 8 finden Sie die Ableitung für diese Parabel, $f'(x) = 6x$. Die Positionsfunktion in dieser Aufgabe ist dieselbe, außer dass andere Variablen verwendet, die Ableitung lautet deshalb $s'(t) = 6t$. Setzen Sie 4 ein, dann erhalten Sie $s'(4) = 24$ km/h. Beachten Sie, wie die durchschnittlichen Geschwindigkeiten immer näher gegen 24 km/h gehen, wenn die Gesamtreisezeit immer kleiner wird und die Endzeit auf $t = 4$ hinausläuft. Und genau so funktioniert der Differenzquotient, wenn h auf Null schrumpft.

Regeln, Regeln, Regeln: Das Handbuch für die Differentiation

6

In diesem Kapitel...

- Sich grundlegende Ableitungsregeln aneignen
- Produkt- und Quotientenaufgaben in Hülle und Fülle
- Mit der Kettenregel hantieren
- In höhere Ordnung der Differentiation aufsteigen

In Kapitel 5 ging es um die Bedeutung der Ableitung. In diesem Kapitel üben Sie die Regeln für die Bestimmung der Ableitungen. Bevor Sie aber die folgenden Regeln üben, sollten Sie sich noch einmal die Schummelseite in *Analysis für Dummies* ansehen, oder Ihr Analysis-Lehrbuch, um sich die grundlegenden Ableitungen ins Gedächtnis zu rufen. Beispielsweise müssen Sie wissen, dass die Ableitung des Sinus der Kosinus ist.

Regeln für Anfänger

Nachdem Sie sich nun an die wichtigsten Dinge wieder erinnern, können Sie sich jetzt mit ein paar Regeln beschäftigen, für die Sie mehr tun müssen, als sich nur die Lösung zu merken.

Als erstes haben wir die Regel für die Ableitung einer Konstanten: Die Ableitung einer Konstanten ist Null. Na gut – auch das müssen Sie sich eigentlich nur merken.

Und dann die Potenzregel: Um die Ableitung einer in eine Potenz erhobenen Variablen zu bestimmen, ziehen Sie die Potenz vor die Variable – und multiplizieren sie dort gegebenenfalls mit dem Koeffizienten – und reduzieren die Potenz um 1.

Beispiel

Was ist die Ableitung von $5x^3$?

Lösung

$15x^2$

1. **Ziehen Sie die Potenz nach vorne und multiplizieren Sie sie mit dem Koeffizienten.**

   Damit haben Sie $15x^3$. Das ist nicht gleich $5x^3$, deshalb sollten Sie kein Gleichheitszeichen davor schreiben.

   Eigentlich gibt es überhaupt keinen Grund, diesen Zwischenschritt überhaupt auszuschreiben. Ich mache es hier nur, um die Verfahrensweise zu verdeutlichen.

2. **Verringern Sie die Potenz um 1.**

   Damit erhalten Sie die Lösung: $15x^2$.

Aufgabe 1

Was ist die Ableitung von $f(x) = 8$?

Aufgabe 2

Was ist die Ableitung von $g(x) = \pi^3$?

Aufgabe 3

Was ist die Ableitung von $g(x) = k \sin \frac{\pi}{2} \cos 2\pi$ wobei k eine Konstante ist?

Aufgabe 4

Was ist $f'(x)$ für $f(x) = 5x^4$?

Aufgabe 5

Was ist $g'(x)$ für $g(x) = \frac{-x^3}{10}$?

Aufgabe 6

Bestimmen Sie y' für $y = \sqrt{x^{-5}}$ $(x \geq 0)$.

Aufgabe 7

Was ist die Ableitung von $s(t) = 7t^6 + t + 10$?

Aufgabe 8

Bestimmen Sie die Ableitung für $y = (x^3 - 6)^2$.

Die Produkt- und Quotientenregeln

Nachdem Sie die einfacheren Dinge bereits kennen gelernt haben, können Sie es bestimmt kaum erwarten, sich jetzt mit ein paar fortgeschrittenen Differentiationsregeln zu beschäftigen. Die *Produktregel* und die *Quotientenregel* helfen Ihnen, die Ableitungen für das Produkt bzw. den Quotienten von zwei Funktionen zu bestimmen.

Die *Produktregel* ist ein Kinderspiel. Die Ableitung eines Produkts von zwei Funktionen, $(erste)(zweite)$, ergibt $(erste)'(zweite) + (erste)(zweite)'$.

Und auch die *Quotientenregel* ist nicht sehr viel schwieriger. Die Ableitung eines Quotienten von zwei Funktionen, $\frac{(erste)}{(zweite)}$ ist $\frac{(erste)'(zweite) - (erste)(zweite)'}{(zweite)^2}$.

Hier zeige ich Ihnen eine sinnvolle Methode, sich die Quotientenregel zu merken. Beachten Sie, dass der Zähler der Quotientenregel genauso aussieht wie die Produktregel, außer dass dort ein Minuszeichen statt eines Pluszeichens steht. Beachten Sie außerdem, dass Sie beim Lesen eines Produkts von links nach rechts lesen, und beim Lesen eines Quotienten von oben nach unten. Merken Sie sich also, dass die Quotientenregel genau wie die Produktregel in der natürlichen Lese-Reihenfolge funktioniert, und sie mit der Ableitung des ersten, was Sie lesen beginnen müssen.

Aus irgendeinem geheimnisvollen Grund geben viele Lehrbücher die Quotientenregel in einer anderen Form an, die man sich schwerer merken kann. Lernen Sie sie daher am besten so, wie ich sie oben beschrieben habe, beginnend mit *(erste)'*. Auf diese Weise merken Sie es am einfachsten.

Beispiel

1. $\frac{d}{dx}(x^2 \sin x) = ?$

2. $\frac{d}{dx}\frac{x^2}{(\sin x)} = ?$

Lösung

1. $$\frac{d}{dx}(x^2 \sin x) = (x^2)'(\sin x) + (x^2)(\sin x)'$$
$$= \mathbf{2x \sin x + x^2 \cos x}$$

2. $$\frac{d}{dx}\frac{x^2}{(\sin x)} = \frac{(x^2)'(\sin x) - (x^2)(\sin x)'}{(\sin x)^2}$$
$$= \frac{2x \sin x - x^2 \cos x}{\sin^2 x}$$

Noch etwas: Ich habe dieses Beispiel bewusst so angelegt, dass es an das Beispiel für die Produktregel erinnert, so dass Sie die Ähnlichkeit zwischen dem Zähler der Quotientenregel und der Produktregel erkennen können.

Aufgabe 9

$$\frac{d}{dx}(x^3 \cos x) = ?$$

Aufgabe 10

$$\frac{d}{dx}(\sin x \tan x) = ?$$

Aufgabe 11

$$\frac{d}{dx}(5x^3 \ln x) = ?$$

Aufgabe *12

$$\frac{d}{dx}(x^2 e^x \ln x) = ?$$

Aufgabe 13

$$\frac{d}{dx}\frac{x^3}{\cos x} = ?$$

Aufgabe 14

$$\frac{d}{dx}\frac{\cos x}{e^x} = ?$$

Aufgabe 15

$$\frac{d}{dx}\frac{3x^2+3}{\arctan x} = ?$$

Aufgabe *16

$$\frac{d}{dx}\frac{\sin x}{x^3 \ln x} = ?$$

Weiter mit der Kettenregel

Die Kettenregel ist möglicherweise die komplexeste unter den fortgeschrittenen Regeln, aber sie ist nicht so schlimm, wenn Sie sich genau darauf konzentrieren, was passiert – ehrlich! Die meisten grundlegenden Ableitungsregeln haben ein einfaches x als Argument (oder Eingabevariable) der Funktion. Beispielsweise haben $f(x)=\sqrt{x}$, $\sin x$ und $y=e^x$ alle nur x als Argument.

Wenn das Argument einer Funktion etwas anderes ist als ein einfaches x, wie beispielsweise $y = \sin x^2$, oder $\ln 10^x$, liegt ein Fall für die Kettenregel vor.

Und dabei gehen Sie wie folgt vor. Sie wenden einfach die Regel für die Ableitung an, die für die äußere Funktion geeignet ist, und ignorieren das Argument, das kein einfaches x darstellt. Anschließend multiplizieren Sie dieses Ergebnis mit der Ableitung des Arguments. Das ist alles.

Beispiel

Was ist die Ableitung von $y = \sin x^3$?

Lösung

$y' = 3x^2 \cos x^3$

1. **Stellen Sie sich das Argument, x^3, vorübergehend als *dummie* vor.**

   Damit haben Sie $y = \sin(\textit{dummie})$.

2. **Verwenden Sie die normale Regel für die Ableitung.**

   $y = \sin(\textit{dummie})$, also ist

   $y' = \cos(\textit{dummie})$

   (Dies ist nur eine provisorische Antwort, das Gleichheitszeichen ist also an dieser Stelle falsch – Entschuldigung! Die Mathematikpolizei hat mich schon im Visier.

3. **Multiplizieren Sie dies mit der Ableitung des Arguments.**

   $y' = \cos(\textit{dummie}) \cdot \textit{dummie}'$

4. **Jetzt schaffen Sie sich den *dummie* vom Hals.**

   Der *dummie* ist gleich x^3, deshalb ist *dummie'* gleich $3x^2$.

   $y' = \cos(x^3) \cdot 3x^2$

   $= 3x^2 \cos x^3$

Was ist die Ableitung von $\sin^4 x^3$? Hier müssen Sie die Kettenregel zweimal anwenden.

Die Antwort lautet $12x^2 \sin^3 x^3 \cdot \cos x^3$

1. **Schreiben Sie $\sin^4 x^3$ um, um zu zeigen, was es tatsächlich bedeutet: $(\sin x^3)^4$**

2. **Die äußere Funktion ist die 4. Potenz, deshalb verwenden Sie die Ableitungsregel für *irgendwas*^{4} – d.h. 4*irgendwas*^{3}. Anschließend multiplizieren Sie dies mit der Ableitung des inneren *irgendwas*, $\sin x^3$.**

   $$4(\sin x^3)^3 \cdot (\sin x^3)'$$

   Bei Aufgaben mit Anwendung der Kettenregel arbeiten Sie immer *von außen nach innen*.

3. **Um die Ableitung von $\sin x^3$ zu erhalten, verwenden Sie die Ableitungsregel für sin (*dummie*) und multiplizieren dann mit *dummie'*.**

   $$4(\sin x^3)^3 \cdot \cos(x^3) \cdot (x^3)'$$

4. **Die Ableitung von x^3 ist $3x^2$, Sie erhalten also**

   $$4(\sin x^3)^3 \cdot \cos(x^3) \cdot 3x^2$$

5. **Zur Vereinfachung schreiben Sie die sin-Potenz um und bringen das $3x^2$ nach vorne.**

   $$= 12x^2 \sin^3 x^3 \cdot \cos x^3$$

   Wann hatten Sie zuletzt so viel Spaß?

Wenden Sie bei Aufgaben mit der Kettenregel nie mehr als eine Ableitungsregel pro Schritt an. Mit anderen Worten, wenn Sie die Ableitungsregel für die äußere Funktion anwenden, machen Sie nichts mit dem inneren Inhalt! Multiplizieren Sie die äußere Ableitung erst im nächsten Schritt mit der Ableitung des inneren Inhalts.

Aufgabe 17

$f(x) = \sin x^2$

$f'(x) = ?$

Aufgabe 18

$g(x) = \sin^3 x$

$g'(x) = ?$

Aufgabe 19

$s(t) = \tan(\ln t)$

$s'(t) = ?$

Aufgabe 20

$y = e^{4x^3}$

$y' = ?$

Aufgabe *21

$f(x) = x^4 \sin^3 x$

$f'(x) = ?$

Aufgabe *22

$$g(x) = \frac{(\ln x)^2}{5x - 4}$$

$g'(x) = ?$

Aufgabe *23

$y = \cos^3 4x^2$

$y' = ?$

Aufgabe *24

$$\frac{d}{dx}\left(\tan^3 e^{x^2}\right) = ?$$

Und was passiert mit den y? Implizite Differentiation

Sie verwenden die implizite Differentiation, wenn Ihre Gleichung sich nicht in der Form »$y=$« befindet, wie etwa bei $\sin y^2 = x^3 + 5y^3$, und es nicht möglich ist, nach y aufzulösen. Wenn Sie nach y auflösen können, funktioniert die implizite Differentiation zwar auch, aber hier ist sie nicht notwendig.

Aufgaben mit *impliziter Differentiation* sind im Grunde verkappte Kettenregel-Aufgaben. Und zwar aus folgendem Grund: Sie wissen, dass die Ableitung von $\sin x$ gleich $\cos x$ ist, und dass gemäß der Kettenregel die Ableitung von $\sin x^3$ gleich $\cos(x^3) \cdot (x^3)'$ ist. Diese Aufgabe würden Sie dadurch vollständig lösen, dass Sie die Ableitung von x^3 bilden. Allerdings habe ich einen bestimmten Grund dafür, warum ich die Aufgabe nicht vollständig gelöst habe.

Für die implizite Differentiation gehen Sie einfach wie folgt vor: Immer wenn Sie ein »y« in einer Aufgabe sehen, behandeln Sie es genauso wie x^3. Weil die Ableitung von $\sin x^3$ gleich $\cos(x^3) \cdot (x^3)'$ ist, ist die Ableitung von $\sin y$ gleich $\cos y \cdot y'$. Nach der Differentiation ordnen Sie die Terme nur noch so um, dass Sie $y' =$ *irgendetwas* erhalten.

In der obigen Erklärung habe ich zwar »y« verwendet, aber das ist nur die halbe Wahrheit. Beachten Sie, dass $y' = 20x^3$ dasselbe ist wie $\frac{dy}{dx} = 20x^3$. Sie wenden die implizite Differentiation auf die obere Variable an. Das ist in der Regel y, könnte aber auch jede andere Variable sein. Die untere Variable behandeln Sie auf die übliche Weise. Das ist in der Regel x, könnte aber auch jede andere Variable sein.

Beispiel

Bestimmen Sie $\frac{dy}{dx}$ für

$y^3 + x^3 = \sin y + \sin x$.

Lösung

$$y' = \frac{\cos x - 3x^2}{3y^2 - \cos y}$$

1. **Bestimmen Sie die Ableitung aller vier Terme mit Hilfe der Kettenregel für Terme mit y und unter Verwendung der üblichen Methode für Terme mit x.**

   $3y^2 \cdot y' + 3x^2 = \cos y \cdot y' + \cos x$

2. **Bringen Sie alle Terme mit y' auf die linke Seite, alle anderen Terme auf die rechte Seite.**

   $3y^2 \cdot y' - \cos y \cdot y' = \cos x - 3x^2$

3. **Klammern Sie y' aus.**

   $y'(3y^2 - \cos y) = \cos x - 3x^2$

4. **Dividieren Sie.**

   $$y' = \frac{\cos x - 3x^2}{3y^2 - \cos y}$$

   Das ist Ihre Lösung. Beachten Sie, dass diese Ableitung – anders als übliche Ableitungen – sowohl y- als auch x-Terme enthält.

Aufgabe 25

Bestimmen Sie für $y^3 - x^2 = x + y$ durch implizite Differentiation $\frac{dy}{dx}$.

Aufgabe 26

Bestimmen Sie y' für $3y + \ln y = 4e^x$.

Aufgabe 27

Bestimmen Sie durch implizite Differentiation $\frac{dy}{dx}$ für $x^2y = y^3x + 5y + x$.

Aufgabe *28

Bestimmen Sie für $y = \cos^2 y^3 = \sin 5x^2$ die Steigung der Kurve an der Stelle $\left(\sqrt{\frac{\pi}{10}}, 0\right)$.

Wir arbeiten uns nach oben: Ableitungen höherer Ordnung

Häufig braucht man die Ableitung einer Ableitung, oder die Ableitung einer Ableitung einer Ableitung usw. In den beiden nächsten Kapiteln werden Sie einige Anwendungen dafür kennen lernen. Eine zweite Ableitung teilt Ihnen beispielsweise mit, welche Beschleunigung ein bewegter Körper hat. Um eine Ableitung höherer Ordnung zu bestimmen, behandeln Sie einfach die erste Ableitung als neue Funktion und erstellen deren Ableitung dann auf die übliche Weise. Das können Sie bis ins Unendliche fortsetzen.

Aufgabe 29

Bestimmen Sie die 1. bis 6. Ableitung von $y = x^4$.

Aufgabe 30

Bestimmen Sie die 1., 2., 3. und 4. Ableitung für $y = x^5 + 10x^3$.

Aufgabe 31

Bestimmen Sie die 1. bis 6. Ableitung für $y = \sin x + \cos x$.

Aufgabe 32

Bestimmen Sie die 1., 2. und 3. Ableitung für $y = \cos x^2$.

Lösungen für die Differentiationsaufgaben

1. $f(x) = 8$; $\boldsymbol{f'(x) = 0}$

   Die Ableitung einer Konstanten ist gleich Null.

2. $g(x) = \pi^3$; $\boldsymbol{g'(x) = 0}$

   Vergessen Sie nicht: π sieht zwar aus wie eine Variable ist aber eine Zahl (rund 3,14) und verhält sich auch wie eine ganz normale Zahl (andere griechische Buchstaben wie θ, α und ω *sind* tatsächlich Variablen). Dasselbe gilt für $e \approx 2{,}718$. Ebenso verhalten sich Konstanten wie c und k bei der Bestimmung von Ableitungen wie ganz normale Zahlen.

3. Was ist die Ableitung von $g(x) = k \sin \frac{\pi}{2} \cos 2\pi$, wobei k eine Konstante ist: $\boldsymbol{g'(x) = 0}$

   Falls Sie sich langweilen, weil die Aufgaben dieser ersten Seite so einfach sind, dann genießen Sie das; es wird nicht so bleiben.

4. $f(x) = 5x^4$; $\boldsymbol{f'(x) = 20x^3}$

   Bringen Sie die 4 nach vorne und multiplizieren Sie sie mit der 5. Gleichzeitig verringern Sie die Potenz um 1, nämlich von 4 auf 3: $f'(x) = 20x^3$. Beachten Sie, dass der Koeffizient sich nicht auf die Ableitung auswirkt und zwar im folgenden Sinne: Sie können die 5 vorübergehend ignorieren, bestimmen die Ableitung von x^4 (nämlich $4x^3$) und setzen dann die 5 wieder an ihre Stelle zurück und multiplizieren sie mit der 4.

5. $g(x) = \frac{-x^3}{10}$; $\boldsymbol{g'(x) = \frac{-3}{10}x^2}$

   Sie können die Ableitung einfach ohne jeden Aufwand hinschreiben, $\frac{-3}{10}x^2$. Wenn Sie jedoch methodisch vorgehen wollen, dann machen Sie folgendes:

   a. Schreiben Sie $\frac{-x^3}{10}$ so um, dass Sie einen gewöhnlichen Koeffizienten erkennen: $-\frac{1}{10}x^3$.

   b. Bringen Sie die 3 nach vorne, multiplizieren Sie und reduzieren Sie die Potenz um 1:

      $g'(x) = \frac{-3}{10}x^2$ (was natürlich dasselbe ist wie $\frac{-3x^2}{10}$).

6. $y = \sqrt{x^{-5}}\ (x \geq 0);\quad \boldsymbol{y' = -\frac{5}{2}x^{-7/2}}$

Schreiben Sie das Ganze mit einem Exponenten und lösen Sie wie in Aufgabe 5 $\left(\sqrt{x^{-5}} = x^{-5/2}\right)$.

Um Ihre Lösung ohne eine negative Potenz darzustellen, schreiben Sie $y' = -\frac{5}{2x^{7/2}}$ oder $\frac{-5}{2x^{7/2}}$. Sie können Ihre Lösung auch ohne eine Bruchpotenz formulieren, nämlich:

$$y' = -\frac{5}{2\sqrt{x^7}} \text{ oder } \frac{-5}{2\sqrt{x^7}} \text{ oder } -\frac{5}{2\left(\sqrt{x}\right)^7} \text{ oder } \frac{-5}{2\left(\sqrt{x}\right)^7}.$$

Gehupft wie gesprungen.

7. $s(t) = 7t^6 + t + 10;\ \boldsymbol{s'(t) = 43t^5 + 1}$

Beachten Sie, dass die Ableitung eines einfachen t oder eines einfachen x (oder einer beliebigen anderen Variablen) gleich 1 ist. In gewisser Weise ist dies die einfachste aller Ableitungsregeln, neben der Ableitung einer Konstanten. Aus irgendeinem Grund machen die Leute es jedoch immer wieder falsch. Dies ist einfach eine Form der Potenzregel: x ist dasselbe wie x^1, Sie bringen die 1 nach vorne, verringern die Potenz um 1, von 1 auf 0. Damit erhalten Sie $1x^0$. Und weil alles mit dem Exponenten 0, gleich 1 ist, haben Sie 1 mal 1, was natürlich 1 ist.

8. $y = (x^3 - 6)^2;\ \boldsymbol{y' = 6x^5 - 36x^2}$

Sie machen EAIL und leiten dann ab.

$$\begin{aligned} &= (x^3 - 6)(x^3 - 6) \\ &= x^6 - 12x^3 + 36 \\ y' &= 6x^5 - 36x^2 \end{aligned}$$

9. $\frac{d}{dx}(x^3 \cos x) = \boldsymbol{3x^2 \cos x - x^3 \sin x}$

Sie wissen, dass $\frac{d}{dx}\cos x = -\sin x$ ist. Wie Sie sich das am besten merken können, erfahren Sie in Kapitel 15.

$$\begin{aligned} \frac{d}{dx}(x^3 \cos x) &= (x^3)'(\cos x) + (x^3)(\cos x)' \\ &= 3x^2 \cos x + x^3(-\sin x) \\ &= 3x^2 \cos x - x^3 \sin x \end{aligned}$$

10. $\frac{d}{dx}(\sin x \tan x) = \mathbf{\cos x \tan x + \sec x \tan x}$

Eine hilfreiche Regel: $\frac{d}{dx}\tan x = \sec^2 x$.

$$\frac{d}{dx}(\sin x \tan) = (\sin x)'(\tan x) + (\sin x)(\tan x)'$$
$$= \cos x \tan x + \sin x \sec^2 x$$
$$= \cos x \tan x + \sec x \tan x$$

11. $\frac{d}{dx}5x^3 \ln x = \mathbf{5x^2(3 \ln x + 1)}$

Noch eine praktische Regel: $\frac{d}{dx}\ln x = \frac{1}{x}$. Für die 5 können Sie auch hier zweierlei Methoden anwenden. Als erstes können Sie sie vorübergehend ignorieren (weil sich Koeffizienten nicht auf die Differentiation auswirken) und nach der Differentiation wieder einsetzen. Dabei dürfen Sie jedoch nicht vergessen, dass die »5« die gesamte Ableitung multipliziert, nicht nur den ersten Term. Die zweite Methode ist wahrscheinlich einfacher und besser: Sie machen die »5« zum Bestandteil der ersten Funktion. Nämlich:

$$\frac{d}{dx}(5x^3 \ln x) = (5x^3)'(\ln x) + (5x^3)(\ln x)'$$
$$= 15x^2 \ln x + 5x^3 \cdot \frac{1}{x}$$
$$= 15x^2 \ln x + 5x^2 \quad \textit{oder}$$
$$= 5x^2(3\ln x + 1) \text{ Suchen Sie sich's aus!}$$

*12. $\frac{d}{dx}(x^2 e^x \ln x) = \mathbf{e^x \ln x(x^2 + 2x) + xe^x}$

Dies ist eine echte Herausforderung. Denn, wie Sie wahrscheinlich bemerkt haben, beinhaltet dieses Produkt nicht nur zwei, sondern drei Funktionen. Allerdings ist das kein Hindernis. Sie machen einfach zwei Funktionen daraus: entweder $(x^2e^x)(\ln x)$ oder $(x^2)(e^x \ln x)$. Suchen Sie sich eines von beiden aus.

Eine praktische Regel: $\frac{d}{dx}e^x = e^x$. (Beachten Sie, dass e^x und seine Vielfachen (wie etwa $4e^x$) die einzigen Funktionen sind, die gleich ihren eigenen Ableitungen sind.)

a. Schreiben Sie diese »Dreifachfunktion« als das Produkt aus zwei Funktionen.

$$= \frac{d}{dx}(x^2 e^x)(\ln x)$$

b. Wenden Sie die Produktregel an.

$$\frac{d}{dx}(x^2e^x)(\ln x) = (x^2e^x)'(\ln x) + (x^2e^x)(\ln x)'$$

c. Wenden Sie die Produktregel separat auf $(x^2e^x)'$ an und setzen Sie dann die Lösung an der Stelle ein, wo sie hingehört.

$$\begin{aligned}(x^2e^x)' &= (x^2)'(e^x) + (x^2)(e^x)' \\ &= 2xe^x + x^2e^x\end{aligned}$$

d. Vervollständigen Sie die Aufgabe, wie in Schritt 2 gezeigt.

$$\begin{aligned}(x^2e^x)'(\ln x) + (x^2e^x)(\ln x)' &= (2xe^x + x^2e^x)(\ln x) + x^2e^x \cdot \frac{1}{x} \\ &= 2xe^x \ln x + x^2e^x \ln x + xe^x \quad \text{oder} \\ &= x^2e^x \ln x + 2xe^x \ln x + xe^x \quad \text{oder} \\ &= xe^x(x \ln x + 2\ln x + 1) \quad \text{oder} \\ &= e^x \ln x(x^2 + 2x) + xe^x\end{aligned}$$

Wie bereits gesagt: Geschmacksfrage.

13. $\frac{d}{dx}\frac{x^3}{\cos x} = \boldsymbol{\frac{3x^2 \cos x + x^3 \sin x}{\cos^2 x}}$

$$\begin{aligned}\frac{d}{dx}\frac{x^3}{\cos x} &= \frac{(x^3)'(\cos x) - (x^3)(\cos x)'}{(\cos x)^2} \\ &= \frac{3x^2 \cos x - x^3(-\sin x)}{\cos^2 x} \\ &= \frac{3x^2 \cos x + x^3 \sin x}{\cos^2 x}\end{aligned}$$

14. $\frac{d}{dx}\frac{\cos x}{e^x} = \boldsymbol{\frac{-\sin x - \cos x}{e^x}}$

$$\begin{aligned}\frac{d}{dx}\frac{\cos x}{e^x} &= \frac{(\cos x)'(e^x) - (\cos x)(e^x)'}{(e^x)^2} \\ &= \frac{e^x \sin x - e^x \cos x}{e^{2x}} \\ &= \frac{-\sin x - \cos x}{e^x}\end{aligned}$$

15. $\dfrac{d}{dx}\dfrac{3x^2+3}{\arctan x} = \mathbf{\dfrac{6x \arctan x - 3}{\arctan^2 x}}$

Und noch eine praktische Regel: $\dfrac{d}{dx}\arctan x = \dfrac{1}{1+x^2}$.

$$\frac{d}{dx}\frac{3x^2+3}{\arctan x} = \frac{(3x^2+3)'(\arctan x) - (3x^2+3)(\arctan x)'}{(\arctan x)^2}$$

$$= \frac{6x \arctan x - (3x^2+3)\left(\dfrac{1}{x^2+1}\right)}{\arctan^2 x}$$

$$= \frac{6x \arctan x - 3}{\arctan^2 x}$$

Um sich die Ableitungen der inversen trigonometrischen Funktionen merken zu können, beachten Sie, dass die Ableitung jeder Ko-Funktion (Arkuskosinus, Arkuskotangens und Arkuskosekans) das Negative ihrer ursprünglichen Funktion ist. Sie brauchen sich also eigentlich nur die Ableitungen von Arkussinus, Arkustangens und Arkussekans zu merken. Diese drei haben jeweils eine 1 im Zähler. Die beiden, die in der Mitte die Buchstaben »ss« enthalten, also Arcussinus und Arkussekans, enthalten eine Quadratwurzel im Nenner. Arkustangens hat keine »ss« in der Mitte und damit auch keine Quadratwurzel.

*16. $\dfrac{d}{dx}\dfrac{\sin x}{x^3 \ln x} = \mathbf{\dfrac{x\cos x \ln x - 3\sin x \ln x - \sin x}{x^4 (\ln x)^2}}$

$$\frac{d}{dx}\frac{\sin x}{x^3 \ln x} = \frac{(\sin x)'(x^3 \ln x) - (\sin x)(x^3 \ln x)'}{(x^3 \ln x)^2}$$

$$= \frac{(\cos x)(x^3 \ln x) - (\sin x)\overbrace{\left((x^3)'(\ln x) + (x^3)(\ln x)'\right)}^{\text{Produktregel}}}{x^6 (\ln x)^2}$$

$$= \frac{x^3 \cos x \ln x - (\sin x)\left(3x^2 \ln x + (x^3)\left(\dfrac{1}{x}\right)\right)}{x^6 (\ln x)^2}$$

$$= \frac{x^3 \cos x \ln x - 3x^2 \sin x \ln x - x^2 \sin x}{x^6 (\ln x)^2}$$

$$= \frac{x \cos x \ln x - 3 \sin x \ln x - \sin x}{x^4 (\ln x)^2}$$

17. $f(x) = \sin x^2$; $\mathbf{f'(x) = 2x\cos x^2}$

Weil das Argument der Sinusfunktion nicht nur ein einfaches x ist, greift hier die Kettenregel. Sie wenden die Regel für die Ableitung des Sinus an aber verändern dabei den inneren Bereich (x^2) der Funktion nicht. Anschließend multiplizieren Sie Ihr Ergebnis mit der Ableitung von x^2.

$$f'(x) = \cos(x^2) \cdot 2x$$
$$= 2x \cos x^2$$

18. $g(x) = \sin^3 x$; $\boldsymbol{g'(x) = 3\sin^2 x \cos x}$

Schreiben Sie $\sin^3 x$ um in $(\sin x)^3$, dann ist deutlich, dass die äußere Funktion die Kubikfunktion ist. Aufgrund der Kettenregel ist die Ableitung von *irgendwas*^{3} gleich 3*irgendwas*^{2} · *irgendwas'*. Das *irgendwas* ist hier sin *x*, und damit ist irgendwas' gleich cos *x*. Ihre Lösung lautet also $3(\sin x)^2 \cdot \cos x$ oder $3\sin^2 x \cos x$.

19. $s(t) = \tan(\ln t)$; $\boldsymbol{s'(t) = \sec^2 (\ln t) \cdot \frac{1}{t}}$

Die Ableitung von tan ist $\sec^2$, die Ableitung von tan(*sonstwas*) ist also $\sec^2$(*sonstwas*) · *sonstwas'*. Sie sollten mittlerweile wissen, dass die Ableitung von ln *t* gleich $\frac{1}{t}$ ist, Ihr Ergebnis lautet also $\sec^2(\ln t) \cdot \frac{1}{t}$

20. $y = e^{4x^3}$; $\boldsymbol{y' = 12x^2 e^{4x^3}}$

Die Ableitung von e^x ist e^x, deshalb ist nach der Kettenregel die Ableitung von e^{dummie} gleich e^{dummie} · *dummie'*.

Also ist $y' = e^{4x^3} \cdot 12x^2$ oder $12x^2 e^{4x^3}$.

*21. $f(x) = x^4 \sin^3 x$: $\boldsymbol{f'(x) = 4x^3 \sin^3 x + 3x^4 \sin^2 x \cos x}$

Diese Aufgabe beinhaltet sowohl die Produktregel als auch die Kettenregel. Welche wenden Sie als erste an? Beachten Sie, dass der Teil der Aufgabe für die Kettenregel, $\sin^3 x$, eines der beiden Dinge ist, die multipliziert werden, er ist also Teil des Produkts, sozusagen *intern*. Und wie bei reinen Kettenregelaufgaben, die mehr als eine Anwendung der Regel beinhalten, arbeiten Sie auch hier von außen nach innen. Sie beginnen also mit der Produktregel. Sie können es auch wie folgt betrachten:

Wenn Sie nicht sicher sind, in welcher Reihenfolge Regeln in einer komplizierten Ableitungsaufgabe anzuwenden sind, stellen Sie sich vor, Sie setzen eine Zahl für das *x* in der ursprünglichen Funktion ein und müssen die Lösung berechnen. Wenn Sie beispielsweise 2 in $x^4 \sin^3 x$ einsetzen, müssten Sie 2^4 berechnen, dann sin 2, dann dies kubieren, um $\sin^3 2$ zu erhalten, und schließlich würden Sie 2^4 mit $\sin^3 2$ multiplizieren. Weil Sie im letzten Schritt multiplizieren, beginnen Sie mit der Produktregel.

$$f(x) = x^4 \sin^3 x$$
$$= (x^4)(\sin^3 x)$$
$$f'(x) = (x^4)'(\sin^3 x) + (x^4)(\sin^3 x)' \text{ (Produktregel)}$$

Verwenden Sie die Kettenregel, um $(\sin^3 x)'$ zu lösen. Anschließend erledigen Sie den Rest. $\sin^3 x$ bedeutet $(\sin x)^3$, also *irgendwas*³. Die Ableitung von *irgendwas*³ ist 3*irgendwas*² · *irgendwas*', die Ableitung von $(\sin x)^3$ ist also $3(\sin x)^2 \cdot \cos x$. Jetzt setzen Sie den Lösungsweg fort.

$$\begin{aligned} f'(x) &= (x^4)'(\sin^3 x) + (x^4)(\sin^3 x)' \\ &= 4x^3 \sin^3 x + x^4 \cdot 3(\sin x)^2 \cos x \\ &= 4x^3 \sin^3 x + 3x^4 \sin^2 x \cos x \end{aligned}$$

*22. $g(x) = \frac{(\ln x)^2}{5x-4}$; $\mathbf{g'(x) = \frac{2\ln x}{x(5x-4)} - \frac{5(\ln x)^2}{(5x-4)^2}}$

Hier haben Sie die Kettenregel innerhalb der Quotientenregel. Sie beginnen mit der Quotientenregel:

$$g'(x) = \frac{\left((\ln x)^2\right)'(5x-4) - (\ln x)^2(5x-4)'}{(5x-4)^2}$$

Anschließend kümmern Sie sich um die Kettenregellösung für $\left((\ln x)^2\right)'$. Sie suchen nach der Ableitung von *dummie*² – d. h. 2*dummie* · *dummie*'. Die Ableitung von $(\ln x)^2$ ist also $2(\ln x)\left(\frac{1}{x}\right)$. Jetzt können Sie weiterrechnen.

$$\begin{aligned} g'(x) &= \frac{2(\ln x)\left(\frac{1}{x}\right)(5x-4) - (\ln x)^2(5)}{(5x-4)^2} \\ &= \frac{(10x-8)\ln x - 5x(\ln x)^2}{x(5x-4)^2} \\ &= \frac{2\ln x}{x(5x-4)} - \frac{5(\ln x)^2}{(5x-4)^2} \end{aligned}$$

*23. $y = \cos^3 4x^2$; $\mathbf{y' = -24x \cos^2 4x^2 \sin 4x^2}$

Dreifach verschachtelt!

$$y = (\cos 4x^2)^3$$

Die Ableitung von *irgendwas*³ ist 3*irgendwas*² · *irgendwas*', Sie haben also:

$$y' = 3(\cos 4x^2)^2 \cdot (\cos 4x^2)'$$

Jetzt bestimmen Sie die Ableitung von cos(*dummie*), nämlich sin(*dummie*) · *dummie*'. Zwei links, zwei rechts:

$$\begin{aligned} y' &= 3(\cos 4x^2)^2(-\sin 4x^2) \cdot (4x^2)' \\ &= 3\cos^2 4x^2(-\sin 4x^2) \cdot 8x \\ &= -24x \cos^2 4x^2 \sin 4x^2 \end{aligned}$$

*24. $\frac{d}{dx}\left(\tan^2 e^{x^2}\right) = \mathbf{6xe^{x^3}\tan^2 e^{x^2}\sec^2 e^{x^2}}$

Heilige vierfach verschachtelte Vierfachverschachtelung! Mein lieber Schwan, das ist eine Aufgabe für die wirklich Hartnäckigen.

$$= \frac{d}{dx}\left(\tan e^{x^2}\right)^3$$

$$= 3\left(\tan e^{x^2}\right)^2 \cdot \left(\tan e^{x^2}\right) \text{(weil } \frac{d}{dx} irgendwas^3 = 3irgendwas^2 \cdot irgendwas' \text{)}$$

$$= 3\tan^2 e^{x^2} \sec^2 e^{x^2} \cdot \left(e^{x^2}\right) \text{ (weil } \frac{d}{dx}\tan(dummie) = \sec^2(dummie)\cdot dummie' \text{)}$$

$$= 3\tan^2 e^{x^2} \sec^2 e^{x^2} \cdot e^{x^2} \cdot (x^2)' \text{ (weil } \frac{d}{dx} e^{sonstwas} = e^{sonstwas} \cdot sonstwas' \text{)}$$

$$= 3\tan^2 e^{x^2} \sec^2 e^{x^2} \cdot e^{x^2} \cdot 2x$$

$$= 6xe^{x^2}\tan^2 e^{x^2} \sec^2 e^{x^2}$$

25. $y^3 - x^2 = x + y$; $\mathbf{y' = \frac{2x+1}{3y^2-1}}$

a. Bestimmen Sie die Ableitung aller vier Terme unter Anwendung der Kettenregel für alle Terme, die ein y enthalten.

$$3y^2y' - 2x = 1 + y'$$

b. Verschieben Sie alle Terme mit y' nach links, alle anderen Terme nach rechts und klammern Sie y' aus.

$$3y^2y' - y' = 1 + 2x$$

$$y'(3y^2 - 1) = 1 + 2x$$

c. Dividieren Sie – fertig!

$$y' = \frac{2x+1}{3y^2-1}$$

26. $3y + \ln y + 4e^x$; $\mathbf{y' = \dfrac{4ye^x}{3y+1}}$

Gehen Sie vor wie bei der Lösung von Aufgabe 25.

$$3y' + \frac{1}{y}y' = 4e^x$$

$$y'\left(3 + \frac{1}{y}\right) = 4e^x$$

$$y' = \frac{4e^x}{3 + \frac{1}{y}}$$

$$= \frac{4ye^x}{3y+1}$$

27. Bestimmen Sie durch implizite Differentiation $\frac{dy}{dx}$ für $x^2y = y^3x + 5y + x$:

$$\mathbf{y' = \frac{y^3 - 2xy + 1}{-3y^2x + x^2 - 5}}$$

Jetzt haben Sie es mit zwei Produkten zu tun, deshalb verwenden Sie die Produktregel für die beiden Produkte und die ganz normalen Regeln für die beiden anderen Terme.

$$(x^2)'y + x^2y' = (y^3)'x + y^3x' + 5y' + 1$$

$$2xy + x^2y' = 3y^2y'x + y^3 + 5y' + 1$$

$$x^2y' - 3y^2y'x - 5y' = y^3 + 1 - 2xy$$

$$y'(x^2 - 3y^2x - 5) = y^3 - 2xy + 1$$

$$y' = \frac{y^3 - 2xy + 1}{-3y^2x + x^2 - 5}$$

*28. Bestimmen Sie für $y = \cos^2 y^3 = \sin 5x^2$ die Steigung der Kurve an der Stelle $\left(\sqrt{\frac{\pi}{10}}, 0\right)$.

Die Steigung ist gleich Null.

Sie suchen eine Steigung, deshalb benötigen Sie die Ableitung.

$$\underbrace{y'}_{\text{Implizite Differentiation}} + \underbrace{2\cos y^3 \cdot (-\sin y^3)(y^3)'}_{\text{Kettenregel (zweifach verschachtelt)}} = \underbrace{\cos(5x^2)(10x)}_{\text{Kettenregel}}$$

$$y' + 2\cos y^3(-\sin y^3)\underbrace{(3y^2y')}_{\text{Implizite Differentiation}} = 10x\cos 5x^2$$

$$y'(1 - 6y^2\cos y^3 \sin y^3) = 10x\cos 5x^2$$

$$y' = \frac{10x\cos 5x^2}{1 - 6y^2\cos y^3\sin y^3}$$

Sie benötigen die Steigung an der Stelle $x = \sqrt{\frac{\pi}{10}}, y = 0$, deshalb setzen Sie diese Zahlen in die Ableitung ein. Sie können sich jedoch eine Menge Arbeit ersparen, wenn Sie erkennen, dass der Zähler gleich Null ist (weil $\cos\left(5\sqrt{\frac{\pi}{10}}^{2}\right) = 0$), und der Nenner gleich 1 (weil $y = 0$). Damit ist die Steigung der Kurve an diesem Punkt gleich 0. Eine Tangente mit einer Steigung von Null ist horizontal, und weil diese Tangente die Kurve an der Stelle $y = 0$ berührt, ist die Tangente gleich der x-Achse.

29. Bestimmen Sie die 1. bis 6. Ableitung von $y - x^4$.

$$\mathbf{y' = 4x^3}$$
$$\mathbf{y'' = 12x^2}$$
$$\mathbf{y''' = 24x}$$
$$\mathbf{y^{(4)} = 24}$$
$$\mathbf{y^{(5)} = 0}$$
$$\mathbf{y^{(6)} = 0}$$

Extrapunkt: $y^{(2009)} = 0$

30. Bestimmen Sie die 1., 2., 3. und 4. Ableitung für $y = x^5 + 10x^3$.

$$\mathbf{y' = 5x^4 + 30x^2}$$
$$\mathbf{y'' = 20x^3 + 60x}$$
$$\mathbf{y''' = 60x^2 + 60}$$
$$\mathbf{y^{(4)} = 120x}$$

31. Bestimmen Sie die 1. bis 6. Ableitung für $y = \sin x + \cos x$.

$$\mathbf{y' = \cos x - \sin x}$$
$$\mathbf{y'' = -\sin x - \cos x}$$
$$\mathbf{y''' = -\cos x + \sin x}$$
$$\mathbf{y^{(4)} = \sin x + \cos x}$$
$$\mathbf{y^{(5)} = \cos x - \sin x}$$
$$\mathbf{y^{(6)} = -\sin x - \cos x}$$

Beachten Sie, dass die 4. Ableitung gleich der ursprünglichen Funktion ist, die 5. Ableitung gleich der 1. Ableitung usw. Dieser Zyklus wiederholt sich unendlich weiter.

32. Bestimmen Sie die 1., 2. und 3. Ableitung für $y = \cos x^2$.

$$y = \cos x^2$$

$$\boldsymbol{y' = -2x\sin x^2} \quad \text{(Kettenregel)}$$

$$y'' = (-2x)'(\sin x^2) + (-2x)(\sin x^2)' \quad \text{(Produktregel)}$$

$$= -2\sin x^2 - 2x\cos(x^2)2x \quad \text{(Kettenregel)}$$

$$= \boldsymbol{-2\sin x^2 - 4x^2\cos x^2}$$

$$\begin{aligned} y''' &= -2\cos(x^2)2x - \left[(4x^2)'(\cos x^2) + (4x^2)(\cos x^2)'\right] \\ &= -4x\cos x^2 - \left[8x\cos x^2 + 4x^2(-\sin(x^2)2x)\right] \\ &= -4x\cos x^2 - 8x\cos x^2 + 8x^3\sin x^2 \\ &= \boldsymbol{8x^3\sin x^2 - 12\cos x^2} \end{aligned}$$

Scharfe Kurven mit Hilfe der Ableitung analysieren

7

In diesem Kapitel...

- Minimum, Maximum, Extremwert
- Krümmung und Wendepunkte
- Der widerspenstige Mittelwertsatz

In diesem Kapitel üben Sie die Verwendung der Ableitung bei der Analyse von Kurvenformen. Sie lernen, wichtige Merkmale und besondere Punkte zu erkennen. Nicht vergessen: Die Ableitung verrät Ihnen die Steigung einer Kurve. Deshalb hat jede Aufgabe, in der es um die Steigung oder Steilheit einer Kurve geht, mit Ableitung zu tun.

Der Test auf die erste Ableitung und lokale Extrema

Eine der häufigsten Anwendungen der Ableitung betrifft die simple Beobachtung, dass es an der Spitze eines Berges oder am Grund eines Tals weder nach oben noch nach unten geht. Mit anderen Worten, es gibt keine Steilheit, und die Steigung – und damit die Ableitung – ist gleich Null. Sie können deshalb die Ableitung nutzen, um den Gipfel von »Bergen« und den Grund von »Tälern« zu finden, indem Sie die Ableitung der Funktion gleich Null setzen und auflösen.

Beispiel

Verwenden Sie den Test auf die erste Ableitung, um die Position der lokalen Extrema von $g(x) = 15x^3 - x^5$ zu finden. Sehen Sie sich dazu auch die folgende Abbildung an.

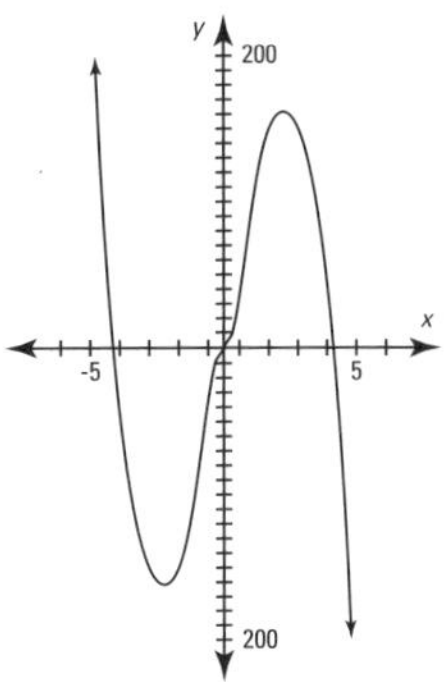

Lösung

Das lokale Minimum liegt an der Stelle (–3, –162), das lokale Maximum an der Stelle (3, 162).

1. **Bestimmen Sie die erste Ableitung von g mit Hilfe der Potenzregel.**

   $g(x) = 15x^3 - x^5$

   $g'(x) = 45x^2 - 5x^4$

2. **Setzen Sie die Ableitung gleich Null und lösen Sie nach x auf, um die kritischen Werte von g zu bestimmen.**

   $45x^2 - 5x^4 = 0$

   $5x^2(9 - x^2) = 0$

$5x^2(3 - x)(3 + x) = 0$

$5x^2 = 0$ oder $3 - x = 0$ oder $3 + x = 0$

$x = 0, 3$ oder -3

Wenn die erste Ableitung für irgendwelche x-Werte im Wertebereich von g undefiniert wäre, könnte es mehr kritische Werte geben, aber weil $g'(x) = 45x^2 - 5x^4$ für alle reellen Zahlen definiert ist, ist 0, 3, –3 die vollständige Liste der kritischen Werte von g.

Nicht vergessen: Wenn f an einem Wert c definiert ist und die Ableitung an der Stelle $x = c$ entweder Null oder undefiniert ist, ist c ein kritischer Wert von f.

3. **Zeichnen Sie die drei kritischen Werte auf einem Zahlenstrahl ein. Beachten Sie, dass Sie damit vier Bereiche erstellen (siehe Abbildung in Schritt 5).**

4. **Testen Sie eine Zahl aus jedem der vier Bereiche und beobachten Sie, ob die Ergebnisse positiv oder negativ sind.**

   Wenn Sie runde Zahlen wie 0, –10 oder 10 verwenden, können Sie die Arithmetik häufig sogar im Kopf rechnen.

   $g'(-10) = 45(-10)^2 - 5(-10)^4 = -45500$

   $g'(-1) = 45(-1)^2 - 5(-1)^4 = 40$

   $g'(1) = 45(1)^2 - 5(1)^4 = 40$

   $g'(10) = 45(10)^2 - 5(10)^4 = -45500$

5. **Zeichnen Sie einen »Vorzeichengraphen«. Nehmen Sie wieder Ihren Zahlenstrahl und beschriften Sie die einzelnen Bereiche abhängig von Ihren Ergebnissen aus Schritt 4: positiv (zunehmend) oder negativ (abnehmend). Betrachten Sie dazu die folgende Abbildung.**

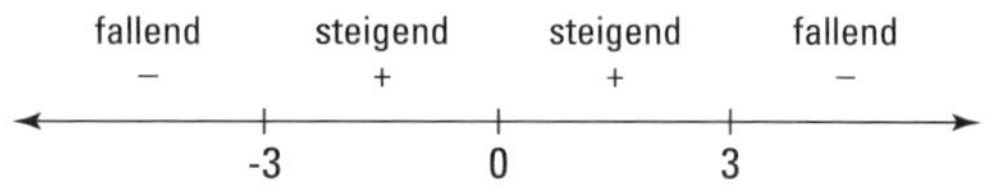

   Dieser Vorzeichengraph teilt Ihnen mit, ob die Funktion steigt bzw. zunimmt oder fällt bzw. abnimmt.

6. **Verwenden Sie den Vorzeichengraphen, um für jeden kritischen Punkt festzustellen, ob ein lokales Minimum, ein lokales Maximum oder keines von beiden vorliegt.**

   Weil g bis $x = -3$ nach unten und nach $x = -3$ nach oben verläuft, muss an der Stelle $x = -3$ eine Talsohle liegen, deshalb befindet sich hier ein lokales Minimum. Im Gegensatz dazu hat der Graph von g an der Stelle $x = 3$ einen Gipfel, weil g bis $x = 3$ steigt und dann fällt. Es liegt also ein lokales Maximum an der Stelle $x = 3$ vor. Und weil g sowohl links als auch rechts von $x = 0$ steigt, befindet sich an der Stelle $x = 0$ weder ein Minimum noch ein Maximum.

7. **Bestimmen Sie die y-Werte der lokalen Extrema, indem Sie die x-Werte in die ursprüngliche Funktion einsetzen.**

   $g(-3) = 15(-3)^3 - (-3)^5 = -162$

   $g(3) = 15(3)^3 - (3)^5 = 162$

   Das lokale Minimum liegt also an der Stelle (–3, –162), das lokale Maximum an der Stelle (3, 162).

Aufgabe 1

Nutzen Sie die erste Ableitung, um die lokalen Extrema von $f(x) = 6x^{2/3} - 4x + 1$ zu finden. *Tipp*: Schreiben Sie klein, wenn Sie diese Lösung auf einer halben Seite unterbringen wollen.

Aufgabe 2

Bestimmen Sie die lokalen Extrema von

$h(x) = \frac{x}{\sqrt{2}} + \cos x - \frac{\sqrt{2}}{2}$ im Intervall $(0, 2\pi)$

unter Verwendung des Tests auf die erste Ableitung.

Aufgabe 3

Finden Sie mit Hilfe des Tests auf die erste Ableitung die lokalen Extrema von $y = (x^2 - 8)^{2/3}$.

Aufgabe 4

Finden Sie mit Hilfe des Tests auf die erste Ableitung die lokalen Extrema von $s = \frac{t^4 + 4}{-2t^2}$.

Der Test auf die zweite Ableitung und lokale Extrema

Mit dem Test auf die zweite Ableitung verwenden Sie – ahnen Sie es? – die zweite Ableitung, um auf lokale Extrema zu testen. Der Test auf die zweite Ableitung basiert auf dem absolut brillanten Konzept, dass der Gipfel eines Berges einen Höcker hat ($\cap$), und der Boden eines Tales eine Mulde aufweist ($\cup$).

Nachdem Sie die kritischen Punkte einer Funktion gefunden haben, müssen Sie entscheiden, ob Sie den Test auf die erste oder auf die zweite Ableitung verwenden, um die Extrema zu finden. Für einige Funktionen ist der Test auf die zweite Ableitung einfacher, weil 1) die zweite Ableitung normalerweise einfach zu bestimmen ist, und 2) Sie häufig die kritischen Punkte in die zweite Ableitung einsetzen und schnell rechnen können, und 3) man häufig Ergebnisse ungleich Null erhält, so dass Sie Ihre Lösungen finden, ohne einen Vorzeichengraphen und Testbereiche erstellen zu müssen. Andererseits ist auch die Überprüfung der Bereiche auf einem Vorzeichengraphen (beim Test auf die erste Ableitung) relativ schnell und einfach, und wenn der Test auf die zweite Ableitung fehlschlägt (siehe Warnung), müssen Sie dies sowieso tun. Wenn Sie die Übungsaufgaben bearbeiten, werden Sie ein Gefühl dafür entwickeln, wann welcher Test anzuwenden ist.

Wenn die zweite Ableitung gleich Null ist, schlägt der Test auf die zweite Ableitung fehl und Sie erfahren nichts über lokale Extrema. In diesem Fall müssen Sie den Test auf die erste Ableitung durchführen, um festzustellen, ob es dort ein lokales *Extremum* gibt.

Beispiel

Betrachten Sie die Funktion aus dem Beispiel im vorigen Abschnitt, $g(x) = 15x^3 - x^5$, bestimmen Sie jedoch hier die lokalen Extrema unter Verwendung des Tests auf die zweite Ableitung.

Lösung

Das lokale Minimum befindet sich an der Stelle $x = -3$, das lokale Maximum an der Stelle $x = 3$.

Sie haben vielleicht schon vermutet, dass Sie für den Test auf die zweite Ableitung die zweite Ableitung benötigen:

$$g(x) = 15x^3 - x^5$$

$$g'(x) = 45x^2 - 5x^4$$

$$g''(x) = 90x - 20x^3$$

Jetzt setzen Sie einfach nur die kritischen Punkte von g aus dem Beispiel im vorigen Abschnitt ein:

$$g''(-3) = 270$$

$$g''(0) = 0$$

$$g''(3) = -270$$

Die Tatsache, dass $g''(-3)$ *positiv* ist, sagt Ihnen, dass g dort konvex, d.h. nach oben geöffnet, verläuft ($\cup$), und damit, dass dort ein lokales *Minimum* besteht. Und die Tatasche, dass $g''(3)$ *negativ* ist, sagt Ihnen, dass g an der Stelle $x = 3$ konkav, d.h. nach unten geöffnet, verläuft ($\cap$), und dass an dieser Stelle deshalb ein lokales *Maximum* vorliegt. Und obwohl $g''(0)$ zu bestätigen scheint, was Sie zuvor herausgefunden haben (dass dort weder ein Minimum noch ein Maximum vorliegt), erfahren Sie tatsächlich nichts neues, wenn die zweite Ableitung Null ist; Sie müssen den Test auf die erste Ableitung durchführen.

Wenn Sie nur einen kritischen Punkt zwischen einem lokalen Minimum und einem lokalen Maximum (und keine Unstetigkeiten) haben, muss dies ein Wendepunkt sein, und wenn Sie einen einzigen kritischen Punkt zwischen zwei bekannten Maxima haben (siehe Aufgabe 7), ist die einzige Möglichkeit für den mittleren kritischen Punkt, dass es sich um ein lokales Minimum handelt (und umgekehrt). In diesen Fällen spielt es also eigentlich keine Rolle, ob der Test auf die zweite Ableitung für den mittleren kritischen Punkt fehlschlägt. Wenn Ihr Mathematiklehrer diese rein dem Verstand folgende Begründung nicht gelten lässt, könnten Sie sagen (natürlich mit dem ausreichenden Sarkasmus in der Stimme): »Ach, Sie haben etwas gegen Logik und gesunden Menschenverstand?«

Aufgabe 5

Verwenden Sie den Test auf die zweite Ableitung, um die kritischen Punkte der Funktion aus Aufgabe 2 zu analysieren,

$$h(x) = \frac{x}{\sqrt{2}} + \cos x - \frac{\sqrt{2}}{2}$$

Aufgabe 6

Bestimmen Sie die lokalen Extrema von $f(x) = -2x^3 + 6x^2 + 1$ mit Hilfe des Tests auf die zweite Ableitung.

Aufgabe 7

Bestimmen Sie die lokalen Extrema von $y = 2x^4 - \frac{1}{3}x^6$ unter Verwendung des Tests auf die zweite Ableitung.

Aufgabe 8

Betrachten Sie die Funktion aus Aufgabe 3, $y = (x^2 - 8)^{2/3}$ und die Funktion $s = 8 + \frac{21t}{4} - \frac{7t^3}{4}$. Welche der beiden Funktionen ist mit dem Test auf die zweite Ableitung einfacher zu analysieren, und warum? Verwenden Sie für die von Ihnen ausgewählte Funktion den Test auf die zweite Ableitung, um ihre lokalen Extrema zu finden.

Auf zum Mount Everest: Absolute Extrema

Die Grundidee in diesem Abschnitt ist ganz einfach. Statt alle lokalen Extrema zu suchen, wie in den vorigen Abschnitten (alle Gipfel und alle Täler), geht es hier nur um den allerhöchsten und allertiefsten Punkt entlang einer *stetigen* Funktion innerhalb eines *geschlossenen* Intervalls. Diese *Absolutextrema* können an einem Gipfel oder in einem Tal *oder* an einer der Intervallgrenzen auftreten. (Hinweis: Man könnte beispielsweise auch zwei Gipfel derselben Höhe haben, so dass es eine Art Unentschieden für das absolute Maximum gibt; nichtsdestotrotz gäbe es aber immer noch nur genau einen y-Wert, der das absolute Maximum im Intervall darstellt.)

Bevor Sie anhand von ein paar Aufgaben mit dem Üben beginnen, betrachten Sie bitte Abbildung 7.1, wo Sie zwei Standardaufgaben zu absoluten Extrema sehen (*stetige* Funktionen in einem geschlossenen Intervall), sowie Abbildung 7.2, die vier seltsame Funktionen zeigt, die kein standardmäßiges einzelnes absolutes Maximum und absolutes Minimum aufweisen.

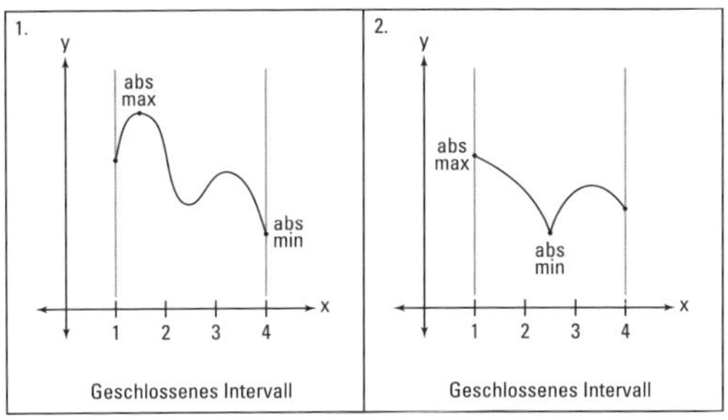

Abbildung 7.1: Zwei Funktionen mit standardmäßigen absoluten Extrema.

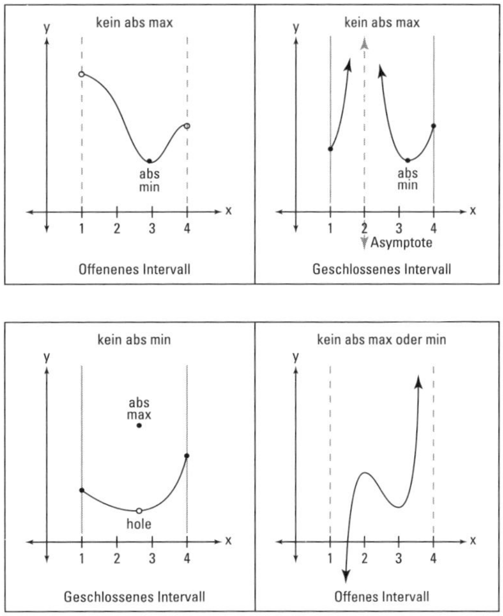

Abbildung 7.2: Vier Funktionen mit nichtstandardmäßigen Extrema.

Beispiel

Bestimmen Sie das absolute Minimum und das absolute Maximum von $f(x)=\sqrt{|x|}-x$ im Intervall $[-1,\ \tfrac{1}{2}]$.

Lösung

Das absolute Maximum ist 2, das absolute Minimum ist 0.

1. **Bestimmen Sie alle kritischen Punkte.**

   Als erstes setzen Sie die Ableitung gleich Null (Achtung, Sie müssen diese Funktion zuerst in zwei Teile zerlegen, um die Betragsstriche loszuwerden!):

   $$f(x)=\sqrt{x}-x \quad (x\ge 0)$$
   $$f'(x)=\frac{1}{2\sqrt{x}}-1$$
   $$0=\frac{1}{2\sqrt{x}}-1$$
   $$2\sqrt{x}=1$$
   $$x=\frac{1}{4}$$

   $$f(x)=\sqrt{-x}-x \quad (x<0)$$
   $$f'(x)=\frac{-1}{2\sqrt{-x}}-1$$
   $$0=\frac{-1}{2\sqrt{-x}}-1$$
   $$2\sqrt{-x}=-1$$

   Jetzt stellen Sie fest, ob die Ableitung irgendwo undefiniert ist.

   Die Ableitung ist undefiniert an der Stelle $x = 0$, weil der Nenner der Ableitung nicht gleich Null sein kann. (Wenn Sie diese Funktion zeichnen (was nie verkehrt ist), sehen Sie auch den Gipfel an der Stelle $x = 0$ und erkennen daran sofort, dass es dort keine Ableitung gibt.)

   Die kritischen Punkte sind deshalb 0 und $\tfrac{1}{4}$.

2. **Berechnen Sie die Funktionswerte (die Höhen) an allen kritischen Punkten.**

   $$f\left(\frac{1}{4}\right)=\frac{1}{4} \qquad f(0)=0$$

   Es ist übrigens nur Zufall, dass in beiden Fällen das Argument gleich der Lösung ist.

3. **Berechnen Sie die Funktionswerte an den beiden Intervallgrenzen.**

   $$f(-1)=2 \qquad f\left(\frac{1}{2}\right)=\left(\frac{\sqrt{2}-1}{2}\right)\approx 0{,}207$$

4. **Der höchste aller Funktionswerte aus den Schritten 2 und 3 ist das absolute Maximum. Der niedrigste aller Werte aus den Schritten 2 und 3 ist das absolute Minimum.**

   Damit ist 2 das absolute Maximum und 0 ist das absolute Minimum.

   Beachten Sie, dass die Bestimmung absoluter Extrema weniger aufwändig ist als die Bestimmung lokaler Extrema, weil Sie den Test auf erste oder zweite Ableitung nicht benötigen – erkennen Sie, warum?

Aufgabe 9

Bestimmen Sie die absoluten Extrema von $f(x) = \sin x + \cos x$ im Intervall $[0, 2\pi]$.

Aufgabe 10

Bestimmen Sie die absoluten Extrema von $g(x) = 2x^3 - 3x^2 - 5$ im Intervall $[-0{,}5, 0{,}5]$.

Aufgabe 11

Bestimmen Sie die absoluten Extrema von $p(x) = (x+1)^{4/5} - 0{,}5x$ im Intervall $[-2, 31]$.

Aufgabe 12

Bestimmen Sie die absoluten Extrema von $q(x) = 2 \cos 2x + 4 \sin x$ im Intervall $\left[-\frac{\pi}{2}, \frac{5\pi}{4}\right]$.

Grinsekatze oder Mundwinkel nach unten? Krümmung und Wendepunkte

Eine weitere Aufgabe der zweiten Ableitung ist es, Krümmung und Wendepunkte zu analysieren. (Zur Auffrischung betrachten Sie Abbildung 7.3: Der Bereich zwischen A und B verläuft konkav (nach unten gekrümmt), wie ein umgekehrter Löffel oder hängende Mundwinkel; die Bereiche außerhalb von A und B verlaufen konvex (nach oben gekrümmt) – wie ein Löffel oder ein Lächeln; A und B sind Wendepunkte.) Eine positive zweite Ableitung bedeutet konvex, eine negative zweite Ableitung bedeutet konkav. Wenn die Krümmungsrichtung umschlägt, dann liegt ein Wendepunkt vor, und die zweite Ableitung ist dort Null (oder manchmal undefiniert).

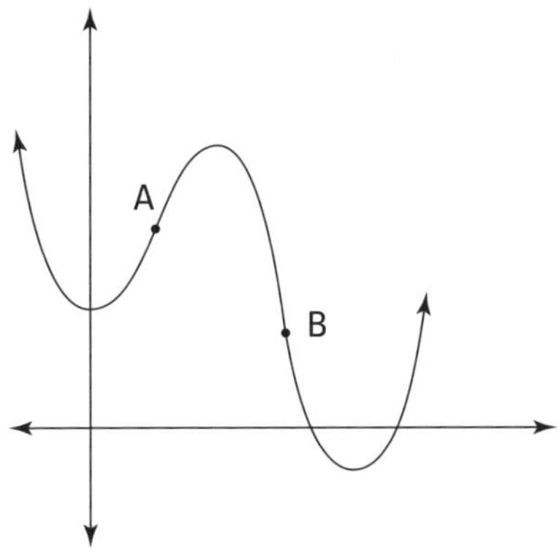

Abbildung 7.3: Krümmung und Wendepunkte.

Für Wendepunkte ist die zweite Ableitung immer Null (wenn es eine zweite Ableitung gibt), aber nicht alle Punkte, deren zweite Ableitung gleich Null ist, sind Wendepunkte. Das ist in etwa so wie »alle Metropolen sind Großstädte, aber nicht alle Großstädte sind Metropolen«.

Es kann allerdings auch dort ein Wendepunkt auftreten, wo die zweite Ableitung undefiniert ist. Dies ist dann der Fall, wenn der Wendepunkt eine vertikale Tangente hat, ebenso wie in einigen seltsam geformten Kurven mit einer merkwürdigen Unstetigkeit in der zweiten Ableitung. Hierüber brauchen Sie sich jedoch weiter keine Gedanken machen.

Beispiel

Bestimmen Sie die Krümmungsintervalle und die Wendepunkte von $f(x)=3x^5-5x^3+10$. Beachten Sie, dass die folgende Lösung analog zu der Lösung für die Bestimmung lokaler Extrema unter Verwendung der ersten Ableitung ist.

Lösung

f verläuft konkav (nach unten gekrümmt) von $-\infty$ bis zum Wendepunkt an der Stelle $\left(\frac{\sqrt{2}}{2}, \sim 11{,}24\right)$, ab dort dann konvex (nach oben gekrümmt) bis zum Wendepunkt an der Stelle (0, 10), von da ab dann wieder konkav bis zum dritten Wendepunkt an der Stelle $\left(\frac{\sqrt{2}}{2}, \sim 8{,}76\right)$ und ab hier schließlich konvex bis ∞.

1. **Bestimmen Sie die zweite Ableitung von f.**

$$f(x)=3x^5-5x^3+10$$
$$f'(x)=15x^4-15x^2$$
$$f''(x)=60x^3-30x$$

2. **Setzen Sie die zweite Ableitung gleich Null und lösen Sie.**

$$60x^3-30x=0$$
$$30x(2x^2-1)=0$$

$$30x=0 \quad\text{oder}\quad 2x^2-1=0$$
$$x=0 \qquad\qquad 2x^2=1$$
$$x^2=\frac{1}{2}$$
$$x=\pm\frac{\sqrt{2}}{2}$$

3. **Prüfen Sie, ob es x-Werte gibt, an denen die zweite Ableitung nicht definiert ist.**

Es gibt keine, deshalb sind $-\frac{\sqrt{2}}{2}$, 0 und $\frac{\sqrt{2}}{2}$ die drei »kritischen Werte« der zweiten Ableitung. (Streng genommen werden sie nicht als kritische Werte bezeichnet, aber sie könnten es sein, weil sie sich ebenso verhalten wie die kritischen Werte der ersten Ableitung.)

4. **Zeichnen Sie diese »kritischen Werte« auf einem Zahlenstrahl ein und überprüfen Sie die Bereiche.**

Sie können –1, –0,5, 0,5 und 1 als Testzahlen verwenden. Die folgende Abbildung zeigt den Vorzeichengraphen für die zweite Ableitung.

$$f''(x)=60x^3-30x$$
$$f''(-1)=-30$$
$$f''(-0{,}5)=7{,}5$$
$$f''(0{,}5)=-7{,}5$$
$$f''(1)=30$$

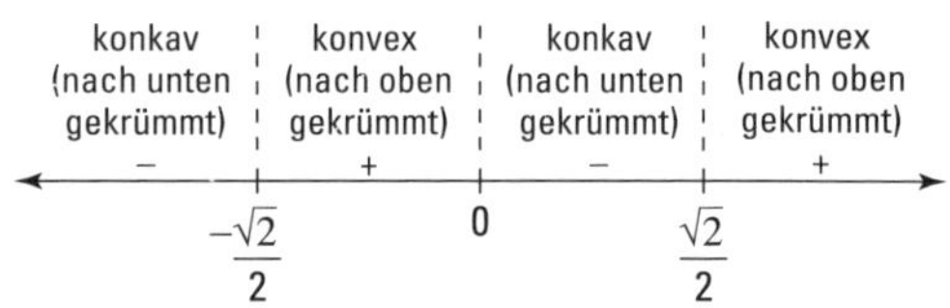

Weil die Krümmungsrichtung an diesen »kritischen Werten« wechselt, und weil an diesen Werten die zweite Ableitung existiert, befinden sich bei diesen drei Zahlen (aus den Schritten 2 und 3) Wendepunkte. (Wenn die Krümmung an einem Punkt wechselt, wo die zweite Ableitung undefiniert ist, müssen Sie noch etwas anderes prüfen, bevor Sie schließen können, dass es sich um einen Wendepunkt handelt: nämlich ob Sie an dieser Stelle eine Tangente zeichnen können. Dies ist entweder dann der Fall, wenn die erste Ableitung definiert ist, oder wenn es sich dort um eine vertikale Tangente handelt.) Kurz gesagt, wenn die Krümmung an einem Punkt wechselt, wo die Kurve glatt ist, haben Sie einen Wendepunkt.

5. **Bestimmen Sie den Ort der drei Wendepunkte.**

$$f(x) = 3x^5 - 5x^3 + 10$$

$$f\left(-\frac{\sqrt{2}}{2}\right) \approx 11{,}24$$

$$f(0) = 10$$

$$f\left(\frac{\sqrt{2}}{2}\right) \approx 8{,}76$$

f verläuft also konkav (nach unten gekrümmt) von $-\infty$ bis zum Wendepunkt an der Stelle $\left(\frac{\sqrt{2}}{2}, \sim 11{,}24\right)$, ab dort konvex (nach oben gekrümmt) bis zum Wendepunkt an der Stelle (0, 10), dann konkav bis zum dritten Wendepunkt an der Stelle $\left(\frac{\sqrt{2}}{2}, \sim 8{,}76\right)$ und wieder konvex von dort bis ∞.

Aufgabe 13

Bestimmen Sie die Krümmungsintervalle und die Wendepunkte von $f(x) = -2x^3 + 6x^2 - 10x + 5$.

Aufgabe 14

Bestimmen Sie die Krümmungsintervalle und die Wendepunkte von $g(x) = x^4 - 12x^2$.

Aufgabe 15

Bestimmen Sie die Krümmungsintervalle und die Wendepunkte von $p(x) = \dfrac{x}{x^2+9}$.

Aufgabe 16

Bestimmen Sie die Krümmungsintervalle und die Wendepunkte von $q(x) = \sqrt[5]{x} - \sqrt[3]{x}$.

Der Mittelwertsatz: Alles wird gut!

Der *Mittelwertsatz* basiert auf einer unglaublich einfachen Idee. Angenommen, Sie sind eine Stunde im Auto gefahren und haben dabei 50 km zurückgelegt. Ihre durchschnittliche Geschwindigkeit betrug also offensichtlich 50 km/h. Der Mittelwertsatz besagt, dass es während Ihrer Fahrt mindestens einen Punkt gegeben haben muss, an dem die Geschwindigkeit exakt bei 50 km/h lag. Für diese Erkenntnis brauchen Sie allerdings keinen Mittelwertsatz. Der gesunde Menschenverstand reicht völlig aus. Wenn Sie die ganze Zeit langsamer als 50 km/h gefahren wären, hätten Sie es nicht auf einen Durchschnitt von 50 km/h gebracht. Und wenn Sie die ganze Zeit schneller als 50 km/h gefahren wären (d.h. Sie waren schon am Startpunkt schneller als 50), wäre Ihre Durchschnittgeschwindigkeit höher als 50 km/h. Sie können nur dann einen Durchschnittswert von 50 erreichen, wenn Sie entweder über die gesamte Strecke genau 50 km/h gefahren sind, oder wenn Sie manchmal schneller und manchmal langsamer als 50 km/h gefahren sind. Und wenn Sie beschleunigen oder abbremsen, müssen Sie an irgendeiner Stelle exakt die 50 km/h-Marke passieren.

Mit Hilfe des Mittelwertsatzes berechnen Sie eine durchschnittliche Änderungsrate oder Steigung über ein Intervall und verwenden dann die erste Ableitung, um einen oder mehrere Punkte in dem Intervall festzustellen, an denen die momentane Änderungsrate oder Steigung gleich der durchschnittlichen Änderungsrate oder Steigung ist. Hier ein Beispiel:

Beispiel

Bestimmen Sie für $f(x) = x^3 - 4x^2 - 5x$ alle Zahlen c im offenen Intervall (2, 4), in dem die momentane Änderungsrate gleich der durchschnittlichen Rate im Intervall ist.

Lösung

Die einzige Antwort lautet $\frac{4+2\sqrt{7}}{3}$.

Grundsätzlich suchen Sie hier die Punkte entlang der Kurve im Intervall, an denen die Steigung gleich der Steigung von $(2, f(2))$ bis $(4, f(4))$ ist. Mathematisch ausgedrückt heißt das, Sie suchen alle Zahlen c mit

$$f'(c) = \frac{f(4) - f(2)}{4-2}$$

1. **Bestimmen Sie die erste Ableitung.**

   $f(x) = x^3 - 4x^2 - 5x$

   $f'(x) = 3x^2 - 8x - 5$

2. Bestimmen Sie unter Verwendung der Steigungsformel, $m = \frac{y_2 - y_1}{x_2 - x_1}$, die Steigung von (2, *f*(2)) bis (4, *f*(4)).

$$\begin{aligned} f(4) &= 4^3 - 4 \cdot 4^2 - 5 \cdot 4 \\ &= -20 \\ f(2) &= 2^3 - 4 \cdot 2^2 - 5 \cdot 2 \\ &= -18 \\ m &= \frac{f(4) - f(2)}{4 - 2} \\ &= \frac{-20 - (-18)}{2} \\ &= -1 \end{aligned}$$

3. Setzen Sie die Ableitung gleich dieser Steigung und lösen Sie.

$$3x^2 - 8x - 5 = -1$$

$$3x^2 - 8x - 4 = 0$$

$$\begin{aligned} x &= \frac{8 \pm \sqrt{(-8)^2 - 4(3)(-4)}}{6} \\ &= \frac{8 \pm 4\sqrt{7}}{6} \\ &= \frac{4 + 2\sqrt{7}}{3} \quad \text{oder} \quad \frac{4 - 2\sqrt{7}}{3} \\ &\approx 3{,}10 \quad \text{oder} \quad -0{,}43 \end{aligned}$$

Weil –0,43 nicht innerhalb des Intervalls (2, 4) liegt, ist Ihre einzige Antwort gleich $\frac{4 + 2\sqrt{7}}{3}$.

Der Mittelwertsatz funktioniert übrigens nur für Funktionen, die über das betreffende offene Intervall differenzierbar sind, und die über das offene Intervall und seine Endpunkte stetig sind.

Aufgabe 17

Bestimmen Sie für $g(x) = x^3 + x^2 - x$ die Werte c im Intervall $(-2, 1)$, die den Mittelwertsatz erfüllen.

Aufgabe 18

Bestimmen Sie für $s(t) = t^{4/3} - 3t^{1/3}$ alle Werte c im Intervall $(0, 3)$, die den Mittelwertsatz erfüllen.

Lösungen für Ableitungen und Kurvenformen

1. Nutzen Sie die erste Ableitung, um die lokalen Extrema von $f(x) = 6x^{2/3} - 4x + 1$ zu finden. **Lokales Minimum an der Stelle (0, 1), lokales Maximum an der Stelle (1, 3).**

   a. Bestimmen Sie mit Hilfe der Potenzregel die erste Ableitung.

   $$f(x) = 6x^{2/3} - 4x + 1$$
   $$f'(x) = 4x^{-1/3} - 4$$

   b. Bestimmen Sie die kritischen Werte von f.

   I. Setzen Sie die Ableitung gleich Null und lösen Sie.

   $$4x^{-1/3} - 4 = 0$$
   $$x^{-1/3} = 1$$
   $$x = 1$$

   II. Bestimmen Sie die x-Werte, wo die Ableitung undefiniert ist:

   $$f'(x) = 4x^{-1/3} - 4 = \frac{4}{\sqrt[3]{x}} - 4 .$$

   Weil der Nenner nicht Null sein darf, ist $f'(x)$ an der Stelle $x = 0$ nicht definiert. Die kritischen Werte von f sind also 0 und 1.

   c. Zeichnen Sie die kritischen Werte auf einem Zahlenstrahl ein.

   Ich werde die Abbildung hier überspringen, weil ich davon ausgehe, dass Sie sich einen Zahlenstrahl mit Punkten an den Stellen 0 und 1 vorstellen können. Enttäuschen Sie mich nicht!

   d. Setzen Sie eine Zahl aus jedem der drei Bereiche in die Ableitung ein.

   $$f'(-1) = 4(-1)^{-1/3} - 4 = -4 - 4 = -8$$
   $$f'\left(\frac{1}{2}\right) = 4\left(\frac{1}{2}\right)^{-1/3} - 4 = 4(2)^{1/3} - 4 = \textit{positiv}$$
   $$f'(8) = 4(8)^{-1/3} - 4 = 2 - 4 = -2$$

Beachten Sie erneut, dass die Zahlen, die ich für die erste und die dritte Berechnung ausgewählt habe, die Mathematik erheblich vereinfachen. Bei der zweiten Berechnung können Sie sich etwas Zeit sparen und die letzte Auswertung überspringen, weil Sie letztlich nur daran interessiert sind, ob das Ergebnis positiv oder negativ ist – das setzt voraus, dass Sie wissen, dass die dritte Wurzel von 2 größer als 1 ist (hätten Sie's gewusst?).

e. Zeichnen Sie Ihren Vorzeichengraphen (siehe folgende Abbildung).

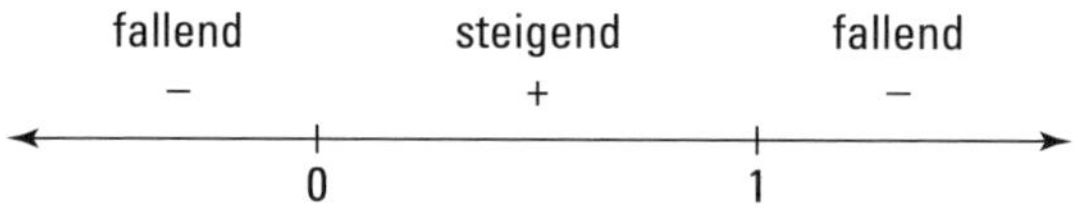

f. Bestimmen Sie für jeden kritischen Wert, ob sich dort ein lokales Minimum, ein lokales Maximum oder keines von beiden befindet.

f geht nach $x = 0$ nach unten und dann nach oben, es liegt also an der Stelle $x = 0$ ein lokales Minimum vor. f geht bis $x = 1$ nach oben und dann nach unten, es liegt also an der Stelle $x = 1$ ein lokales Maximum vor.

g. Bestimmen Sie den y-Wert der beiden lokalen Extrema.

$$f(0) = 6(0)^{2/3} - 4(0) + 1 = 1$$

$$f(1) = 6(1)^{2/3} - 4(1) + 1 = 3$$

Es gibt also ein lokales Minimum an der Stelle (0, 1) und ein lokales Maximum an der Stelle (1, 3). Überprüfen Sie diese Lösung, indem Sie sich f auf Ihrem graphischen Taschenrechner ansehen.

2. Bestimmen Sie die lokalen Extrema von $h(x) = \frac{x}{\sqrt{2}} + \cos x - \frac{\sqrt{2}}{2}$ im Intervall $(0, 2\pi)$ unter Verwendung des Tests auf die erste Ableitung. **Lokales Maximum an der Stelle $\left(\frac{\pi}{4}, \frac{\pi\sqrt{2}}{8}\right)$, lokales Minimum an der Stelle $\left(\frac{3\pi}{4}, \frac{3\pi\sqrt{2}}{8} - \sqrt{2}\right)$**

a. Bestimmen Sie die erste Ableitung.

$$h(x) = \frac{x}{\sqrt{2}} + \cos x - \frac{\sqrt{2}}{2}$$

$$h'(x) = \frac{1}{\sqrt{2}} - \sin x$$

b. Bestimmen Sie die kritischen Werte von h.

I. Setzen Sie die Ableitung gleich Null und lösen Sie.

$$\frac{1}{\sqrt{2}} - \sin x = 0$$

$$\sin x = \frac{\sqrt{2}}{2}$$

$$x = \frac{\pi}{4} \quad \textit{oder} \quad \frac{3\pi}{4}$$ (Dies sind die Lösungen im vorgegebenen Intervall.)

II. Bestimmen Sie die x-Werte, wo die Ableitung undefiniert ist.

Die Ableitung ist an keiner Stelle undefiniert, die kritischen Punkte von h sind also $\frac{\pi}{4}$ und $\frac{3\pi}{4}$.

c. Überprüfen Sie Zahlen aus jedem Bereich auf Ihrem Zahlenstrahl.

$$h'\left(\frac{\pi}{6}\right)=\frac{1}{\sqrt{2}}-\sin\frac{\pi}{6} \qquad h'\left(\frac{\pi}{2}\right)=\frac{\sqrt{2}}{2}-\sin\frac{\pi}{2} \qquad h'(\pi)=\frac{\sqrt{2}}{2}-\sin\pi$$

$$=\frac{\sqrt{2}}{2}-\frac{1}{2} \qquad =\frac{\sqrt{2}}{2}-1 \qquad =\frac{\sqrt{2}}{2}-0$$

$$=\text{positiv} \qquad =\text{negativ} \qquad =\text{positiv}$$

d. Zeichnen Sie einen Vorzeichengraphen

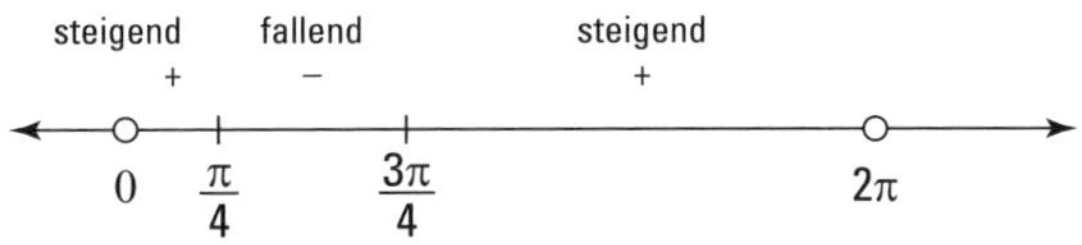

e. Entscheiden Sie für die beiden kritischen Punkte, ob es sich um ein lokales Minimum oder Maximum oder keines von beiden handelt. Sie gehen von links nach rechts der Funktion entlang zunächst nach oben bis $x=\frac{\pi}{4}$ und dann nach unten, an der Stelle $x=\frac{\pi}{4}$ befindet sich also ein lokales Maximum. Umgekehrt ist es für $x=\frac{3\pi}{4}$, dort befindet sich also ein lokales Minimum.

f. Berechnen Sie die y-Werte dieser beiden Extrema.

$$h\left(\frac{\pi}{4}\right)=\frac{\frac{\pi}{4}}{\sqrt{2}}+\cos\frac{\pi}{4}-\frac{\sqrt{2}}{2} \qquad h\left(\frac{3\pi}{4}\right)=\frac{\frac{3\pi}{4}}{\sqrt{2}}+\cos\frac{3\pi}{4}-\frac{\sqrt{2}}{2}$$

$$=\frac{\pi}{4\sqrt{2}}+\frac{\sqrt{2}}{2}-\frac{\sqrt{2}}{2} \qquad =\frac{3\pi\sqrt{2}}{8}-\frac{\sqrt{2}}{2}-\frac{\sqrt{2}}{2}$$

$$=\frac{\pi\sqrt{2}}{8} \qquad =\frac{3\pi\sqrt{2}}{8}-\sqrt{2}$$

Sie haben also ein lokales Maximum an der Stelle $\left(\frac{\pi}{4},\frac{\pi\sqrt{2}}{8}\right)$, ein lokales Minimum an der Stelle $\left(\frac{3\pi}{4},\frac{3\pi\sqrt{2}}{8}-\sqrt{2}\right)$

3. Finden Sie mit Hilfe des Tests auf die erste Ableitung die lokalen Extrema von $y=(x^2-8)^{2/3}$. **Lokale Minima an den Stellen $(-2\sqrt{2}, 0)$ und $(2\sqrt{2}, 0)$; ein lokales Maximum an der Stelle (0, 4).**

   Hier wenden Sie dieselben grundlegenden Schritte wie in den Aufgaben 1 und 2 an, jedoch etwas abgekürzt.

   a. Bestimmen Sie die Ableitung.

   $$y=(x^2-8)^{2/3}$$

   $$y'=\frac{2}{3}(x^2-8)^{-1/3}(2x)=\frac{4x}{3\sqrt[3]{x^2-8}}$$

   b. Bestimmen Sie die kritischen Werte.

   a. $\dfrac{4x}{3\sqrt[3]{x^2-8}}=0$

   b. Die erste Ableitung ist undefiniert, wenn der Nenner gleich Null ist, also:

   $$3\sqrt[3]{x^2-8}=0$$
   $$\sqrt[3]{x^2-8}=0$$
   $$x^2-8=0$$
   $$x^2=8$$
   $$x=\pm 2\sqrt{2}$$

   Die kritischen Punkte sind $-2\sqrt{2}$, 0 und $2\sqrt{2}$.

   c. Überprüfen Sie die Werte.

   $$y'(-10)=\frac{2}{3}\left((-10)^2-8\right)^{-1/3}(2\cdot(-10))$$
   $$=\frac{2}{3}(\textit{positiv})^{-1/3}\cdot \textit{negativ}$$
   $$=\frac{2}{3}\,\textit{positiv}\cdot \textit{negativ}$$
   $$=\textit{negativ}$$

   $$y'(-1)=\frac{2}{3}\left((-1)^2-8\right)^{-1/3}(2\cdot(-1))$$
   $$=\frac{2}{3}(\textit{negativ})^{-1/3}\cdot \textit{negativ}$$
   $$=\frac{2}{3}\,\textit{negativ}\cdot \textit{negativ}$$
   $$=\textit{positiv}$$

   $y'(1)$ ist negativ und $y'(10)$ ist positiv. (Soll ich vielleicht die ganze Arbeit für Sie machen?)

   d. Erstellen Sie einen Vorzeichengraphen (siehe folgende Abbildung).

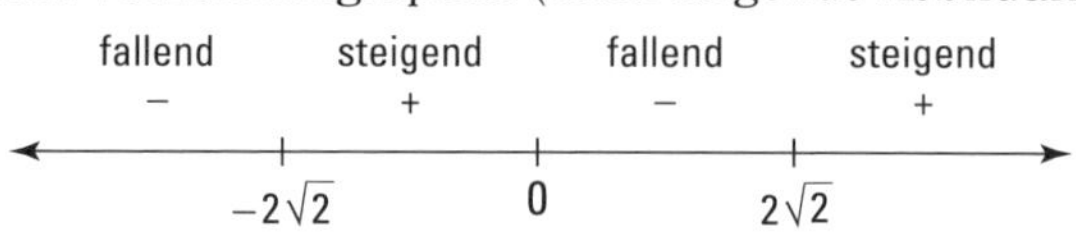

e. Suchen Sie die y-Werte.

$y = \left(\left(-2\sqrt{2}\right)^2 - 8\right)^{2/3} = 0$ Es befindet sich ein lokales Minimum an der Stelle $(-2\sqrt{2}, 0)$.

$y = (0^2 - 8)^{2/3} = (-8)^{2/3} = 4$ Es befindet sich ein lokales Maximum an der Stelle (0, 4).

$y = \left(\left(2\sqrt{2}\right)^2 - 8\right)^{2/3} = 0$ Es befindet sich ein weiteres lokales Minimum an der Stelle $(2\sqrt{2}, 0)$. Überprüfen Sie diese interessante Kurve auf Ihrem graphischen Taschenrechner.

4. Suchen Sie mit Hilfe des Tests auf die erste Ableitung die lokalen Extrema von $s = \dfrac{t^4 + 4}{-2t^2}$.
Lokale Maxima sind $(-\sqrt{2}, -2)$ und $\sqrt{2}, -2)$.

a. Differenzieren Sie.

$$s = \frac{t^4 + 4}{-2t^2}$$

$$s' = \frac{(t^4 + 4)'(-2t^2) - (t^4 + 4)(-2t^2)'}{(-2t^2)^2} = \frac{(4t^3)(-2t^2) - (t^4 + 4)(-4t)}{4t^4} = \frac{-t^4 + 4}{t^3}$$

b. Suchen Sie die kritischen Punkte.

$$\frac{-t^4 + 4}{t^3} = 0$$

$$4 - t^4 = 0$$

$$(2 - t^2)(2 + t^2) = 0$$

$$(\sqrt{2} - t)(\sqrt{2} + t)(2 + t^2) = 0$$

$$t = \sqrt{2} \quad \text{oder} \quad t = -\sqrt{2}$$

Die beiden kritischen Werte von s sind also $-\sqrt{2}$ und $\sqrt{2}$.

$t = 0$ ist eine dritte wichtige Zahl, weil $t = 0$ den Nenner der Ableitung zu Null macht, deshalb müssen Sie Null in Ihren Vorzeichengraphen aufnehmen, um Testbereiche zu definieren. Beachten Sie jedoch, dass $t = 0$ *keine* kritische Zahl von s ist, weil s an der Stelle $t = 0$ undefiniert ist. Und weil es an der Stelle $t = 0$ keinen Punkt auf s gibt, kann dort kein lokaler Extremwert an der Stelle $t = 0$ liegen.

c. Testen Sie die Werte: Das können Sie jetzt selbst.

d. Erstellen Sie einen Vorzeichengraphen (siehe nachfolgende Abbildung).

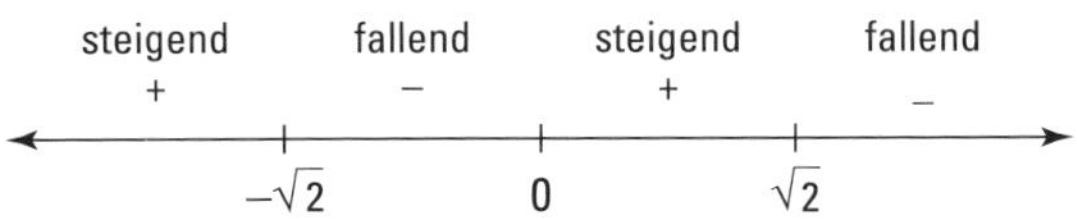

Sie liebt mich, sie liebt mich nicht, sie liebt mich, sie liebt mich nicht…

e. Finden Sie die y-Werte.

$s(-\sqrt{2}) = \dfrac{\left(-\sqrt{2}\right)^4 + 4}{-2(-\sqrt{2})^2} = \dfrac{4+4}{-4} = -2$ Sie gehen den Berg bis $(-\sqrt{2}, -2)$ nach oben und dann wieder nach unten, hier befindet sich also ein lokales Maximum.

$s(0) = \dfrac{0^4 + 4}{-2(0)^2} =$ *undefiniert* (was Sie bereits wussten). Aus diesem Grund befindet sich kein lokales Extremum an der Stelle $t = 0$. Wenn Sie übrigens in einer Aufgabe aufgefordert werden, nur die x-Werte und nicht die y-Werte der lokalen Extrema zu bestimmen, und Sie nur den Vorzeichengraphen zu Rate ziehen, würden Sie fälschlicherweise schließen – wie z.B. bei der aktuellen Aufgabe –, dass sich an der Stelle $t = 0$ ein lokales Minimum befindet. Sie sollten also immer überprüfen, wo Ihre Funktion undefiniert ist.

$s(\sqrt{2}) = \dfrac{\left(\sqrt{2}\right)^4 + 4}{-2\sqrt{2}^2} = -2$. Nach oben und dann wieder nach unten, es befindet sich also ein weiteres lokales Maximum an der Stelle $(\sqrt{2}, -2)$.

Und auch diese Funktion sollten Sie sich auf Ihrem graphischen Taschenrechner ansehen.

5. Verwenden Sie den Test auf die zweite Ableitung, um die kritischen Punkte der Funktion aus Aufgabe 2 zu analysieren, $h(x) = \dfrac{x}{\sqrt{2}} + \cos x - \dfrac{\sqrt{2}}{2}$. **Lokales Maximum an der Stelle $x = -\dfrac{\sqrt{2}}{2}$, lokales Minimum an der Stelle $x = \dfrac{\sqrt{2}}{2}$.**

   a. Bestimmen Sie die zweite Ableitung.

$$h(x) = \frac{x}{\sqrt{2}} + \cos x - \frac{\sqrt{2}}{2}$$

$$h'(x) = \frac{1}{\sqrt{2}} - \sin x$$

$$h''(x) = -\cos x$$

   b. Setzen Sie die kritischen Punkte ein (aus Aufgabe 2).

$$h''\left(\frac{\pi}{4}\right) = -\cos\frac{\pi}{4} \qquad h''\left(\frac{3\pi}{4}\right) = -\cos\frac{3\pi}{4}$$

$$= -\frac{\sqrt{2}}{2} \qquad = \frac{\sqrt{2}}{2}$$

Fertig! h läuft konkav (nach unten gekrümmt) an der Stelle $x=\frac{\pi}{4}$, deshalb liegt an dieser Stelle ein lokales Maximum vor, und h läuft konvex (nach oben gekrümmt) an der Stelle $x=\frac{3\pi}{4}$, deshalb liegt an diesem x-Wert ein lokales Minimum vor.

(In Aufgabe 2 haben Sie bereits die y-Werte für diese Extrema bestimmt.) h ist ein Beispiel für eine Funktion, bei der der Test auf die zweite Ableitung schnell und einfach ist.

6. Bestimmen Sie die lokalen Extrema von $f(x) = -2x^3 + 6x^2 + 1$ mit Hilfe des Tests auf die zweite Ableitung. **Lokales Minimum an der Stelle (0, 1), lokales Maximum an der Stelle (2, 9).**

   a. Bestimmen Sie die kritischen Punkte.

   $$f(x) = -2x^3 + 6x^2 + 1$$
   $$f'(x) = -6x^2 + 12x$$
   $$0 = -6x^2 + 12x$$
   $$0 = -6x(x-2)$$
   $$x = 0{,}2$$

   b. Bestimmen Sie die zweite Ableitung.

   $$f'(x) = -6x^2 + 12x$$
   $$f''(x) = -12x + 12$$

   c. Setzen Sie die kritischen Punkte ein.

   $f''(0) = 0 - 12(0) + 12$

   $= 12$ (konvex: nach oben gekrümmt; Minimum)

   $f''(2) = -12(2) + 12$

   $= -12$ (konkav: nach unten gekrümmt; Maximum)

   d. Bestimmen Sie die y-Koordinaten für die Extrema.

   $f(0) = -2(0)^3 + 6(0)^2 + 1$

   $= 1$

   $f(2) = -2(2)^3 + 6(2)^2 + 1$

   $= 9$

   Es befindet sich also ein Minimum an der Stelle (0, 1) und ein Maximum an der Stelle (2, 9). f ist ebenfalls eine Funktion, für die der Test auf die zweite Ableitung völlig problemlos ist.

7. Bestimmen Sie die lokalen Extrema von $y = 2x^4 - \frac{1}{3}x^6$ unter Verwendung des Tests auf die zweite Ableitung. **Mit dem Test auf die zweite Ableitung finden Sie lokale Maxima an den Stellen $x = -2$ und $x = 2$; Sie finden ein lokales Minimum an der Stelle $x = 0$ mit gewöhnlicher Alltagslogik.**

a. Bestimmen Sie die kritischen Punkte.

$$y = 2x^4 - \frac{1}{3}x^6$$
$$y' = 8x^3 - 2x^5$$
$$8x^3 - 2x^5 = 0$$
$$2x^3(4 - x^2) = 0$$
$$2x^3(2 - x)(2 + x) = 0$$
$$x = 0, 2, -2$$

b. Bestimmen Sie die zweite Ableitung.

$$y' = 8x^3 - 2x^5$$
$$y'' = 24x^2 - 10x^4$$

c. Setzen Sie ein.

$y''(-2) = 24(-2)^2 - 10(-2)^4$

= 96 – 160

= negativ, damit ein Maximum

$y''(0) = 24(0)^2 - 10(0)^4$

= 0 und damit unentscheidbar

$y''(2) = 24(2)^2 - 10(2)^4$

= wie $y''(-2)$

= negativ, damit ein Maximum

Der Test auf die zweite Ableitung schlägt für $x = 0$ fehl, deshalb müssen Sie für diesen kritischen Punkt den Test auf die erste Ableitung verwenden. Das bedeutet gleichzeitig, dass der Test auf die zweite Ableitung für diese Funktion verschwendete Zeit war.

Wenn (wie in der Funktion dieser Aufgabe) einer der kritischen Punkte gleich $x = 0$ ist, und Sie sehen, dass die zweite Ableitung an der Stelle $x = 0$ gleich Null ist (weil beispielsweise alle Terme der zweiten Ableitung einfache Potenzen von x sind), dann schlägt der Test auf die zweite Ableitung für $x = 0$ fehl und ist damit Zeitverschwendung. Verwenden Sie stattdessen den Test auf die erste Ableitung.

Weil dies jedoch eine stetige Funktion ist und weil es nur einen kritischen Punkt zwischen den beiden gefundenen Maxima gibt, kann an der Stelle $x = 0$ nur ein Minimum vorliegen. Probieren Sie diese einfache Logik an Ihrem Mathematiklehrer aus und lassen Sie mich wissen, ob es funktioniert hat.

8. Betrachten Sie die Funktion aus Aufgabe 3, $y = (x^2 - 8)^{2/3}$, und die Funktion $s = 8 + \frac{21t}{4} - \frac{7t^3}{4}$. Welche der beiden Funktionen ist mit dem Test auf die zweite Ableitung einfacher zu analysieren, und warum? Verwenden Sie für die von Ihnen ausgewählte Funktion den Test auf die zweite Ableitung, um ihre lokalen Extrema zu finden. **$s = 8 + \frac{21t}{4} - \frac{7t^3}{4}$; lokales Minimum am Punkt (–1, 4,5), lokales Maximum an der Stelle (–1, 11,5).**

Der Test auf die zweite Ableitung schlägt fehl, wo die zweite Ableitung undefiniert ist (abgesehen davon, dass er auch dort fehlschlägt, wo die zweite Ableitung gleich Null ist).

Für die Auswahl betrachten Sie zuerst die erste Ableitung jeder Funktion:

$$y = (x^2 + 8)^{2/3} \qquad s = 8 + \frac{21t}{4} - \frac{7t^3}{4}$$

$$y' = \frac{2}{3}(x^2 - 8)^{-1/3}(2x) \qquad s' = \frac{21}{4} - \frac{21}{4}t^2$$

$$= \frac{4x}{3(x^2 - 8)^{1/3}}$$

Erkennen Sie das Problem, das Sie bei $y(x)$ erhalten? Die erste Ableitung ist an der Stelle $x = \pm 2\sqrt{2}$ undefiniert. Und die zweite Ableitung ist an diesen x-Werten ebenfalls undefiniert, denn wenn Sie die zweite Ableitung mit der Quotientenregel bestimmen und das untere quadrieren, enthält der Nenner denselben Faktor, $(x^2 - 8)$. Der Test auf die zweite Ableitung schlägt deshalb an der Stelle $x = \pm 2\sqrt{2}$ fehl, und Sie müssen den Test auf die erste Ableitung verwenden. Dagegen funktioniert für $s(t)$ der Test auf die zweite Ableitung sehr gut:

a. Bestimmen Sie die kritischen Werte.

$$s' = \frac{21}{4} - \frac{21}{4}t^2$$

$$0 = \frac{21}{4} - \frac{21}{4}t^2$$

$$\frac{21}{4}t^2 = \frac{21}{4}$$

$$t = \pm 1$$

s' ist an keiner Stelle undefiniert, deshalb sind –1 und 1 die einzigen kritischen Punkte.

b. Bestimmen Sie die zweite Ableitung.

$$s' = \frac{21}{4} - \frac{21}{4}t^2$$

$$s'' = -\frac{21}{2}t$$

c. Setzen Sie die kritischen Werte ein.

$$s''(-1) = \frac{21}{2} \text{ (konvex: nach oben gekrümmt; Minimum)}$$

$$s''(1) = -\frac{21}{2} \text{ (konkav: nach unten gekrümmt; Maximum)}$$

d. Bestimmen Sie die Höhen der Extrema.

$$s(-1) = 8 + \frac{21(-1)}{4} - \frac{7(-1)^3}{4} = 4{,}5$$

$$s(1) = 8 + \frac{21(1)}{4} - \frac{7(1)^3}{4} = 11{,}5$$

Fertig. s hat ein lokales Minimum an der Stelle (–1, 4,5) und ein lokales Maximum an der Stelle (1, 11,5).

9. Bestimmen Sie die absoluten Extrema von $f(x) = \sin x + \cos x$ im Intervall $[0, 2\pi]$. **Absolutes Maximum an der Stelle $\left(\frac{\pi}{4}, \sqrt{2}\right)$, absolutes Minimum an der Stelle $\left(\frac{5\pi}{4}, -\sqrt{2}\right)$.**

a. Bestimmen Sie die kritischen Werte.

$$f(x) = \sin x + \cos x$$
$$f'(x) = \cos x - \sin x$$
$$0 = \cos x - \sin x$$
$$\sin x = \cos x \quad \text{(beide Seiten durch } \cos x \text{ dividieren)}$$
$$\tan x = 1$$
$$x = \frac{\pi}{4}, \frac{5\pi}{4} \quad \text{(die Lösungen im vorgegebenen Intervall).}$$

Die Ableitung ist an keiner Stelle undefiniert, dies sind also die einzigen kritischen Punkte.

Wenn Sie beide Seiten einer Gleichung durch irgendetwas dividieren, das an einem oder mehreren x-Werten gleich Null sein kann (wie oben, wo Sie beide Seiten durch $\cos x$ dividieren), verpassen Sie möglicherweise eine oder mehrere Lösungen. Sie müssen prüfen, ob irgendwelche dieser x-Werte eine Lösung darstellen. In dieser Aufgabe ist $\cos x = 0$ an der Stellen $\frac{\pi}{2}$ und $\frac{3\pi}{2}$, und es ist leicht zu überprüfen (in Zeile 4 oben), dass $\sin x$ an keinem dieser Werte gleich $\cos x$ ist. Wäre es der Fall, hätten Sie eine oder zwei weitere Lösungen, und einen oder zwei weitere kritische Werte. Beachten Sie, dass Sie diese Werte überprüfen müssen, bevor Sie dividieren (hier durch $\cos x$).

b. Berechnen Sie die Funktion an den kritischen Werten.

$$f\left(\frac{\pi}{4}\right) = \sin\frac{\pi}{4} + \cos\frac{\pi}{4} = \frac{\sqrt{2}}{2} + \frac{\sqrt{2}}{2} = \sqrt{2}$$

$$f\left(\frac{5\pi}{4}\right) = \sin\frac{5\pi}{4} + \cos\frac{5\pi}{4} = -\frac{\sqrt{2}}{2} - \frac{\sqrt{2}}{2} = -\sqrt{2}$$

c. Berechnen Sie die Funktion an den Endpunkten des Intervalls.

$$f(0) = \sin 0 + \cos 0 = 1$$
$$f(2\pi) = \sin 2\pi + \cos 2\pi = 1$$

d. Die größte der vier Lösungen aus den Schritten 2 und 3 ist das absolute Maximum, die kleinste ist das absolute Minimum.

Das absolute Maximum befindet sich an der Stelle $\left(\frac{\pi}{4}, \sqrt{2}\right)$, das absolute Minimum an der Stelle $\left(\frac{5\pi}{4}, -\sqrt{2}\right)$.

10. Bestimmen Sie die absoluten Extrema von $g(x) = 2x^3 - 3x^2 - 5$ im Intervall [–0,5, 0,5]. **Absolutes Minimum an der Stelle (–0,5, –6), absolutes Maximum an der Stelle (0, –5).**

a. Bestimmen Sie die kritischen Werte.

$$g(x) = 2x^3 - 3x^2 - 5$$
$$g'(x) = 6x^2 - 6x$$
$$0 = 6x^2 - 6x$$
$$0 = 6x(x-1)$$
$$x = 0, \quad 1$$

$x = 1$ ist zu vernachlässigen, weil es außerhalb des vorgegebenen Intervalls liegt. Der einzige kritische Wert ist $x = 0$.

b. Berechnen Sie die Funktion an der Stelle $x = 0$.

$$g(0) = 2(0)^3 - 3(0)^2 - 5 = -5$$

c. Kümmern Sie sich um die Endpunkte.

$$g(-0{,}5) = 2(-0{,}5)^3 - 3(-0{,}5)^2 - 5$$
$$= 2 \cdot (-0{,}125) - 3 \cdot 0{,}25 - 5$$
$$= -6$$
$$g(0{,}5) = 2 \cdot 0{,}5^3 - 3 \cdot 0{,}5^2 - 5$$
$$= 2 \cdot 0{,}125 - 3 \cdot 0{,}25 - 5$$
$$= -5{,}5$$

d. Wählen Sie die kleinste und die größte Lösung aus den Schritten 2 und 3 aus.

Das absolute Minimum ist der linke Endpunkt, (–5, –6). Das absolute Maximum liegt mitten in der Mitte, (0, –5).

11. Bestimmen Sie die absoluten Extrema von $p(x) = (x+1)^{4/5} - 0{,}5x$ im Intervall [–2, 31]. **Absolutes Maximum an der Stelle (–2, 2); absolute Minima an den Stellen (–1, 0.5) und (31, 0.5).**

Mittlerweile sollten Sie die einzelnen Schritte kennen.

$$
\begin{aligned}
p(x) &= (x+1)^{4/5} - 0,5x \\
p'(x) &= \frac{4}{5}(x+1)^{-1/5} - 0,5 \\
&= \frac{4}{5(x+1)^{1/5}} - 0,5 \\
0 &= \frac{4}{5(x+1)^{1/5}} - 0,5 \\
0,5 &= \frac{4}{5(x+1)^{1/5}} \\
2,5(x+1)^{1/5} &= 4 \\
(x+1)^{1/5} &= \frac{8}{5} \\
(x+1) &= \left(\frac{8}{5}\right)^5 \\
x &= 9,48576
\end{aligned}
$$

Das ist ein kritischer Wert , aber $x = -1$ ist ebenfalls einer, weil er eine undefinierte Ableitung erzeugt.

$$
\begin{aligned}
p(-1) &= (-1+1)^{4/5} - 0,5(-1) \\
&= 0,5 \\
p(9,48576) &= (9,48576+1)^{4/5} - 0,5(9,48576) \\
&= 1,81072
\end{aligned}
$$

Linker Endpunkt: $p(-2) = (-2+1)^{4/5} - 0,5(-2) = 2$

Rechter Endpunkt: $p(31) = (31+1)^{4/5} - 0,5(31) = 16 - 15,5 = 0,5$

Ihr absolutes Maximum liegt am linken Endpunkt: (–2, 2). Für das absolute Minimum gibt es ein Unentschieden: Am Scheitelpunkt: (–1, 0.5) und am rechten Endpunkt: (31, 0,5).

12. Bestimmen Sie die absoluten Extrema von $q(x) = 2\cos 2x + 4\sin x$ im Intervall $\left[-\frac{\pi}{2}, \frac{5\pi}{4}\right]$.

Absolutes Minimum an der Stelle $\left(-\frac{\pi}{2}, -6\right)$; absolute Maxima an den Stellen $\left(\frac{\pi}{6}, 3\right)$ und $\left(\frac{5\pi}{6}, 3\right)$.

$$
\begin{aligned}
q(x) &= 2\cos 2x + 4\sin x \\
q'(x) &= -2\sin 2x \cdot 2 + 4\cos x \\
0 &= -4\sin 2x + 4\cos x
\end{aligned}
$$

$0 = \sin 2x - \cos x$ (durch –4 dividieren)

$0 = \sin 2x \cos x - \cos x$ (trigonometrische Beziehung)

$0 = \cos x(2\sin x - 1)$

$\cos x = 0$ oder $2\sin x - 1 = 0$

$x = \frac{-\pi}{2}, \frac{\pi}{2}$ $\qquad \sin x = \frac{1}{2}$

$x = \frac{\pi}{6}, \frac{5\pi}{6}$

Technisch gesehen, ist $x = \frac{-\pi}{2}$ keiner der kritischen Werte. Weil es ein Endpunkt ist, gehört es nicht zum Club der kritischen Werte. Hier kann man sich jedoch streiten, weil Sie die Endpunkte sowieso auswerten müssen.

$$q\left(\frac{\pi}{6}\right) = 2\cos\left(2\cdot\frac{\pi}{6}\right) + 4\sin\frac{\pi}{6}$$
$$= 2\cdot\frac{1}{2} + 4\cdot\frac{1}{2} = 3$$

$$q\left(\frac{\pi}{2}\right) = 2\cos\left(2\cdot\frac{\pi}{2}\right) + 4\sin\frac{\pi}{2}$$
$$= -2 + 4 = 2$$

$$q\left(\frac{5\pi}{6}\right) = 2\cos\left(2\cdot\frac{5\pi}{6}\right) + 4\sin\frac{5\pi}{6}$$
$$= 2\cdot\frac{1}{2} + 4\cdot\frac{1}{2} = 3$$

Linker Endpunkt: $q\left(-\frac{\pi}{2}\right) = 2\cos\left(2\cdot-\frac{\pi}{2}\right) + 4\sin\left(-\frac{\pi}{2}\right) = -2 + 4(-1) = -6$

Rechter Endpunkt: $q\left(\frac{5\pi}{4}\right) = 2\cos\left(2\cdot\frac{5\pi}{4}\right) + 4\sin\frac{5\pi}{4} = 2\cdot 0 + 4\left(-\frac{\sqrt{2}}{2}\right) \approx -2{,}828$

Und jetzt wählen Sie die Gewinner aus: Absolutes Minimum am linken Endpunkt: $\left(-\frac{\pi}{2}, -6\right)$ und ein Unentschieden für das absolute Maximum: $\left(\frac{\pi}{6}, 3\right)$ und $\left(\frac{5\pi}{6}, 3\right)$.

13. Bestimmen Sie die Krümmungsintervalle und die Wendepunkte von $f(x) = -2x^3 + 6x^2 - 10x + 5$. ***f* ist konvex (nach oben gekrümmt) von $-\infty$ bis zum Wendepunkt an der Stelle (1, –1) und von ab dann konkav (nach unten gekrümmt) bis ∞.**

a. Bestimmen Sie die zweite Ableitung.

$$f(x) = -2x^3 + 6x^2 - 10x + 5$$
$$f'(x) = -6x^2 + 12x - 10$$
$$f''(x) = -12x + 12$$

b. Setzen Sie sie gleich 0 und lösen Sie.

$$-12x + 12 = 0$$
$$x = 1$$

c. Überprüfen Sie auf x-Werte, wo die zweite Ableitung undefiniert ist. Keine.

d. Testen Sie Ihre zwei Bereiche – links und rechts von $x = 1$ – und erstellen Sie Ihren Vorzeichengraphen (siehe folgende Abbildung).

$$f''(x) = -12x + 12$$
$$f''(0) = 12$$
$$f''(2) = -12$$

Weil die Krümmungsrichtung an der Stelle $x = 1$ wechselt, und weil f'' dort gleich Null ist, liegt an der Stelle $x = 1$ ein Wendepunkt vor.

e. Bestimmen Sie die Höhe des Wendepunkts.

$$f(x) = -2x^3 + 6x^2 - 10x + 5$$
$$f(1) = 1$$

Damit ist f konvex (nach oben gekrümmt) von $-\infty$ bis zum Wendepunkt an der Stelle $(1, -1)$ und von hier dann konkav (nach unten gekrümmt) bis ∞. Wie immer sollten Sie sich das Ergebnis auch auf Ihrem graphischen Taschenrechner ansehen. *Hinweis.* Um ein gutes Gefühl für das Aussehen dieser Funktion zu erhalten, brauchen Sie ein relativ unübliches Grafikfenster – probieren Sie es mit *xmin* = –2, *xmax* = 4, *ymin* = –20, *ymax* = 20.

14. Bestimmen Sie die Krümmungsintervalle und die Wendepunkte von $g(x) = x^4 - 12x^2$.

g ist konvex von $-\infty$ bis zum Wendepunkt an der Stelle $(-\sqrt{2}, -20)$, dann konkav bis zu einem Wendepunkt an der Stelle $(\sqrt{2}, -20)$, und dann wieder konvex bis ∞.

a. Bestimmen Sie die zweite Ableitung.

$$g(x) = x^4 - 12x^2$$
$$g'(x) = 4x^3 - 24x$$
$$g''(x) = 12x^2 - 24$$

b. Setzen Sie sie gleich 0 und lösen Sie.

$$12x^2 - 24 = 0$$
$$x^2 = 2$$
$$x = \pm\sqrt{2}$$

c. Ist die zweite Ableitung an irgendeiner Stelle undefiniert? Nein.

d. Testen Sie die drei Bereiche und legen Sie einen Vorzeichengraphen an. Betrachten Sie dazu die nachfolgende Abbildung.

$$g''(x) - 12x^2 - 24$$
$$g''(-2) = 24$$
$$g''(0) = -24$$
$$g''(2) = 24$$

e. Bestimmen Sie die Höhen der Wendepunkte.

$$g(x) = x^4 - 12x^2$$
$$g(-\sqrt{2}) = -20$$
$$g(\sqrt{2}) = -20$$

g ist konvex (nach oben gekrümmt) von $-\infty$ bis zum Wendepunkt an der Stelle $(-\sqrt{2}, -20)$, dann konkav (nach unten gekrümmt) bis zu einem Wendepunkt an der Stelle $(\sqrt{2}, -20)$, und dann wieder konvex bis ∞.

15. Bestimmen Sie die Krümmungsintervalle und die Wendepunkte von $p(x) = \dfrac{x+9}{x^2}$.

Kon kav von ∞ bis zu einem Wendepunkt an der Stelle $\left(-3\sqrt{3}, -\dfrac{\sqrt{3}}{12}\right)$, dann konvex bis zum Wendepunkt an der Stelle (0, 0), dann wieder konkav bis zum dritten Wendepunkt an der Stelle $\left(3\sqrt{3}, \dfrac{\sqrt{3}}{12}\right)$, und schließlich konvex bis ∞.

a. Bestimmen Sie die zweite Ableitung.

$$p'(x)=\frac{(x)'(x^2+9)-(x)(x^2+9)'}{(x^2+9)^2}=\frac{x^2+9-2x^2}{(x^2+9)^2}=\frac{9-x^2}{(x^2+9)^2}$$

$$p''(x)=\frac{(9-x^2)'(x^2+9)^2-(9-x^2)((x^2+9)^2)'}{(x^2+9)^4}$$
$$=\frac{-2x(x^2+9)^2-(9-x^2)2(x^2+9)2x}{(x^2+9)^4}$$
$$=\frac{(x^2+9)\left[-2x(x^2+9)-4x(9-x^2)\right]}{(x^2+9)^4}$$
$$=\frac{-2x^3-18x-36x+4x^3}{(x^2+9)^3}$$
$$=\frac{2x(x^2-27)}{(x^2+9)^3}$$

b. Setzen Sie sie gleich 0 und lösen Sie.

$$\frac{2x(x^2-27)}{(x^2+9)^3}=0$$
$$2x(x^2-27)=0$$

$$2x=0 \qquad \text{oder} \qquad x^2-27=0$$
$$x=0 \qquad\qquad x=\pm3\sqrt{3}$$

c. Prüfen Sie auf undefinierte Punkte der zweiten Ableitung. Keine.

d. Testen Sie vier Bereiche mit der zweiten Ableitung. Sie können den Vorzeichengraphen überspringen. *Tipp*: Das alles funktioniert im Kopf, weil es nur darauf ankommt, ob die Lösungen positiv oder negativ sind.

$$p''(x)=\frac{2x(x^2-27)}{(x^2+9)^3}$$

$$p''(-10)=\frac{2(-10)((-10)^2-27)}{((-10)^2+9)^3}=\frac{2(N)(P)}{P^3}=\frac{N}{P}=N$$

$$p''(-1)=\frac{2(-1)((-1)^2-27)}{((-1)^2+9)^3}=\frac{2(N)(N)}{P^3}=\frac{P}{P}=P$$

$$p''(1) = \frac{2(1)((1)^2 - 27)}{((1)^2 + 9)^3} = \frac{2(P)(N)}{P^3} = \frac{N}{P} = N$$

$$p''(10) = \frac{2(10)((10)^2 - 27)}{((10)^2 + 9)^3} = \frac{2(P)(P)}{P^3} = \frac{P}{P} = P$$

Die Krümmung verläuft *N, P, N, P*, deshalb gibt es an jeder der drei Nullstellen von p'' einen Wendepunkt.

e. Bestimmen Sie die Höhen der Wendepunkte.

$$p(x) = \frac{x}{x^2 + 9}$$

$$p(-3\sqrt{3}) = \frac{-3\sqrt{3}}{(-3\sqrt{3})^2 + 9} = \frac{-3\sqrt{3}}{27 + 9} = \frac{-\sqrt{3}}{12}$$

$$p(0) = 0$$

$$p(3\sqrt{3}) = \frac{3\sqrt{3}}{(3\sqrt{3})^2 + 9} = \frac{\sqrt{3}}{12}$$

Angenommen, Sie befinden sich auf dem Highway p, dann fahren Sie von minus ∞ bis $\left(-3\sqrt{3}, -\frac{\sqrt{3}}{12}\right)$ eine Rechtskurve, dort fahren Sie für einen unendlich kleinen Moment geradeaus weiter, dann fahren Sie eine Linkskurve bis (0, 0), anschließend wieder eine Rechtskurve bis $\left(3\sqrt{3}, \frac{\sqrt{3}}{12}\right)$, und auf Ihrer letzten Etappe bis ∞ nehmen Sie noch eine *sehr lange* Kurve nach links.

16. Bestimmen Sie die Krümmungsintervalle und die Wendepunkte von $q(x) = \sqrt[5]{x} - \sqrt[3]{x}$. **Konkav (nach unten gekrümmt) von $-\infty$ bis zu einem Wendepunkt bei etwa (–0,085, – 0,171), dann konvex (nach oben gekrümmt) bis zu einem vertikalen Wendepunkt bei (0, 0), dann konkav bis zu einem dritten Wendepunkt etwa bei (0,085, 0,171), dann konvex bis ∞.**

Sie wissen bereits wie es geht:

$$q(x) = \sqrt[5]{x} - \sqrt[3]{x}$$

$$q'(x) = \frac{1}{5}x^{-4/5} - \frac{1}{3}x^{-2/3}$$

$$q''(x) = -\frac{4}{25}x^{-9/5} + \frac{2}{9}x^{-5/3}$$

$$\frac{-4}{25x^{9/5}} + \frac{2}{9x^{5/3}} = 0$$

Ich nehme an, diese Algebra ist wenig übersichtlich. Wir bestimmen die Nullstellen auf dem Taschenrechner: Sie zeichnen einfach $y = \frac{-4}{25x^{9/5}} + \frac{2}{9x^{5/3}}$ und suchen die x-Schnittpunkte. Es gibt zwei davon: $x \approx -0{,}085$ und $x \approx 0{,}085$.

Sie haben also zwei »kritische Punkte«, richtig? Falsch! Vergessen Sie nicht, auf undefinierte Werte der zweiten Ableitung zu prüfen. Weil $q''(x) = -\frac{4}{25}x^{-9/5} + \frac{2}{9}x^{-5/3}$, ist q'' an der Stelle $x = 0$ undefiniert. Da jedoch $q(x)$ an der Stelle $x = 0$ sehr wohl definiert ist, ist auch 0 ein kritischer Punkt. Sie haben also drei kritische Punkte und vier Bereiche. Sie können sie mit –1, –0,01, 0,01 und 1 testen:

$$q''(x) = -\frac{4}{25}x^{-9/5} + \frac{2}{9}x^{-5/3}$$

$$q''(-1) = -\frac{14}{225} \quad q''(-0{,}01) \approx 158 \quad q''(0{,}01) \approx -158 \quad q''(1) = \frac{14}{225}$$

Die Krümmung verläuft also wie folgt: nach unten, nach oben, nach unten, nach oben. Weil die zweite Ableitung an den Stellen –0,085 und 0,085 gleich Null ist und weil die Krümmung dort wechselt, können Sie daraus schließen, dass es an diesen beiden x-Werten Wendepunkte gibt. Aber weil sowohl die erste als auch die zweite Ableitung an der Stelle $x = 0$ undefiniert sind, müssen Sie prüfen, ob es dort eine vertikale Tangente gibt. Sie sehen das, indem Sie einfach nur den Graphen anschauen, aber wenn Sie ganz streng vorgehen wollen, bestimmen Sie den Grenzwert der ersten Ableitung für x gegen Null. Weil dieser gleich Unendlich ist, haben Sie eine vertikale Tangente an der Stelle $x = 0$, d.h. es gibt dort einen Wendepunkt.

Jetzt setzen Sie –0,085, 0 und 0,085 in q ein und erhalten auf diese Weise die y-Werte – fertig!

17. Bestimmen Sie für $g(x) = x^3 + x^2 - x$ die Werte c im Intervall (–2, 1), die den Mittelwertsatz erfüllen. **Die Werte von c sind $\frac{-1-\sqrt{7}}{3}$ und $\frac{-1+\sqrt{7}}{3}$.**

    a. Bestimmen Sie die erste Ableitung.

    $$g(x) = x^3 + x^2 - x$$

    $$g'(x) = 3x^2 + 2x - 1$$

b. Berechnen Sie die Steigung zwischen den Endpunkten des Intervalls.

$$g(-2) = (-2)^3 + (-2)^2 - (-2) = -2$$

$$g(1) = 1$$

$$m = \frac{g(-2) - g(1)}{-2-1} = \frac{-2-1}{-2-1} = 1$$

c. Setzen Sie die Ableitung gleich dieser Steigung und lösen Sie.

$$3x^2 + 2x - 1 = 1$$

$$3x^2 + 2x - 2 = 0$$

$$x = \frac{-2 \pm \sqrt{4-(-24)}}{6} = \frac{-2 \pm 2\sqrt{7}}{6} = \frac{-1-\sqrt{7}}{3} \text{ oder } \frac{-1+\sqrt{7}}{3}$$

Beide liegen innerhalb des vorgegebenen Intervalls, Sie haben also zwei Lösungen.

18. Bestimmen Sie für $s(t) = t^{4/3} - 3t^{1/3}$ alle Werte c im Intervall (0, 3), die den Mittelwertsatz erfüllen. **Der Wert von c ist $3/4$.**

a. Bestimmen Sie die erste Ableitung.

$$s(t) = t^{4/3} - 3t^{1/3}$$

$$s'(t) = \frac{4}{3}t^{1/3} - t^{-2/3}$$

b. Berechnen Sie die Steigung zwischen den Endpunkten des Intervalls.

$$s(0) = 0$$

$$s(3) = 3^{4/3} - 3 \cdot 3^{1/3} = 0$$

$$m = \frac{s(3) - s(0)}{3-0} = \frac{0-0}{3} = 0$$

c. Setzen Sie die Ableitung gleich dem Ergebnis aus Schritt 2 und lösen Sie.

$$\frac{4}{3}t^{1/3} - t^{-2/3} = 0$$

$$t^{-2/3}\left(\frac{4}{3}t^1 - 1\right) = 0$$

$$t^{-2/3} = 0 \quad \text{oder} \quad \frac{4}{3}t^1 - 1 = 0$$

$$\varnothing \quad \text{oder} \quad t = \frac{3}{4}$$

Zeichnen Sie den Graphen von s und prüfen Sie, ob seine Steigung an der Stelle $t = 3/4$ gleich Null ist.

Mit Hilfe der Differentiation praktische Probleme lösen

8

In diesem Kapitel...

- Raum optimieren
- Änderungsraten zuordnen
- In die Gänge kommen – mit Position, Geschwindigkeit und Beschleunigung
- Auf einer Tangente fortfahren
- $\sqrt{37}$ im Kopf ausrechnen

Nachdem Sie nun Profi in Sachen Ableitungen sind, können Sie es vermutlich kaum erwarten, Ihr Wissen auf ein paar praktische Probleme anzuwenden. In diesem Abschnitt finden Sie Aufgaben, die aus der realen Welt stammen – wie etwa ein Katzenzüchter 200 m Zaun optimal einsetzt, um ein dreiseitiges Gatter neben einem Fluss zu bauen (er braucht nur drei Seiten, weil der Fluss die vierte Begrenzungslinie darstellt und Katzen Wasser hassen), so dass er den Auslaufbereich für seine Katzen so groß wie möglich gestalten kann.

Optimierungsprobleme: Von Suppen und Nüssen

Optimierungsprobleme sind die praktischsten Aufgaben aus der Analysis. Sie wenden die nachfolgend gezeigten Techniken an, wenn Sie etwas maximieren oder minimieren wollen. Beispielsweise könnten Sie vorhaben, Gewinn oder Fläche oder Inhalt zu maximieren oder Kosten oder Energieverbrauch zu minimieren usw.

Beispiel

1. Ein Bauer hat 400 m Weidezaun und will ein Gatter bauen, das in drei gleiche Rechtecke unterteilt ist. Betrachten Sie dazu die nachfolgende Abbildung. Welche Länge und Breite muss er verwenden, um eine maximale Fläche zu umspannen?

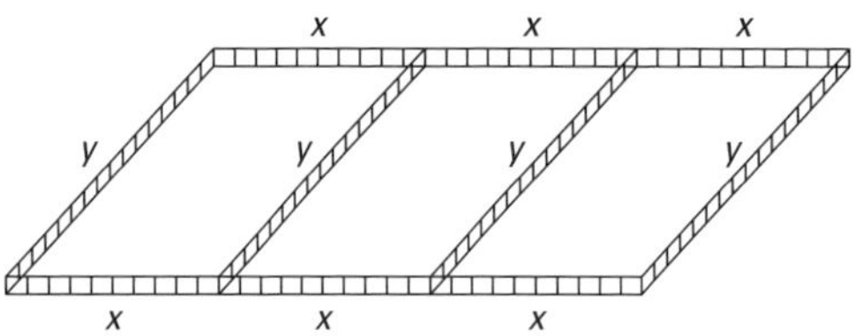

Lösung

100 m mal 50 m mit einer Fläche von 5000 m².

1. **Zeichnen Sie ein Diagramm und beschriften Sie es mit den Variablen.**
2. a. **Drücken Sie das, was maximiert werden soll, nämlich die Fläche, als Funktion der Variablen aus.**

$$\begin{aligned} \textit{Fläche} &= \textit{Länge} \times \textit{Breite} \\ A &= 3x \cdot y \end{aligned}$$

   b. **Verwenden Sie die vorhandene Information, um die beiden Variablen in eine Beziehung zueinander zu bringen.**

$$6x + 4y = 400$$
$$3x + 2y = 200$$

   c. **Lösen Sie nach einer Variablen auf und setzen Sie sie in die Gleichung aus Schritt 2a ein, um eine Funktion einer einzigen Variablen zu erhalten.**

$$\begin{aligned} 2y &= 200 - 3x \\ y &= 100 - 1{,}5x \\ A &= 3x \cdot y \\ A(x) &= 3x(100 - 1{,}5x) \\ &= 300x - 4{,}5x^2 \end{aligned}$$

3. **Bestimmen Sie den Wertebereich der Funktion.**

Eine negative Zaunlänge ist kaum möglich, deshalb kann x nicht negativ werden. Und wenn Sie ein unsinniges Gatter ohne jede Breite bauen, wären 400 m Zaun gleich $6x$. Sie haben also

$$x \geq 0 \quad \text{und} \quad 6x \leq 400$$
$$x \leq \frac{200}{3}$$

4. **Bestimmen Sie die kritischen Werte von $A(x)$.**

$$\begin{aligned} A(x) &= 300x - 4{,}5x^2 \\ A'(x) &= 300 - 9x \\ 0 &= 300 - 9x \\ 9x &= 300 \\ x &= \frac{100}{3} \end{aligned}$$

$A'(x)$ ist an jeder Stelle definiert, deshalb ist $\frac{100}{3}$ der einzige kritische Wert.

5. **Berechnen Sie $A(x)$ für den kritischen Wert und an den Endpunkten des Wertebereichs.**

$$A(0) = 0$$
$$A\left(\frac{100}{3}\right) = 300\left(\frac{100}{3}\right) - 4{,}5\left(\frac{100}{3}\right)^2 = 5000$$
$$A\left(\frac{200}{3}\right) = 0$$

Das erste und das dritte der obigen Ergebnisse sollten offensichtlich ungeeignet sein, weil sie Zäune mit null Länge bzw. null Breite darstellen. Sie sind fertig. $x = \frac{100}{3}$ maximiert die Fläche. Setzen Sie dies in $y = 100 - 1{,}5x$ ein, dann erhalten Sie $y = 50$. Die größte Koppel ist also $3 \cdot \frac{100}{3}$ oder 100 m lang, 50 m breit und hat eine Fläche von 5000 m².

Aufgabe 1

Welche Maße hat eine Suppendose des größtmöglichen Volumens, die aus 50 Quadratzentimeter Blech hergestellt werden kann? (Die gesamte Dose einschließlich Boden und Deckel sind aus Blech.) Wie groß ist ihr Volumen?

Aufgabe 2

Ein normannisches Fenster hat die Form eines Halbkreises über einem Rechteck. Wenn die geraden Kanten des Rahmens 20 € pro laufendem Dezimeter und der geschwungene Rahmen 25 € pro laufendem Dezimeter kosten, und Sie ein Fenster mit einer Fläche von 20 Quadratdezimetern benötigen, mit welchen Maßen minimieren Sie dann die Kosten für den Rahmen?

Aufgabe 3

Ein rechteckiges Dreieck ist im ersten Quadranten abgelegt, wobei seine Schenkel auf der x- bzw. y-Achse liegen. Wenn seine Hypotenuse durch den Punkt (2, 5) laufen muss, wie groß sind dann die Maße und die Fläche des kleinstmöglichen Dreiecks?

Aufgabe 4

Sie entwerfen eine oben offene Kartonbox für einen Nussverkäufer. Der Deckel besteht aus durchsichtigem Kunststoff, aber das übernimmt der Kunststoffdeckeldesigner. Die Box muss eine quadratische Grundfläche haben und zwei Kartonwände unterteilen die Box in vier Bereiche für Mandeln, Cashew-Nüsse, Pekannüsse und Walnüsse. Betrachten Sie dazu die folgende Abbildung. Wenn Sie eine Box mit einem Volumen von 72 Kubikzentimetern brauchen, welche Maße minimieren dann die Gesamtkartonfläche und damit die Kosten für den Karton? Welche Fläche hat der gesamte Karton?

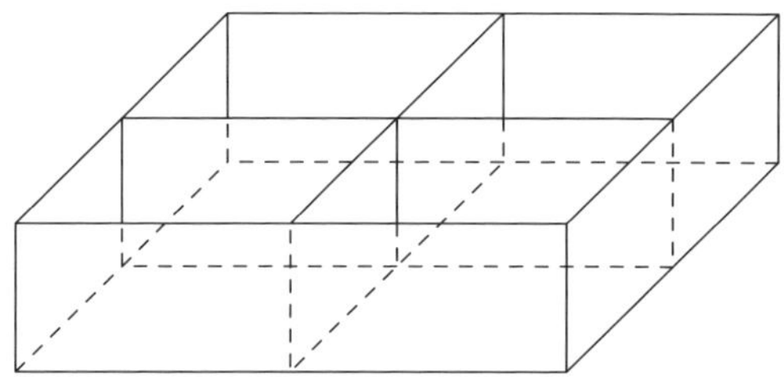

Problematische Beziehungen: Verkettete Änderungsraten

Aufgaben mit verketteten Änderungsraten sind das Waterloo für viele Analysis-Studenten. Dabei sind sie gar nicht so schlimm, nachdem Sie erst einmal die Technik verstanden haben. Am besten lernen Sie sie anhand von Beispielen kennen. Also los!

Nachdem Sie die einzelnen Aufgaben bearbeitet haben, fragen Sie sich jeweils, ob die Lösung sinnvoll ist. Diese Frage zu stellen ist das Beste, was Sie tun können, um Ihren Erfolg in der Mathematik sowie in den Naturwissenschaften zu steigern. Man kann vielleicht nicht immer entscheiden, ob eine mathematische Lösung sinnvoll ist, aber trotzdem sollten Sie diese Frage möglichst nach jeder Aufgabe als schnellen, zusätzlichen Lösungsschritt betrachten.

Beispiel

Ein Hausbesitzer entscheidet, sein Haus neu zu streichen. Er kauft sich ein Buch über die Renovierung von Häusern, das ihm empfiehlt, eine Leiter so gegen eine Mauer zu lehnen, dass der Abstand vom Fuß der Leiter zum unteren Rand der Mauer ein Drittel der Leiterlänge beträgt. Weil der Hausbesitzer nicht der Hellste ist, bringt er das durcheinander und denkt, dass es der Abstand von dem oberen Punkt der Leiter zum unteren Rand der Mauer ist, der ein Drittel der Leiterlänge betragen soll. Er richtet seine 1,80 m-Leiter entsprechend ein und schafft es – trotz seiner instabilen Leiterkonstruktion –, die Leiter hinaufzusteigen und zu malen. (Möglicherweise hat er den Fuß der Leiter an einen Baum gestützt oder eine vergleichbare Lösung gefunden.) Sein Glück ist jedoch von kurzer Dauer und die Leiter beginnt, schnell an der Wand nach unten zu rutschen. Einen Meter, bevor der Kopf der Leiter auf den Boden trifft, hat er eine Fallgeschwindigkeit von 2 m/s. Wie schnell bewegt sich in diesem Moment der Leiterfuß von der Wand weg?

Lösung

Etwa 1,33 m/s.

1. **Zeichnen Sie ein Diagramm und beschriften Sie es mit allen *unveränderbaren* Messwerten. Weisen Sie allen *änderbaren* Dingen Variablennamen zu. Sehen Sie sich dazu die folgende Abbildung an.**

Sie brauchen nicht das ganze Haus zu zeichnen – das grundlegende Dreieck ist ausreichend. Ich habe hier das Szenario vollständiger dargestellt, um zu verdeutlichen, auf welch seltsame Konstruktionen Heimwerker kommen.

2. **Listen Sie alle gegebenen Raten auf, ebenso wie die Rate, die Sie berechnen sollen. Schreiben Sie diese Raten als Ableitungen nach der Zeit.**

   Sie wissen, dass die Leiter mit einer Geschwindigkeit von 2 m/s fällt. Fallen ist negativ, also gilt:

   $$\frac{dh}{dt} = -2 \quad \frac{db}{dt} = ?$$

   (h steht für den Abstand vom Leiterkopf zur unteren Kante der Mauer; b ist der Abstand vom Leiterfuß zur Wand.)

3. **Schreiben Sie die Formel auf, die die Variablen der Aufgabe in eine Beziehung zueinander bringt, *h* und *b*.**

   Dies ist natürlich der Satz von Pythagoras:

   $a^2 + b^2 = c^2$ und somit

   $h^2 + b^2 = 1{,}8^2$

4. **Differenzieren Sie nach der Zeit.**

   Dies ist sehr vergleichbar mit der impliziten Differentiation, weil Sie nach t differenzieren, die Gleichung aber mit h und b ausgedrückt wird.

   $$h^2 + b^2 = 18^2$$
   $$2h\frac{dh}{dt} + 2b\frac{db}{dt} = 0$$

5. **Setzen Sie bekannte Werte für die Änderungsraten und Variablen in die Gleichung aus Schritt 4 ein und lösen Sie dann nach dem Wert auf, den Sie bestimmen wollen.**

   Sie versuchen, $\frac{db}{dt}$ zu bestimmen, deshalb setzen Sie an allen anderen Stellen Zahlen ein. Wie es jedoch häufig vorkommt, haben Sie keine Zahl für b, deshalb müssen Sie eine Formel verwenden, um die benötigte Zahl zu erhalten. Dies ist in der Regel dieselbe Formel, die Sie bereits benutzt haben.

   $$h^2 + b^2 = 18^2$$
   $$1^2 + b^2 = 18^2$$
   $$b = \pm\sqrt{224} \approx \pm 15\text{ m}$$

   (Offensichtlich können Sie die negative Lösung vernachlässigen.)

   Jetzt haben Sie alles, was Sie brauchen, um die Aufgabe fertig zu stellen.

   $$2h\frac{dh}{dt} + 2b\frac{db}{dt} = 0$$
   $$2(1)(-2) + 2(1{,}5)\frac{db}{dt} = 0$$
   $$\frac{db}{dt} = \frac{4}{3} \approx 1{,}33\text{ m/s}$$

6. **Fragen Sie sich, ob diese Lösung sinnvoll ist.**

   Ja, sie ist sinnvoll. Lehnen Sie einen Meterstab an die Wand, so dass sein unteres Ende etwa 4 oder 5 cm von der Wand entfernt ist. Dann schieben Sie das untere Ende des Meterstabs die 4 oder 5 cm gegen die Wand. Sie sehen, dass sich die Spitze kaum bewegt. Rechtwinklige Dreiecke mit einer festen Hypotenuse wie dieser funktionieren so. Wenn ein Schenkel sehr viel kürzer ist als der andere, kann sich der kurze Schenkel weit bewegen, während sich der andere Schenkel kaum ändert. Dies ist ein Nebenprodukt des Satzes von Pythagoras.

Aufgabe 5

Der Schweinetrog eines Bauern ist 3 Meter lang und sein Querschnitt ist ein gleichschenkliges Dreieck mit einer Basis von 60 cm und einer Höhe von 75 cm (mit der Spitze am Boden, natürlich, und sehr großen Schweinen). Der Bauer kippt mit einer Geschwindigkeit von 27000 $cm^3 = (30\ cm)^3$ pro Minute Schweinefutter in den Trog. Gerade als das Schweinefutter den Rand erreicht, beginnen 15 Schweine, das Futter hastig zu verschlingen, mit einer Geschwindigkeit von 3375 $cm^3 = (15\ cm)^3$ pro Minute für jedes Schwein. Sie sind dabei so hastig, dass weitere 3375 cm^3 Schweinefutter pro Minute aus dem Trog verschüttet werden. Der Bauer füllt weiter Schweinefutter ein, aber er kommt seinen Schweinen nicht nach. Wie schnell nimmt der Schweinefutterstand ab wenn das Schweinefutter auf eine Höhe von 50 cm gefallen ist?

Aufgabe 6

Ein Baseball-Werfer wirft einen schnellen Ball, der vom Schlagmann getroffen wird und dann direkt über dem Schlagmal nach oben steigt. Bei einer von Höhe von 18 m steigt er immer noch mit einer Geschwindigkeit von 15 m/s. Wie schnell wächst der Abstand vom Ball zum zweiten Mal? *Hinweis*: Die Distanz zwischen zwei benachbarten Malen unseres Spielfeldes soll 27 m betragen.

Aufgabe 7

Ein 1,80 Meter großer Mann erspäht über seiner Schulter seinen eigenen Schatten, der von einer 4,50 Meter hohen Lampe vor ihm auf den Boden hinter ihm geworfen wird. Der Schatten ängstigt ihn, deshalb läuft er vor ihm davon – in Richtung des Lampensockels. Leider macht dies das ganze nur noch schlimmer, weil der furchterregende Kopf des Schattens ihm immer näher kommt. Er bekommt Panik und läuft noch schneller. 1,50 Meter, bevor er in den Lampensockel kracht, läuft er mit einer Geschwindigkeit von 15 km/h. Wie schnell bewegt sich zu diesem Zeitpunkt die Spitze des Schattens?

Aufgabe 8

Salz wird auf einen kegelförmigen Haufen geschüttet, nämlich mit einer Rate von 200 Kubikmeter pro Minute. Wenn die Höhe des kegelförmigen Haufens immer gleich dem Radius der Kegelgrundfläche ist, wie schnell wächst dann die Höhe des Stapels, nachdem er 18 Meter hoch ist?

Ein Tag auf der Rennbahn: Position, Geschwindigkeit und Beschleunigung

Bei dieser Art Aufgabe müssen Sie wissen, dass Geschwindigkeit die Ableitung der Position ist, und Beschleunigung die Ableitung der Geschwindigkeit. Die folgenden Aspekte in Hinblick auf Position, Geschwindigkeit und Beschleunigung beim Wagenrennen in Abbildung 8.1 bieten einige Ansatzpunkte für diese Aufgaben.

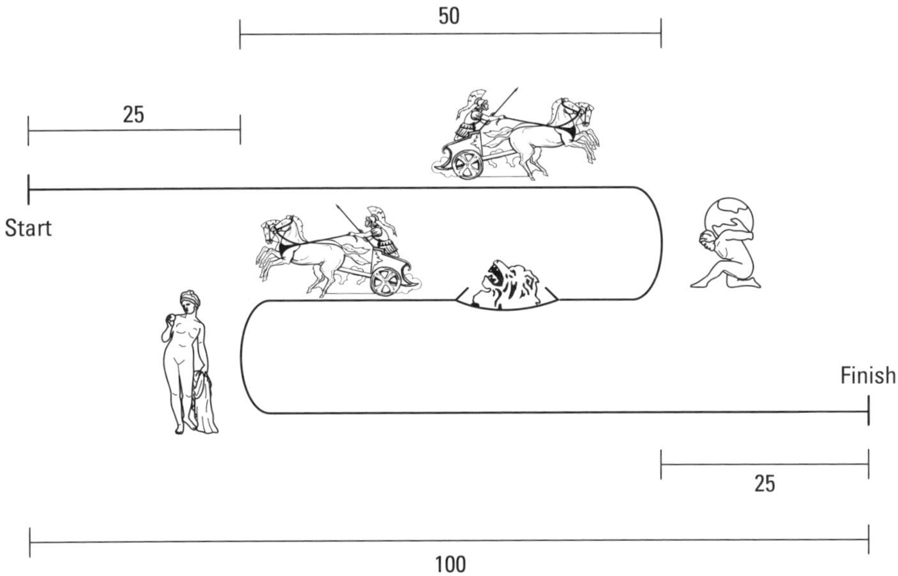

Abbildung 8.1: Ein Wagenrennen über 200 Palameter

- ✔ Das Ziel ist *Luftlinie* 100 Palameter vom Start entfernt, der *Abstand* beträgt also 100 Palameter. (Ein *Palameter* ist eine wenig bekannte Längeneinheit, die im alten Rom verwendet wurde und gleich der Länge des Palasts von Julius Caesar ist – etwa 115,8 Meter.) Angenommen, der Start befindet sich am Punkt (0, 0) eines Koordinatensystems, und das Ziel befindet sich an der Stelle (100, 0). Von 0 bis 100 sind es natürlich 100, deshalb ist der Abstand gleich 100.
- ✔ Bei der *Distanz* handelt es sich um etwas anderes. Sie sehen, dass die Wagenführer 50 Palameter in der Mitte des Rennens zurückfahren. Weil es daher zwei zusätzliche Strecken der Länge 50 Palameter gibt, beträgt die Gesamtlänge des Rennens 200 Palameter – das ist die Distanz. Die Distanz ist immer positiv oder Null.
- ✔ Der Abstand nach *links* ist negativ (in anderen Aufgaben wäre nach unten negativ). Angenommen, Maximus fährt an Atlas vorbei, und seine *Position* liegt 75 Palameter vom Start. Bei Aphrodite ist er Luftlinie nur 25 Palameter vom Start entfernt. Da Abstand gleich Endposition minus Anfangsposition ist, besteht zwischen Atlas und Aphrodite also ein Abstand von 25 – 75 = –50 Palameter.

- *Geschwindigkeit* hat mit Abstand zu tun, nicht mit der zurückgelegten Distanz. Geschwindigkeit hat eine spezielle Bedeutung in der Analysis und in der Physik, vergessen Sie also die Alltagsdefinition. Wie bei der Entfernung erhalten Sie, wenn Sie nach *links* (oder nach *unten*) gehen, eine *negative* Geschwindigkeit. Und hier kommt ein entscheidender Aspekt in's Spiel: In dem Moment, wo Sie die Richtung wechseln, beträgt Ihre Geschwindigkeit *Null*. Stellen Sie sich einen Ball vor, der gerade nach oben geworfen wird. Am höchsten Punkt ist er für einen unendlich kleinen Moment bewegungslos, seine Geschwindigkeit ist also Null.
- *Durchschnittsgeschwindigkeit* ist definiert als *Gesamtabstand* dividiert durch *Gesamtzeit*. Angenommen, Glutius braucht für das Rennen 1 Stunde. Weil er 200 Palameter zurückgelegt hat, wäre seine durchschnittliche Schnelligkeit 200 Palameter pro Stunde. Weil aber der Gesamtabstand nur 100 beträgt, ist seine durchschnittliche (physikalische) Geschwindigkeit tatsächlich nur 100 *Palameter pro Stunde* (das sind etwa 11, 2 *km/h*).
- *Schnelligkeit* ist das, was man sich darunter vorstellt und im Gegensatz zu Geschwindigkeit immer positiv (oder Null). Wenn Maximus schneller wird, um den Sprung über die Löwengrube zu schaffen, nimmt seine Schnelligkeit natürlich zu. *Hinweis*: Seine Geschwindigkeit würde dagegen *abnehmen*, selbst wenn wir ihm dabei zusehen würden, wie er schneller wird, weil seine Geschwindigkeit negativ ist und immer negativer wird.
- Die Bedeutung von *Beschleunigung* stimmt wie die der Geschwindigkeit (in der Analysis und in der Physik) nur bei Bewegungen nach rechts (oder nach oben) mit der alltäglichen Gebrauchsweise überein. Für Bewegungen nach links (oder unten) ist es etwas seltsam. Wenn Glutius schneller wird, um über die Löwengrube zu springen, würden wir sagen, er beschleunigt. Aber weil seine Geschwindigkeit immer negativer wird und damit abnimmt, nimmt technisch gesehen auch seine Beschleunigung ab.

Aufgabe 9

Für die Aufgaben 9, 10 und 11 schwimmt ein Schnabeltier an der Seite Ihres Boots entlang – unbekümmert darüber, dass es Thema für Analysisaufgaben zur geradlinigen Bewegung ist. Das Heck Ihres Bootes befindet sich an der Nullposition, der Bug Ihres Bootes zeigt in positive Richtung (siehe folgende Abbildung). $s(t)$ gibt seine Position an (in Meter), nämlich als Funktion der Zeit (Sekunden). Bestimmen Sie 1) seine Position, 2) seine Geschwindigkeit, 3) seine Schnelligkeit und 4) Beschleunigung an der Stelle $t = 2$ Sekunden.

$s(t) = 5t^2 + 4$

Aufgabe 10

$s(t) = 3t^4 - 5t^3 + t - 6$

Aufgabe 12

Für die Aufgaben 12, 13 und 14 hängt ein Dreizehenfaultier an einem Ast und bewegt sich nach links und rechts. (Der Baumstamm befindet sich an der Position Null, und die positive Richtung läuft entlang des Stammes aus dem Stamm heraus.) $s(t)$ gibt seine Position (in Meter) als Funktion der Zeit (Sekunden) an. Bestimmen Sie in jeder Aufgabe zwischen $t = 0$ und $t = 5$:
1) die Intervalle, in denen es sich vom Stamm weg bewegt, die Intervalle, in denen es sich zum Stamm hin bewegt, sowie Ort und Zeit, an denen es wendet; 2) seine zurückgelegte Gesamtdistanz und 3) seinen zurückgelegten Gesamtabstand und seine Durchschnittsgeschwindigkeit.

$s(t) = 2t^3 - t^2 + 8t - 5$

Aufgabe 11

$$s(t) = \frac{1}{t} + \frac{8}{t^3} - 3$$

Aufgabe 13

$s(t) = t^4 + t^2 - t$

Aufgabe 14

$$s(t) = \frac{t+1}{t^2+4}$$

Auf die Linie achten: Tangenten und Normallinien

Im Alltag ist es völlig normal, ab und zu auf einer Tangente zu spazieren. In der Analysis dagegen ist an einer Tangente nichts normal. Kurz einige Hinweise, bevor Sie mit den Aufgaben anfangen:

- ✔ An ihrem Berührungspunkt hat eine *Tangente* dieselbe Steigung wie die Kurve, die sie berührt. In der Analysis sollten Sie, wenn es in einer Aufgabe um die Steigung geht, immer sofort an die Ableitung denken. Die Ableitung ist der Schlüssel für alle Aufgaben mit Tangenten.
- ✔ An ihrem Schnittpunkt mit einer Kurve ist eine *Normallinie lotrecht* zu der durch diesen Punkt gezeichneten Tangente. Wenn es in einer Aufgabe um lotrechte Linien geht, verwenden Sie die Regel, nach der aufeinander lotrechte Linien Steigungen haben, die zueinander negativ reziprok sind. Sie wenden also einfach nur die Ableitung an, um die Steigung der Tangente zu bestimmen, und dann erhalten Sie durch den negativen Umkehrbruch die Steigung der Normallinie.

Bereit für ein paar Aufgaben? Das erinnert mich übrigens daran, wie mein Auto Probleme mit dem Vergaser hatte und ich den Wagen in die Werkstatt brachte. Der Mechaniker teilte mir mit, dass das Problem einfach zu beheben sei, aber als ich mein Auto wieder abholen wollte... Moment. Was wollte ich sagen?

Beispiel

Bestimmen Sie alle Linien durch (1, –4), die eine Tangente oder eine Normallinie zu $y = x^3$ sind. Geben Sie für jede Tangente den Berührungspunkt und die Gleichung der Geraden an; geben Sie für die Normallinien nur den Normalpunkt an.

Lösung

Der Berührungspunkt der Tangente ist (2, 8); die Gleichung für die Tangente lautet $y = 12x - 16$. Die Normalpunkte sind ungefähr (–1,539, –3,645), (–0,335, –0,038) und (0,250, 0,016).

1. **Bestimmen Sie die Ableitung.**

$$y = x^3$$
$$y' = 3x^2$$

2. **Setzen Sie, um die Tangenten zu erhalten, die Steigung zwischen dem allgemeinen Punkt (x, x^3) und dem Punkt (1, –4) gleich der Ableitung und lösen Sie.**

$$\frac{-4 - x^3}{1 - x} = 3x^2$$
$$-4 - x^2 = 3x^2 - 3x^3$$
$$2x^3 - 3x^2 - 4 = 0$$
$$x = 2$$

(unter Verwendung des Taschenrechners…)

3. **Setzen Sie diese Lösung in die ursprüngliche Funktion ein, um den Berührungspunkt der Tangente zu bestimmen.**

Der Punkt ist (2, 8).

4. **Bestimmen Sie mit Hilfe Ihrer Algebrakenntnisse die Gleichung der Tangente, die durch (1, –4) und (2, 8) verläuft.**

Sie können entweder die Punkt-Steigung-Formel oder die Zwei-Punkte-Formel verwenden, um zu der Lösung $y = 12x - 16$ zu gelangen.

5. **Um die Normallinien zu erhalten, setzen Sie die Steigung zwischen dem allgemeinen Punkt (x, x^3) und dem Punkt (1, –4) gleich dem negativen Reziproken der Ableitung und lösen Sie.**

$$\frac{-4 - x^3}{1 - x} = \frac{-1}{3x^2}$$
$$-12x^2 - 3x^5 = x - 1$$
$$3x^5 + 12x^2 + x - 1 = 0$$
$$x \approx -1{,}539,\ -0{,}335\ \textit{oder}\ 0{,}250$$

(Verwenden Sie Ihren Taschenrechner.)

6. **Setzen Sie diese Lösungen in die ursprüngliche Funktion ein, um die Normalpunkte zu finden.**

Wenn Sie diese Punkte in $y = x^3$ einsetzen, erhalten Sie die drei Punkte (–1,539, –3,645), (–0,335, –0,038) und (0,250, 0,016).

Aufgabe 15

Zwei Linien durch den Punkt (1, –3) sind Tangenten zu der Parabel $y = x^2$. Bestimmen Sie die Berührungspunkte der Tangenten.

Aufgabe 16

Die Erde hat einen Radius von rund 4000 Meilen (6378 km). Angenommen, Sie stehen an der Küste und Ihre Augen befinden sich ca. 161 cm (genauer gesagt 5 Fuß, 3,36 Zoll oder 0.001 Meilen) über der Wasseroberfläche. Wie weit sehen Sie zum Horizont, d.h. bevor aufgrund der Erdkrümmung das Wasser hinter dem Horizont verschwindet? Betrachten Sie die folgende Abbildung.

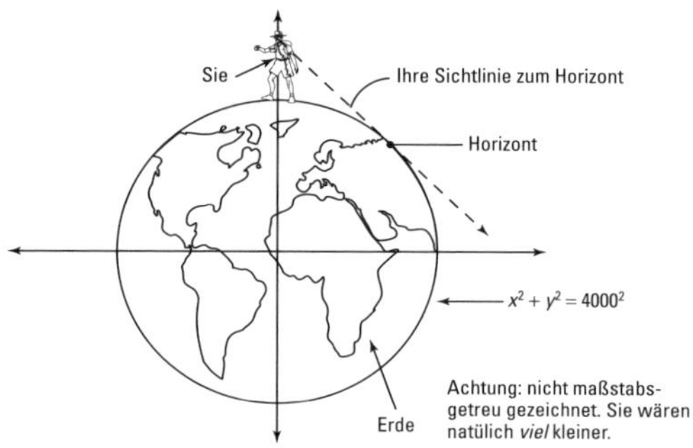

Aufgabe 17

Bestimmen Sie alle Linien durch (0, 1), die normal zur Kurve $y = x^4$ sind. Die Ergebnisse werden Sie möglicherweise überraschen. Bevor Sie mit der Lösung beginnen, zeichnen Sie $y = x^4$ und setzen den Cursor an die Stelle (0, 1). Jetzt raten Sie, wo sich die Normallinien befinden, und ob sie die kürzesten oder längsten Verbindungen zwischen (0, 1) und $y = x^4$ darstellen. *Hinweis*: Gehen Sie auf *ZoomSqr*, um die Abstände auf dem Graphen in der richtigen Proportion zu erhalten.

Aufgabe 18

Einem schlecht vorbereiteten Abenteuer ist an einem heißen Tag in der Wüste das Wasser ausgegangen. Er ist 30 km nördlich und 7 km östlich von seinem Lager. Seine Karte zeigt einen gewundenen Fluss an – der völlig zufällig gemäß der Funktion

$y = 10\sin\frac{x}{10} + 10\cos\frac{x}{5} + x$ verläuft (und an

dessen Ursprung sein Lager liegt). Welche Stelle dieses Fluss liegt ihm am nächsten? Er hat berechnet, dass er und sein Kamel nur noch 15 km durchhalten.

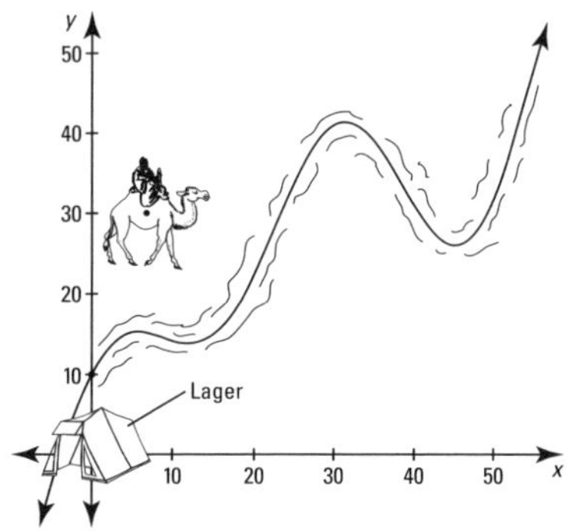

Intelligente lineare Annäherung (Approximation)

Die lineare Annäherung ist ganz einfach, und nachdem Sie das Ganze erst einmal verstanden haben, können Sie Ihre Freunde beeindrucken, indem Sie Dinge wie etwa $\sqrt[3]{70}$ im Kopf ausrechnen: Bingo! 4,125. Wie haben Sie das gemacht? Betrachten Sie Abbildung 8.2 und dann das Beispiel, um mir folgen zu können.

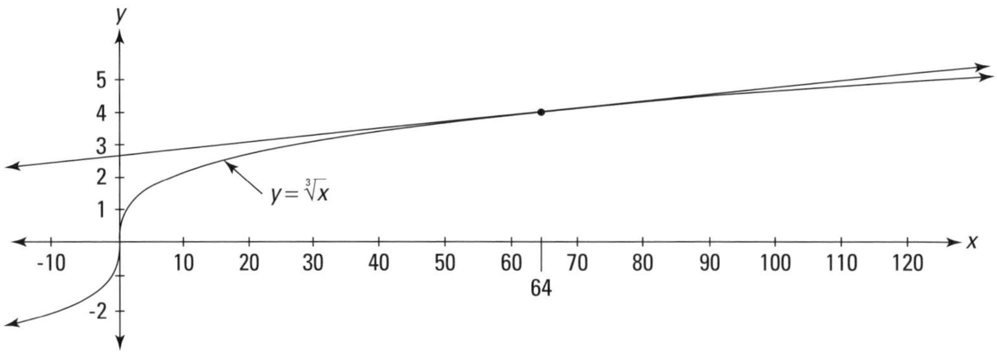

Abbildung 8.2: Die Tangente zur Kurve am Punkt (64, 4) kann genutzt werden, um die dritte Wurzel von Zahlen in der Nähe von 64 zu bestimmen.

Beispiel

Wenden Sie eine lineare Annäherung an, um $\sqrt[3]{70}$ abzuschätzen.

Lösung

4,125

1. **Bestimmen Sie eine genaue dritte Wurzel in der Nähe von $\sqrt[3]{70}$.**

   Sie wissen, dass $\sqrt[3]{70}$ in der Nähe eines einfachen Wertes liegt, $\sqrt[3]{64}$. Damit gelangen Sie zum Punkt (64, 4) auf dem Graphen $y = \sqrt[3]{x}$.

2. **Bestimmen Sie die Steigung von $y = \sqrt[3]{x}$ an der Stelle $x = 64$.**

   $y' = \frac{1}{3}x^{-2/3}$, die Steigung an der Stelle 64 beträgt also $1/48$.

   Daran erkennen Sie, dass Sie für jede Steigerung (Abnahme) um 1 von 64 entsprechend $1/48$ zu 4 addieren (oder subtrahieren) müssen. Die Kubikwurzel von 65 beispielsweise ist $4\,1/48$, und die Kubikwurzel von 66 ist $4\,2/48$ oder $4\,1/24$.

3. **Wenden Sie die Punkt-Steigung-Formel an, um die Gleichung der Tangente am Punkt (64, 4) darzustellen.**

   $$y - 4 = \frac{1}{48}(x - 64)$$

   $$y = \frac{1}{48}(x - 64) + 4$$

4. **Weil diese Tangente so nah an der Funktion $y = \sqrt[3]{x}$ bei $x = 64$ vorbeiläuft, verwenden Sie sie, um die Kubikwurzeln von Zahlen in der Nähe 64 zu bestimmen, nämlich bei $x = 70$.**

   $$\begin{aligned} y &= \frac{1}{48}(70 - 64) + 4 \\ &= 4\frac{1}{8} \end{aligned}$$

   In Ihrem Analysislehrbuch ist die obige einfache Punkt-Steigung-Formel sehr wahrscheinlich in hochtrabender Analysis-Ausdrucksweise dargestellt:

   $$l(x) = f(x_0) + f'(x_0)(x - x_0)$$

   Lassen Sie sich von dieser Gleichung nicht einschüchtern. Es handelt sich nur um Ihre gute alte Gleichung aus der Algebra, hier etwas verkleidet. Sehen Sie sich die einzelnen Terme genau an, dann erkennen Sie, dass sie mathematisch identisch mit der Punkt-Steigung-Gleichung ist, dargestellt als:

   $$y = y_0 + m(x - x_0)$$

Aufgabe 19

Schätzen Sie die 4. Wurzel von 17.

Aufgabe 20

Approximieren Sie $3{,}01^5$.

Aufgabe 21

Schätzen Sie $\sin\frac{\pi}{180}$, also 1 Grad.

Aufgabe 22

Approximieren Sie $\ln(e^{10}+5)$.

Lösungen zur Problemlösung mit Differentiation

1. Welche Maße hat die Suppendose des größtmöglichen Volumens, die aus 50 Quadratzentimeter Blech hergestellt werden kann? (Die gesamte Dose einschließlich Boden und Deckel sind aus Blech.) Wie groß ist ihr Volumen? **Die Maße sind 3,25 cm Breite und 3,25 cm Höhe. Das Volumen beträgt 27,14 Kubikzentimeter. Eine Dose für den kleinen Appetit.**

   a. Zeichnen Sie Ihr Diagramm (siehe folgende Abbildung).

   b. I. Schreiben Sie eine Formel für das, was Sie maximieren wollen, das Volumen: $V = \pi r^2 h$.

   II. Verwenden Sie die vorhandene Information, um r und h in eine Beziehung zu setzen.

$$Oberfläche = \overbrace{2\pi r^2}^{\text{Deckel und Boden}} + \overbrace{2\pi h}^{\text{Seitenfläche}}$$

$$50 = 2\pi r^2 + 2\pi r$$

$$25 = \pi r^2 + \pi r h$$

   III. Lösen Sie nach h auf und setzen Sie ein, um eine Funktion mit einer Variablen zu erhalten.

$$\pi r h = 25 - \pi r^2 \qquad V = \pi r^2 h$$

$$h = \frac{25}{\pi r} - r \qquad V(r) = \pi r^2\left(\frac{25}{\pi r} - r\right)$$

$$= 25r - \pi r^3$$

c. Bestimmen Sie den Wertebereich.

$r > 0$ ist offensichtlich

$h > 0$ ist ebenfalls offensichtlich

Und weil $25 = \pi r^2 + \pi rh$ (aus Schritt 2b) für $h = 0$, $r = \sqrt{\frac{25}{\pi}}$ ist, muss r kleiner als $\sqrt{\frac{25}{\pi}}$ sein, also etwa 2,82 cm.

d. Bestimmen Sie die kritischen Werte von $V(r)$.

$$V(r) = 25r - \pi r^3$$
$$V'(r) = 25 - 3\pi r^2$$
$$0 = 25 - 3\pi r^2$$
$$r^2 = \frac{25}{3\pi}$$
$$r = \pm\sqrt{\frac{25}{3\pi}}$$
$$\approx 1{,}63 \text{ cm}$$

(Die negative Lösung können Sie verwerfen, weil sie nicht im Wertebereich liegt.)

e. Berechnen Sie das Volumen an den kritischen Punkten.

$V(1{,}63) = 25 \cdot 1{,}63 - \pi\,(1{,}63)^2$

$\approx 27{,}14$ Kubikzentimeter

Die Dose ist also $2 \cdot 1{,}63$ cm oder ca. 3,25 cm breit und $\frac{25}{\pi \cdot 1{,}63} - 1{,}63$ oder etwa 3,25 cm hoch. Ist das nicht praktisch? Die größtmögliche Dose hat dieselbe Breite wie Höhe und würde damit perfekt in einen Würfel passen. Geometrische Optimierungsaufgaben haben häufig Ergebnisse, in denen die Maße in einer hübschen, einfachen mathematischen Beziehung zueinander stehen.

2. Ein normannisches Fenster hat die Form eines Halbkreises über einem Rechteck. Wenn die geraden Kanten des Rahmens 20 € pro laufendem Dezimeter und der geschwungene Rahmen 25 € pro laufendem Dezimeter kosten, und Sie ein Fenster mit einer Fläche von 20 Quadratdezimetern benötigen, mit welchen Maßen minimieren Sie dann die Kosten für den Rahmen? **Die Maße sind 2,98 Dezimeter plus 2,14 Dezimeter, also etwa 5,1 Dezimeter, die minimalen Kosten betragen 373 €.**

a. Zeichnen Sie ein Diagramm für die Variablen (siehe folgende Abbildung).

b. I. Drücken Sie das aus, was Sie minimieren wollen, nämlich die Kosten.

Kosten = (*Länge des gekrümmten Rahmens*) · (*Kosten pro laufendem Dezimeter*) + (*Länge des geraden Rahmens*) · (*Kosten pro laufendem Dezimeter*)

$= (\pi x)(25) + (2x + 2y)(20)$

$= 25\pi x + 40x + 40y$

II. Bringen Sie die beiden Variablen in eine Beziehung zueinander.

Fläche = *Halbkreis* + *Rechteck*

$$20 = \frac{\pi x^2}{2} + 2xy$$

III. Lösen Sie nach y auf und setzen Sie ein.

$$2xy = 20 - \frac{\pi x^2}{2}$$

$$y = \frac{20}{2x} - \frac{\pi x^2}{4x} = \frac{10}{x} - \frac{\pi x}{4}$$

$$\text{Kosten} = 25\pi x + 40x + 40y$$

$$C(x) = 25\pi x + 40x + 40\left(\frac{10}{x} - \frac{\pi x}{4}\right) = 25\pi x + 40x + \frac{400}{x} - 10\pi x = 15\pi x + 40x + \frac{400}{x}$$

c. Bestimmen Sie den Wertebereich.

$x > 0$ ist offensichtlich. Und wenn x groß genug wird, ist das gesamte Fenster aus 20 Quadratdezimeter Fläche ein großer Halbkreis, damit gilt:

$$20 = \frac{\pi x^2}{2}$$
$$40 = \pi x^2$$
$$x^2 = \frac{40}{\pi}$$
$$x = \sqrt{\frac{40}{\pi}}$$
$$\approx 3{,}57$$

x muss also kleiner oder gleich 3,57 sein.

d. Bestimmen Sie die kritischen Werte von $C(x)$.

$$C(x) = 15\pi x + 40x + \frac{400}{x}$$
$$C'(x) = 15\pi + 40 + (-400)\,x^{-2}$$
$$0 = 15\pi + 40 - 400x^{-2}$$
$$400x^{-2} = 15\pi + 40$$
$$x^2 = \frac{400}{15\pi + 40}$$
$$x = \pm\sqrt{\frac{400}{15\pi + 40}}$$
$$x \approx \pm 2{,}143$$

–2,143 können Sie verwerfen, weil dies außerhalb des Wertebereichs liegt. 2,143 ist also der einzige kritische Wert.

e. Berechnen Sie die Kosten für die kritischen Werte und für die Endpunkte.

$$C(x) = 15\pi x + 40x + \frac{400}{x}$$
$$C(0) = \mathit{undefiniert}$$
$$C(2{,}143) \approx 373\text{ €}$$
$$C(3{,}57) \approx 423\text{ €}$$

Der günstigste Rahmen für ein 20 Quadratdezimeter großes Fenster kostet also etwa 373 € und es ist 2 × 2,143 oder etwa 4,286 Dezimeter breit an seiner Basis.

Weil $y = \frac{10}{x} - \frac{\pi x}{4}$, ist die Höhe des rechteckigen unteren Teils gleich 2,98 Dezimeter. Die Gesamthöhe ist also 2,98 Dezimeter plus 2,14 Dezimeter, also etwa 5,1 Dezimeter.

3. Ein rechteckiges Dreieck ist im ersten Quadranten abgelegt, wobei seine Schenkel auf der x- bzw. y-Achse liegen. Wenn seine Hypotenuse durch den Punkt (2, 5) laufen muss, wie groß sind dann die Maße und die Fläche des kleinstmöglichen derartigen Dreiecks? **Die Hypotenuse trifft die y-Achse am Punkt (0, 10), die x-Achse am Punkt (4, 0), und das Dreieck hat eine Fläche von 20 Einheiten.**

   a. Zeichnen Sie ein Diagramm (siehe folgende Abbildung).

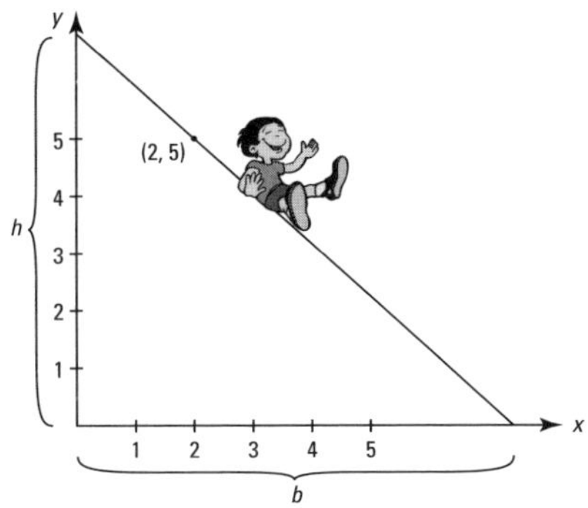

   b. I. Schreiben Sie eine Formel für das, was Sie minimieren wollen, also die Fläche: $A = \frac{1}{2}bh$.

   II. Verwenden Sie die vorgegebenen Einschränkungen, um b und h in eine Beziehung zueinander zu setzen.

   Das ist ein wenig kompliziert. *Hinweis*: Denken Sie an ähnliche Dreiecke. Wenn Sie eine horizontale Linie von (0, 5) nach (2, 5) zeichnen, erzeugen Sie ein kleines Dreieck in der oberen linken Ecke, das dem Gesamtdreieck ähnlich ist. (Sie können ihre Ähnlichkeit ganz einfach beweisen. Erinnern Sie sich an Ihren Geometrieunterricht? Beide Dreiecke haben einen rechten Winkel, und beide haben den oberen Winkel gemeinsam.)

   Weil die Dreiecke ähnlich sind, sind ihre Seiten proportional:

$$\frac{Höhe_{großes\ Dreieck}}{Basis_{großes\ Dreieck}} = \frac{Höhe_{kleines\ Dreieck}}{Basis_{kleines\ Dreieck}}$$

$$\frac{h}{b} = \frac{h-5}{2}$$

III. Lösen Sie nach einer Variablen unter Verwendung der anderen auf. Setzen Sie in Ihre Formel ein, um eine Funktion von einer einzigen Variablen zu erstellen.

$$2h = b(h-5)$$
$$2h = bh - 5b$$
$$h(2-b) = -5b$$
$$h = \frac{5b}{b-2}$$

$$A = \frac{1}{2}bh$$
$$A(b) = \frac{1}{2}b \cdot \left(\frac{5b}{b-2}\right)$$
$$= \frac{5b^2}{2b-4}$$

c. Bestimmen Sie den Wertebereich.

b muss größer als 2 sein – erkennen Sie, warum? Und es gibt keinen Maximumwert für b.

d. Bestimmen Sie die kritischen Punkte.

$$A(b) = \frac{5b^2}{2b-4}$$

$$A'(b) = \frac{(5b^2)'(2b-4) - (5b^2)(2b-4)'}{(2b-4)^2}$$
$$= \frac{10b(2b-4) - 10b^2}{(2b-4)^2}$$
$$= \frac{10b^2 - 40b}{(2b-4)^2}$$

$$\frac{10b^2 - 40b}{(2b-4)^2} = 0$$
$$10b^2 - 40b = 0$$
$$10b(b-4) = 0$$
$$b = 0 \quad \textit{oder} \quad 4$$

0 liegt außerhalb des Wertebereichs, deshalb ist 4 der einzige kritische Punkt. Das kleinste Dreieck muss an $b = 4$ liegen, weil Sie in der Nähe der Endpunkte Dreiecke mit astronomisch großen Flächen erhalten.

e. Rechnen Sie die Aufgabe fertig.

$$b = 4$$
$$h = \frac{5b}{b-2}$$

Damit ist:

$$h = \frac{5 \cdot 4}{4-2} = 10$$

Die Fläche des Dreiecks beträgt damit 20 Einheiten.

4. … Wenn Sie eine Box mit einem Volumen von 72 Kubikzentimetern wollen, welche Ausmaße minimieren dann die Gesamtkartonfläche und damit die Kosten für den Karton? Welche Fläche hat der Karton? **Die minimierten Maße sind $6 \times 6 \times 2$, erstellt mit 108 Quadratzentimetern Karton.**

   a. Zeichnen Sie ein Diagramm und beschriften Sie es mit den Variablen (siehe folgende Abbildung.)

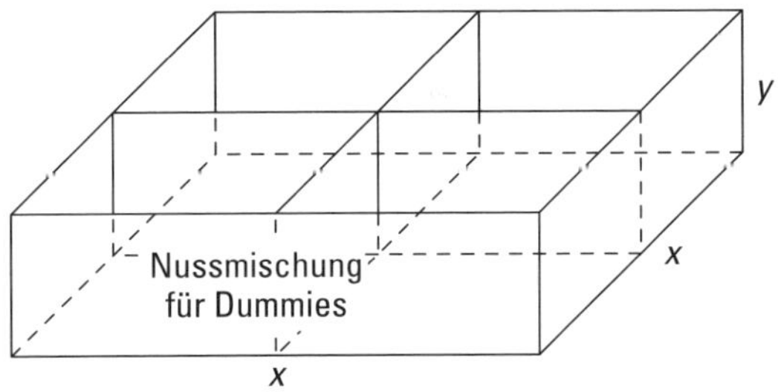

   b. I. Drücken Sie das, was Sie minimieren wollen, die Kartonfläche, als Funktion der Variablen aus.

$$\textit{Kartonfläche} = \overbrace{x^2}^{\text{Quadratischer Boden}} + \overbrace{4xy}^{\text{vier Seiten}} + \overbrace{2xy}^{\text{zwei Einsätze}}$$

   II. Wenden Sie die vorgegebenen Beschränkungen an, um eine Beziehung zwischen x und y einzurichten.

$$Vol = l \cdot b \cdot h$$

$$72 = x \cdot x \cdot y$$

   III. Lösen Sei nach y auf und setzen Sie in die Gleichung aus Schritt 2a ein, um eine Funktion von einer Variablen zu erstellen.

$$y = \frac{72}{x^2}$$

$$A = x^2 + 6xy$$

$$A(x) = x^2 + 6x\left(\frac{72}{x^2}\right)$$

$$= x^2 + \frac{432}{x}$$

   c. Bestimmen Sie den Wertebereich.

   $x > 0$ ist offensichtlich.

   $y > 0$ ist ebenfalls offensichtlich.

   Und wenn Sie y klein genug machen, etwa in Höhe eines Protons, dann müsste x astronomisch groß sein, um das Volumen von 72 Kubikzentimetern zu erreichen. Geniale Box. Technisch gesehen, gibt es aber keinen Maximalwert für x.

d. Bestimmen Sie die kritischen Punkte.

$$A(x) = x^2 + \frac{432}{x}$$

$$A'(x) = 2x - 432x^{-2}$$

$$0 = 2x - \frac{432}{x^2}$$

$$\frac{432}{x^2} = 2x$$

$$x = \sqrt[3]{216}$$

$$= 6$$

Sie wissen, dass diese Zahl ein Minimum sein muss, weil in der Nähe der Endpunkte, wenn etwa $x = 0{,}0001$ oder $y = 0{,}0001$, absurde Boxen entstehen – entweder schmal und lang wie ein ein Kilometer hoher Zahnstocher oder kurz und flach wie ein quadratische Stück Karton in der Größe eines Häuserblocks mit einem mikroskopisch kleinen Rand. Beide Boxen hätten eine enorme Fläche und würden wirklich nur Analysisprofessoren interessieren.

e. Rechnen Sie die Aufgabe fertig.

$x = 6$, die Gesamtfläche ist also:

$$A(6) = 6^2 + \frac{432}{6}$$

$$= 36 + 72$$

$$= 108$$

Weil $y = \frac{72}{x^2}$

$$y = 2$$

Das ist alles. Eine $6 \times 6 \times 2$ große Box aus 108 Quadratzentimetern Karton.

5. Wie schnell nimmt der Schweinefutterstand ab wenn das Schweinefutter auf 50 cm gefallen ist? **Er nimmt mit einer Rate von 2,25 cm *pro Minute* ab.**

   a. Zeichnen Sie ein Diagramm und beschriften Sie es mit den *unveränderbaren* Maßen. Weisen Sie allen *veränderbaren* Dingen Variablen zu. Sehen Sie sich dazu die folgende Abbildung an.

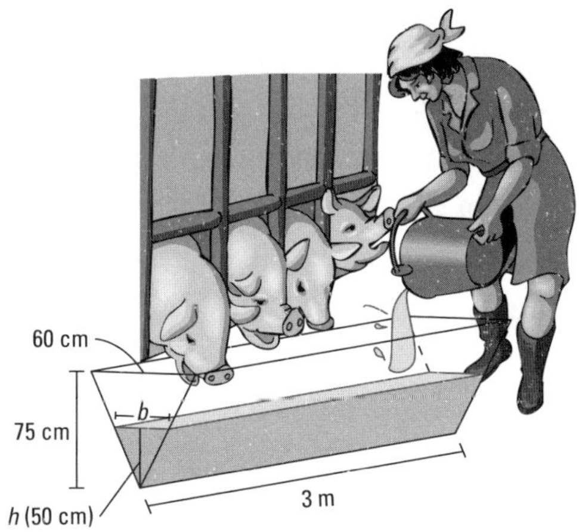

Beachten Sie, dass die Abbildung die unveränderbaren Maße des Trogs zeigt, 60 cm mal 75 cm mal 3 m, und dass diese Maße *nicht* mit Variablennamen wie l (für die Länge), b (für die Breite) oder h (für die Höhe) gekennzeichnet sind. Beachten Sie außerdem, dass die *veränderbaren* Größen – die Höhe (oder Tiefe) des Schweinefutters sowie die Breite der Oberfläche des Futters (die immer geringer wird, je weiter der Futterpegel sinkt) *Variablennamen* tragen, h für die Höhe und b für die Basis. (Mit ist bewusst, dass die Basis hier oben ist. Es ist nämlich die Basis des umgekehrten Dreiecks, das das Schweinefutter bildet). Und beachten Sie schließlich, dass die Höhe von 50 cm – nämlich die Höhe zu einem bestimmten Zeitpunkt – in Klammern dargestellt ist, um sie von den anderen *unveränderbaren* Maßen zu unterscheiden.

b. Listen Sie alle vorgegebenen Änderungsraten sowie die zu berechnende Änderungsrate auf. Drücken Sie diese Raten als Ableitungen nach der Zeit aus. Klopfen Sie sich auf die Schulter, wenn Sie erkannt haben, dass es bei dem veränderlichen Volumen des Schweinefutters um die *Netto*-Rate der Volumenänderung geht.

Schweinefutter kommt in einer Menge von $(30 \text{ cm})^3 = 27000 \text{ cm}^3$ pro Minute an und wird mit $15 \cdot (15 \text{ cm})^3 = 50625 \text{ cm}^3$ pro Minute gefressen (von 15 Schweinen), außerdem werden weitere $(15 \text{ cm})^3 = 3375 \text{ cm}^3$ pro Minute verschüttet. Netto gehen also 27000 cm^3 pro Minute heraus – das ist eine *negative* Änderungsrate. In der Analysis-Sprache schreiben Sie:

$$\frac{dv}{dt} = -27000 \text{ cm}^3 \text{ pro Minute.}$$

Sie wurden aufgefordert, festzustellen, wie schnell sich die Höhe ändert, deshalb schreiben Sie:

$$\frac{dh}{dt} = ?$$

c. I. Schreiben Sie eine Formel, die die Variablen aus der Aufgabe enthält – V, h und b.

Der technische Name für die Form des Troges ist ein *rechtwinkliges Prisma*. Die Form des Schweinefutters in dem Trog, um das es hier ja letztlich geht, hat dieselbe Form. Stellen Sie es sich vertikal stehend vor. Jede Form mit flacher Basis und einem flachen Deckel, das gerade von unten nach oben verläuft, hat dieselbe Volumenformel: $Volumen = Fläche_{\text{Basis}} \cdot Höhe$.

Beachten Sie, dass diese „Basis" das gesamte Schweinefutterdreieck ist und also etwas ganz anderes als die Basis *b* in der Abbildung. Genauso ist die Höhe des Prismas natürlich etwas ganz anderes als die Schweinefutterhöhe, *h*.

Die Fläche der dreieckigen Basis ist gleich $\frac{1}{2}bh$, und die Höhe des Prismas ist 3 m = 300 cm, Sie haben also die folgende Formel: $V = \frac{1}{2}bh \cdot 300 = 150bh$.

Weil *b* nicht in Ihrer Liste der Ableitungen in Schritt 2 auftaucht, wollen Sie es loswerden.

II. Finden Sie eine Gleichung, die Ihre unerwünschte Variable *b* mit irgendeiner anderen Variablen in der Aufgabe in Beziehung bringt, so dass Sie sie ersetzen können und eine Gleichung erhalten, die nur noch *V* und *h* enthält. Die dreieckige Stirnseite des Schweinefutters hat dieselbe Form wie die dreieckige Seite des Trogs. Wenn Sie sich die Geometrie in Erinnerung rufen, wissen Sie, dass solche ähnliche Formen proportionale Seiten haben, nämlich:

$$\frac{b}{60} = \frac{h}{75}$$
$$5b = 4h$$
$$b = 0{,}8h$$

Ähnliche Dreiecke kommen häufig in Problemen mit verketteten Änderungsraten vor, in denen Dreiecke, dreieckige Prismen und Kegel eine Rolle spielen.

Jetzt setzen Sie 0,8*h* für *b* in die Formel aus Schritt 3a ein:

$$\begin{aligned} V &= 150bh \\ &= 150 \cdot 0{,}8h \cdot h \\ &= 120h^2 \end{aligned}$$

d. Differenzieren Sie nach *t*.

$$\frac{dv}{dt} = 240h\frac{dh}{dt}$$

Achten Sie bei allen Aufgaben mit verketteten Änderungsraten darauf, dass Sie differenzieren (wie hier in Schritt 4), *bevor* Sie die Werte der Variablen in die Gleichung einsetzen (wie nachfolgend, wenn Sie 50 cm für *h* in Schritt 5 einsetzen).

e. Setzen Sie alle bekannten Maße in diese Gleichung ein und lösen Sie nach $\frac{dh}{dt}$ auf.

Sie wissen, dass h = 50 cm und in Schritt 2 haben Sie festgestellt, dass $\frac{dv}{dt} = -27000$.

Damit gilt:

$$-27000 = 240 \cdot 50 \cdot \frac{dh}{dt}$$

$$\frac{dh}{dt} = \frac{-27000}{240 \cdot 50}$$

$$= -225 \text{ cm}^3/\text{min}$$

Wenn das Schweinefutter also eine Höhe von 50 cm erreicht hat, fällt es mit einer Änderungsrate von 2,25 cm pro Minute. Ein Festmahl!

f. Fragen Sie sich, ob diese Antwort sinnvoll ist.

Anders bei der Aufgabe im Beispiel ist es hier nicht ganz einfach, eine nur dem gesunden Menschenverstand folgende Erklärung dafür zu bieten, warum diese Lösung sinnvoll sein soll oder nicht. Es gibt jedoch noch eine Prüfung, die hier funktioniert, ebenso wie in vielen anderen Aufgaben mit verketteten Änderungsraten.

Betrachten Sie einen sehr kleinen Zeitschritt – sehr viel kleiner als die Zeiteinheit der in der Aufgabe verwendeten Änderungsraten. Diese Aufgabe verwendet Änderungsraten pro Minute, deshalb betrachte ich hier als Zeitschritt 1 Sekunde. Jetzt fragen Sie sich, was in dieser Aufgabe innerhalb 1 Sekunde passiert. Das Schweinefutter verlässt den Trog mit 27000 cm^3/Minute, in 1 Sekunde gelangen also 27000 cm^3/60 = 450 cm^3 aus dem Trog. Was hat das mit der Schweinefutterhöhe zu tun? Aufgrund der ähnlichen Dreiecke, die in Schritt 3b angeführt wurden, gilt: Wenn das Schweinefutter eine Höhe von 50 cm (was $\frac{2}{3}$ der Höhe des Trogs entspricht) erreicht hat, dann beträgt die Breite der Oberfläche des Schweinefutters $\frac{2}{3}$ der Breite des Troges – und das sind 40 cm. Die Fläche des Schweinefutters ist also $40 \text{ cm} \times 300 \text{ cm}$.

Angenommen, die Wände des Trogs sind gerade (diese Vereinfachung funktioniert in diesem Prüfprozess immer), dann bildet das Schweinefutter, das den Trog verlässt, die Form eines *sehr, sehr* flachen Quaders. (*Quader* hört sich hier sehr seltsam an, weil diese Form so flach ist; vielleicht wäre „dünne Schicht Sperrholz“ besser vorzustellen).

Das Volumen eines Quaders ist $\textit{Länge} \cdot \textit{Breite} \cdot \textit{Höhe}$, also:

$$450 = 300 \cdot 40 \cdot \textit{Höhe}$$

$$\textit{Höhe} = 0{,}0375$$

Daran erkennen Sie, dass die Höhe in 1 Sekunde um 0,0375 cm (oder einem sehr in der Nähe liegenden Wert) abnimmt. (Dieser Prozess erzeugt manchmal eine exakte Lösung, manchmal eine Lösung mit einem sehr kleinen Fehler.) Jetzt erkennen Sie schließlich, warum diese Zahl mit der Lösung übereinstimmt. Ihre Lösung war –2,25 cm Zoll/Minute. Teilen Sie das durch 60:

$-225 \div 60 = -00375$. Passt!

6. …Wenn er eine Höhe von 18 m erreicht hat, steigt er weiter nach oben mit einer Geschwindigkeit von 15 m/s. Wie schnell wächst der Abstand vom Ball zum zweiten Mal? **Die Distanz nimmt um 21,3 m/s zu.**

   a. Zeichnen Sie Ihr Diagramm und beschriften Sie es.

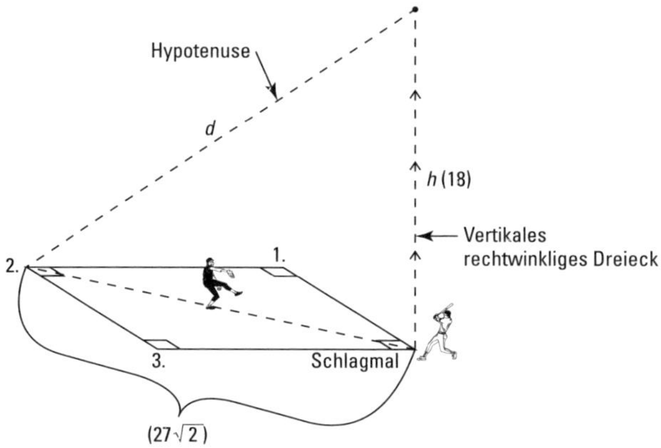

   b. Listen Sie alle vorgegebenen Änderungsraten und die zu berechnende Änderungsrate auf.

$$\frac{dh}{dt} = 15\, m/s$$

$$\frac{dd}{dt} = ?$$

   c. Schreiben Sie eine Formel, in der die Variablen enthalten sind: $h^2 + \left(27\sqrt{2}\right)^2 = d^2$.

   d. Differenzieren Sie nach der Zeit: $2h\frac{dh}{dt} = 2d\frac{dd}{dt}$.

   Wie im Beispiel fehlt ein benötigter Wert, *d*. Sie verwenden deshalb den Satz von Pythagoras, um ihn zu erhalten:

$$h^2 + \left(27\sqrt{2}\right)^2 = d^2$$

$$18^2 + \left(27\sqrt{2}\right)^2 = d^2$$

$$d \approx \pm 42{,}2\ \text{m}$$

   (Die negative Antwort kann verworfen werden.)

Jetzt setzen Sie ein:

$$2h\frac{dh}{dt}=2d\frac{dd}{dt}$$

$$2\cdot 18\cdot 15=2\cdot 42{,}2\frac{dd}{dt}$$

$$\frac{dd}{dt}=\frac{2\cdot 18\cdot 15}{2\cdot 42{,}2}$$

$$\approx 6{,}4\text{ m/s}$$

e. Prüfen Sie, ob diese Antwort sinnvoll ist.

Hier sind Sie auf sich selbst gestellt. Hinweis: Verwenden Sie den Satz von Pythagoras, um d $\frac{1}{50}$ Sekunde nach dem kritischen Moment zu berechnen. Erkennen Sie, warum ich diesen Zeitschritt ausgewählt habe?

7. … 1,5 Meter, bevor er in den Lampensockel kracht, läuft er mit einer Geschwindigkeit von 15 km/h. Wie schnell bewegt sich zu diesem Zeitpunkt die Spitze des Schattens? **Sie bewegt sich mit 25 km/h.**

a. Zeichnen Sie das Diagramm (sehen Sie sich dazu die folgende Abbildung an).

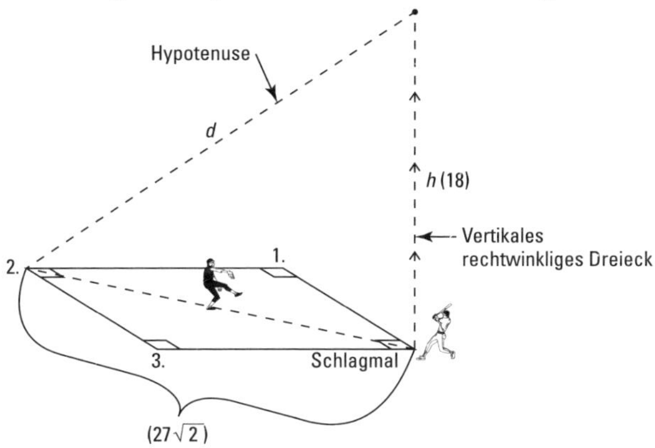

b. Listen Sie die bekannten und die unbekannten Änderungsraten auf.

$\frac{dc}{dt}=-15$ km/h (Dieser Wert ist negativ, weil c abnimmt.) $\frac{db}{dt}=?$

c. Schreiben Sie eine Formel, die die Variablen miteinander verbindet.

Dies ist ein weiterer Fall ähnlicher Dreiecke, also haben wir:

$$\frac{Höhe_{großes\ Dreieck}}{Höhe_{kleines\ Dreieck}} = \frac{Basis_{großes\ Dreieck}}{Basis_{kleines\ Dreieck}}$$

$$\frac{450}{180} = \frac{b}{b-c}$$

$$15b - 15c = 6b$$

$$9b = 15c$$

$$3b = 5c$$

d. Differenzieren Sie nach t: $3\frac{db}{dt} = 5\frac{dc}{dt}$.

e. Setzen Sie bekannte Werte ein.

$$3\frac{db}{dt} = 5(-15)$$

$$\frac{db}{dt} = -25 \text{ km/h}$$

Die Spitze des Schattens bewegt sich mit 25 km/h auf den Lampenpfosten zu – und holt damit den Mann mit einer Änderungsrate von 10 km/h ein.

Etwas überraschend an dieser Aufgabe ist, dass Sie nie die vorgegebene Distanz von 1,5 m eingeben mussten. Das liegt daran, dass die Schnelligkeit des Schattens unabhängig von der Position des Mannes ist.

8. ...Wenn die Höhe des kegelförmigen Haufens immer gleich dem Radius der Kegelgrundfläche ist, wie schnell wächst dann die Höhe des Stapels bei einer Höhe von 18 Meter? **Er wächst mit 0,196 m/Minute.**

a. Zeichnen Sie Ihr Diagramm. Siehe folgende Abbildung.

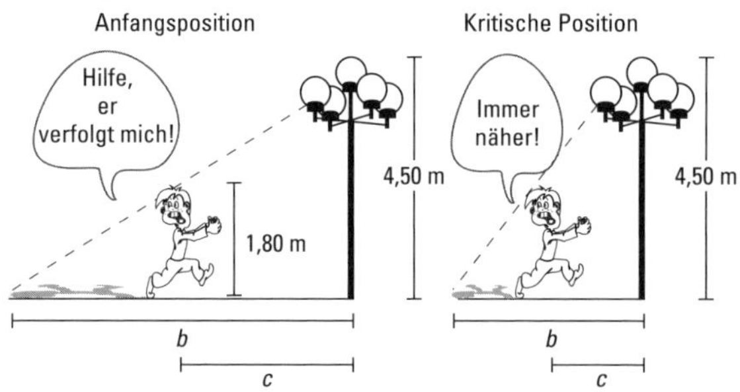

b. Listen Sie die Änderungsraten auf: $\frac{dv}{dt} = 200$ Kubikmeter/min, $\frac{dh}{dt} = ?$

c. I. Die Formel: $V_{Kegel} = \frac{1}{3}\pi r^2 h$

II. Schreiben Sie eine Gleichung, die r und h in eine Beziehung bringt, so dass Sie r loswerden: $r = h$

Was könnte einfacher sein? Jetzt werden Sie r los: $V = \frac{1}{3}\pi h^2 h = \frac{1}{3}\pi h^3$

d. Differenzieren Sie: $\frac{dV}{dt} = \pi h^2 \frac{dh}{dt}$

e. Setzen Sie ein und lösen Sie nach $\frac{dh}{dt}$ auf.

$$200 = \pi \cdot 18^2 \frac{dh}{dt}$$

$$\frac{dh}{dt} \approx 0{,}196 \text{ m/min}$$

f. Prüfen Sie, ob diese Lösung sinnvoll ist.

Berechnen Sie die Steigerung der Höhe des Kegels ab dem kritischen Moment ($h = 18$) bis $\frac{1}{200}$ Minute nach dem kritischen Moment. Wenn $h = 18$ ist, dann ist $V = \frac{1}{3}\pi(18)^3$ oder etwa 6107,256 Kubikmeter. $\frac{1}{200}$ Minute später nimmt das Volumen (das mit einer Rate von 200 Kubikmeter pro Minute wächst) um 1 Kubikmeter auf etwa 6108,256 Kubikmeter zu. Jetzt lösen Sie nach h auf:

$$6108{,}256 = \frac{1}{3}\pi h^3$$

$$h = \sqrt[3]{\frac{6108{,}256}{\frac{1}{3}\pi}}$$

$$\approx 18{,}000982$$

In $\frac{1}{200}$ Minute würde die Höhe also von 18 Meter auf 18,000982 Meter anwachsen. Das entspricht einer Änderung von 0,000982 Meter. Multiplizieren Sie dies mit 200, um die Änderung in 1 Minute zu erhalten: $0{,}000982 \cdot 200 \approx 0{,}196$.

Passt.

9. $s(t) = 5t^2 + 4$

1. **Bei $t = 2$ ist die Position des Schnabeltiers $s(t) = 24$ Meter vom Ende Ihres Boots.**
2. **$v(t) = s'(t) = 10t$, deshalb ist bei $t = 2$ die Geschwindigkeit des Schnabeltiers $s'(2) = 20$ Meter/Sekunde (20 ist positiv, dies geht also in Richtung Bug des Bootes).**
3. **Schnelligkeit ist der Absolutbetrag der Geschwindigkeit, die Schnelligkeit beträgt also 20 Meter/Sekunde.**

4. **Beschleunigung, $a(t)$, ist gleich $v'(t) = s''(t) = 10$. Dies ist eine Konstante, deshalb ist die Beschleunigung des Schnabeltiers durchgängig $10\,\frac{Meter\,/\,Sekunde}{Sekunde}$.**

10. $s(t) = 3t^4 - 5t^3 + t - 6$

a. **$s(2)$ gibt die Position des Schnabeltiers bei $t = 2$ an, d. h. $3 \cdot 2^4 - 5 \cdot 2^3 + 2 - 6$ oder 4 Meter vom Heck des Bootes.**

b. **$v(t) = s'(t) = 12t^3 - 15t^2 + 1$. Bei $t = 2$ ist die Geschwindigkeit also 37 Meter pro Sekunde.**

c. **Die Schnelligkeit beträgt ebenfalls 37 Meter pro Sekunde.**

d. **$a(t) = v'(t) = s''(t) = 36t^2 - 30t$. $a(2) = 84\,\frac{Meter\,/\,Sekunde}{Sekunde}$.**

11. $s(t) = \frac{1}{t} + \frac{8}{t^3} - 3$

1. **Bei $t = 2$ ist $s(2)$ gleich $\frac{1}{2} + 1 - 3$ oder $-1\frac{1}{2}$ Meter. Das bedeutet, das Schnabeltier ist $1\frac{1}{2}$ Meter hinter dem Heck des Bootes.**

2. $$v(t) = s'(t) = -t^{-2} + \left(-24t^{-4}\right)$$
$$v(2) = s'(2) = -2^{-2} + \left(-24(2)^{-4}\right)$$
$$= -\frac{1}{4} - \frac{24}{16}$$
$$= -1\frac{3}{4}\ \text{Meter/Sekunde}$$

Eine negative Geschwindigkeit bedeutet, dass das Schnabeltier rückwärts schwimmt, mit anderen Worten, vom Heck des Bootes nach hinten weg.

3. **Schnelligkeit = |Geschwindigkeit|, die Geschwindigkeit des Schnabeltiers beträgt also $1\frac{3}{4}$ Meter/Sekunde.**

4. $a(t) = v'(t) = s''(t) = 2t^{-3} + 96t^{-5}$ oder $\frac{2}{t^3} + \frac{96}{t^5}$. **a(2) ist also** $\frac{2}{8} + \frac{96}{32}$ **oder** $3\frac{1}{4}\,\frac{Meter/Sekunde}{Sekunde}$.

Klopfen Sie sich auf die Schulter, wenn Sie herausgefunden haben, dass diese positive Beschleunigung mit negativer Geschwindigkeit bedeutet, dass sich das Schnabeltier tatsächlich verlangsamt.

12. $s(t) = 2t^3 - t^2 + 8t - 5$

a. Bestimmen Sie die Nullstellen der Geschwindigkeit:

$$v(t) = s'(t) = 6t^2 - 2t + 8$$
$$0 = 6t^2 - 2t + 8$$
$$= 3t^2 - t + 4$$

Es gibt keine Lösungen, weil die Diskriminante negativ ist.

Die Diskriminante ist gleich $b^2 - 4ac$.

Die Tatsache, dass die Geschwindigkeit niemals Null ist, bedeutet, dass sich das Faultier niemals umdreht. Bei $t = 0$ ist $v(t) = 8$ m/s. Das ist positiv und bedeutet, dass das Faultier sich also über das gesamte Intervall von $t = 0$ bis $t = 5$ vom Stamm weg bewegt.

b. und c. **Weil es keine Wendepunkte gibt und weil die Bewegung in positiver Richtung verläuft, sind Gesamtdistanz und Gesamtabstand identisch: 265 Meter.**

$$s(5) - s(0) = 260 - (-5) = 265$$

Wenn Gesamtabstand gleich Gesamtdistanz ist, ist auch die durchschnittliche Geschwindigkeit gleich der durchschnittlichen Schnelligkeit: 53 Meter/s.

$$\frac{\textit{Gesamtbewegung}}{\textit{Gesamtzeit}} = \frac{s(5) - s(0)}{5 - 0} = \frac{265}{5} = 53 \text{ m/s}$$

13. $s(t) = t^4 + t^2 - t$

a. Bestimmen Sie die Nullstellen von $v(t)$: $v(t) = s'(t) = 3t^3 + 2t - 1$

Dafür brauchen Sie Ihren Taschenrechner.

Zeichnen Sie $y = 4x^3 + 2x - 1$ und bestimmen Sie die x-Schnittpunkte. Es gibt nur einen: $x \approx 0{,}385$. Das ist die einzige Nullstelle von $s'(t) = v(t)$.

Vergessen Sie nicht, dass eine Nullstelle einer Ableitung sowohl ein horizontaler Wendepunkt als auch ein lokaler Extremwert sein kann. Sie erhalten nur an dem lokalen Extremwert einen Wendepunkt.

Weil $v(0) = -1$ ist (eine Geschwindigkeit nach links) und $v(1) = 5$ (eine Geschwindigkeit nach rechts), muss $s(0{,}385)$ ein Wendepunkt sein (und es ist auch ein lokales Minimum auf dem Positionsgraphen). Hören Sie beim Begriff »Test auf die erste Ableitung« etwas läuten?

Das Faultier bewegt sich also nach links **von $t = 0$ s bis $t = 0{,}385$ s, und nach rechts von 0,385 s bis 5 s. Es dreht offenbar bei 0,385 s um, wenn es sich an der Stelle $s(0{,}385) = 0{,}385^4 + 0{,}385^2 - 0{,}385$, also $-0{,}215$ m befindet – d. h. 0,215 m links vom Stamm.** Ich nehme an, dass Sie schon herausgefunden habe, dass es noch einen Ast auf der anderen Seite des Stammes geben muss, so dass das Faultier nach links auf eine negative Position gelangen kann.

b. Es gibt zwei Abschnitte auf dem Weg des Faultiers. Es bewegt sich nach links von t = 0 bis t =0,385, und dann nach rechts von t = 0,385 bis t = 5. Sie addieren einfach die positiven Längen der beiden Teile.

$$\begin{aligned} Länge_{teil1} &= |s(0{,}385) - s(0)| \\ &= |-0{,}215 - 0| \\ &= 0{,}215\text{ m} \\ Länge_{teil2} &= |s(5) - s(0{,}385)| \\ &= |5^4 + 5^2 - 5 - (-0{,}215)| \\ &= 645{,}215\text{ m} \end{aligned}$$

Die Gesamtdistanz beträgt also 0,215 + 645,215 oder 645,43 m. Der Baum muss also ganz schön groß sein.

Die durchschnittliche Schnelligkeit des Faultiers beträgt 645,43/5 oder etwa 129,1 m/s. Ein schnelles Faultier. Das sind fast 465 km/h.

c. **Der Gesamtabstand ist s(5) – s(0), also 645 – 0 = 645 m. Die Durchschnittsgeschwindigkeit schließlich ist einfach der Gesamtabstand dividiert durch die Gesamtzeit, also 645/5 oder 129 m/s.**

14. $s(t) = \dfrac{t+1}{t^2+4}$

a. Bestimmen Sie die Nullstellen von $v(t)$:

$$\begin{aligned} s'(t) = v(t) &= \frac{(t+1)'(t^2+4) - (t+1)(t^2+4)'}{(t^2+4)^2} \\ &= \frac{t^2+4-(2t^2+2t)}{(t^2+4)^2} \\ &= \frac{-t^2-2t+4}{(t^2+4)^2} \end{aligned}$$

Setzen Sie dies gleich Null und lösen Sie:

$$\begin{aligned} &\frac{-t^2-2t+4}{(t^2+4)^2} \\ &= t^2+2t-4 = 0 \end{aligned}$$

$$\begin{aligned} t &= \frac{-2 \pm \sqrt{4-(-16)}}{2} \\ &\approx -3{,}236 \text{ oder } 1{,}236 \end{aligned}$$

Verwerfen Sie die negative Lösung, weil sie nicht im relevanten Intervall liegt: t = 0 bis t = 0. Die einzige Nullgeschwindigkeit tritt bei t = 1,236 Sekunden auf.

Weil $v(0) = 0{,}25$ m/s ist, und $v(5) \approx -0{,}037$, teilt Ihnen der Test auf die erste Ableitung mit, dass $s(1{,}236)$ ein lokales Maximum sein muss und damit ein Wendepunkt.

Das Faultier klettert nach rechts von $t = 0$ bis $t = 1{,}236$ Sekunden, dreht sich dann bei s(1,236) oder etwa 0,405 Meter rechts vom Stamm und wandert dann nach links bis $t = 5$.

b. Die Gesamtdistanz ist die Summe der Längen der beiden Strecken:

$$\begin{aligned}\text{nach rechts} &= |s(1{,}236) - s(0)| \\ &= |0{,}405 - 0{,}25| \\ &\approx 0{,}155\end{aligned}$$

$$\begin{aligned}\text{nach links} &= |s(5) - s(1{,}236)| \\ &\approx 0{,}198\end{aligned}$$

Die Gesamtdistanz beträgt also 0,155 + 0,198 = 0,353 Meter. Seine durchschnittliche Schnelligkeit ist also 0,353/5 oder 0,071 Meter/Sekunde. Das ist also etwa ein Viertel Kilometer pro Stunde. Schon eher passend für ein Faultier.

Das ist zwar verdammt langsam, aber glauben Sie, Sie wären mit nur drei Zehen sehr viel schneller?

c. Der Gesamtabstand ist definiert als Endposition minus Anfangsposition, also:

$$\begin{aligned}s(5) - s(0) &= \frac{6}{29} - \frac{1}{4} \\ &\approx -0{,}043 \text{ Meter}\end{aligned}$$

Und damit ist die durchschnittliche Geschwindigkeit gleich –0,043/5 oder –0,0086 m/s. Fertig!

15. Zwei Linien durch den Punkt (1, –3) sind Tangenten zu der Parabel $y = x^2$. Bestimmen Sie die Berührungspunkte der Tangenten. **Die Tangentenpunkte sind (–1, 1) und (3, 9).**

a. Drücken Sie einen Punkt auf der Parabel unter Verwendung von x aus.

Die Gleichung der Parabel ist $y = x^2$, Sie können also einen allgemeinen Punkte auf der Parabel (x, y) hernehmen und x^2 für y einsetzen. Ihr Punkt ist also (x, x^2).

b. Bestimmen Sie die Ableitung der Parabel.

$$x = x^2$$

$$y' = 2x$$

c. Wenden Sie die Steigungsformel an, $m = \frac{y_2 - y_1}{x_2 - x_1}$, setzen Sie die Steigung der Tangente von (1, –3) bis (x, x^2) gleich der Ableitung. Anschließend lösen Sie nach x auf.

$$\frac{x^2 - (-3)}{x - 1} = 2x$$
$$x^2 + 3 = 2x^2 - 2x$$
$$x^2 - 2x - 3 = 0$$
$$(x + 1)(x - 3) = 0$$
$$x = -1 \text{ oder } 3$$

d. Setzen Sie diese x-Koordinaten in $y = x^2$ ein, um die y-Koordinaten zu erhalten.

$y = (-1)^2 = 1$

$y = 3^2 = 9$

Es gibt also eine Linie durch (1, –3), die eine Tangente zur Parabel an der Stelle (–1, 1) ist, und eine andere durch (1, –3), die eine Tangente an der Stelle (3, 9) ist. Sie können diese Ergebnisse bestätigen, indem Sie die Parabel und ihre beiden Tangenten zeichnen:

$y = -2(x + 1) + 1$

$y = 6(x - 3) + 9$

16. …Wie weit sehen Sie zum Horizont, bevor aufgrund der Erdkrümmung das Wasser hinter dem Horizont verschwindet? **Sie sehen 2,83 Meilen weit, also etwa 4,55 km.**

a. Schreiben Sie die Gleichung für den Erdumfang als Funktion von y (siehe Abbildung in der Aufgabenstellung).

$$x^2 + y^2 = 4000^2$$
$$y = \pm\sqrt{4000^2 - x^2}$$

Sie können die negative Hälfte dieses Kreises verwerfen, weil Ihre Sichtlinie natürlich die Tangente zur oberen Hälfte des Kreises ist.

b. Drücken Sie einen Punkt auf dem Kreis unter Verwendung von x aus: $\left(x, \sqrt{4000^2 - x^2}\right)$.

c. Bestimmen Sie die Ableitung des Kreises.

$$y = \sqrt{4000^2 - x^2}$$
$$y' = \frac{1}{2}(4000^2 - x^2)^{-1/2}(-2x) \quad (\textit{Kettenregel})$$
$$= \frac{-x}{\sqrt{4000^2 - x^2}}$$

d. Setzen Sie unter Verwendung der Steigungsformel die Steigung der Tangente von Ihren Augen zum Punkt $\left(x, \sqrt{4000^2 - x^2}\right)$ gleich der Ableitung und lösen Sie nach x auf.

Ihre Augen sind 5′3,36″ über der Erdoberfläche am Punkt (0, 4000) auf dem Kreis. Wandeln Sie Ihre Höhe in Meilen um, nämlich genau 0,001 Meilen. (Was für ein erstaunlicher Zufall!). Die Koordinaten Ihrer Augen sind also (0, 4000001).

$$\frac{y_2 - y_1}{x_2 - x_1} = m$$

$$\frac{\sqrt{4000^2 - x^2} - 4000{,}001}{x - 0} = \frac{-x}{\sqrt{4000^2 - x^2}}$$

$$-x^2 = (4000^2 - x^2) - 4000{,}001\sqrt{4000^2 - x^2} \quad (\textit{Kreuzmultiplikation})$$

$$-4000^2 = -4000{,}001\sqrt{4000^2 - x^2} \quad (\textit{Taschenrechner, natürlich!})$$

$$3999{,}999 = \sqrt{4000^2 - x^2} \quad (\textit{Beide Seiten quadrieren})$$

$$15999992 = 4000^2 - x^2$$

$$x^2 = 8$$

$$x = 2\sqrt{2} \approx 2{,}83 \textit{ Meilen}$$

Viele Leute sind wirklich überrascht, dass der Horizont so nahe ist. Was denken Sie?

17. Bestimmen Sie alle Linien durch (0, 1), die normal zur Kurve $y = x^4$ sind. Von (0, 1) aus können fünf Normallinien zu $y = x^4$ gezeichnet werden. **Die Normalpunkte sind (–0,915, 0,702), (–0,519, 0,073), (0, 0), (0,519, 0,073) und (0,915, 0,702).**

a. Drücken Sie einen Punkt auf der Kurve unter Verwendung von x aus: Ein allgemeiner Punkt ist (x, x^4).

b. Bestimmen Sie die Ableitung.

$$y = x^4$$

$$y' = 4x^3$$

c. Setzen Sie die Steigung zwischen (0, 1) und (x, x^4) gleich dem negativen Kehrwert der Ableitung und lösen Sie.

$$\frac{x^4 - 1}{x - 0} = \frac{-1}{4x^3}$$

$$4x^7 - 4x^3 + x = 0$$

$$x(4x^6 - 4x^2 + 1) = 0$$

$$x = 0 \text{ oder } 4x^6 - 4x^2 + 1 = 0$$

Wenn Sie nicht eine besondere Gabe für die Lösung von Gleichungen sechsten Grades haben, sollten Sie Ihren Taschenrechner benutzen – zeichnen Sie einfach $y = 4x^6 - 4x^2 + 1$ und bestimmen sie alle Schnittpunkte mit der x-Achse. Diese sind bei –0.915, ~–0.519, ~0.519 und ~0.915. Man beachte die Palindromzahlen!

d. Setzen Sie diese vier Lösungen in $y = x^4$ ein, um die y-Koordinaten zu erhalten. Außerdem gibt es noch $x = 0$ – trivial.

$(-0.519)^4 = (0.519)^4 = \sim 0.073$

$(-0.915)^4 = (0.915)^4 = \sim 0.702$

Fertig. Von (0, 1) aus können fünf Normallinien zu $y = x^4$ gezeichnet werden. Die Normalpunkte sind (–0.915, 0.702), (–0.519, 0.073), (0, 0), (0.519, 0.073) und (0.915, 0.702).

Ich finde dieses Ergebnis interessant. Erstens, weil es so viele Normallinien gibt, und zweitens, weil die Normallinien von (0, 1) nach (–0.915, 0.702), (0, 0) und (0.915, 0.702) alle *kürzesten* Strecken sind (im Vergleich zu anderen Punkten in ihren jeweiligen Umgebungen). Die beiden anderen Normallinien sind die längsten Strecken. Das ist bemerkenswert, weil $y = x^4$ an jeder Stelle zu (0, 1) hin gekrümmt (konkav) ist. Wenn eine Kurve sich von einem Punkt weg krümmt (konvex ist), kann eine Normallinie zu der Kurve nur eine lokale kürzeste Strecke sein. Aber wenn eine Kurve konkav zu einem Punkt ist, erhält man entweder eine lokale kürzeste oder eine lokale längste Strecke.

Hier ging es ein bisschen schnell und ich habe die Mathematik für die Lösung $x = 0$ nicht gezeigt. Haben Sie bemerkt, dass $x = 0$ nicht funktioniert, wenn Sie es in die Gleichung $\frac{x^4 - 1}{x - 0} = \frac{-1}{4x^3}$ einsetzen, weil dann beide Nenner zu Null werden? Aber (und flüstern Sie das bloß nicht Ihrem Analysislehrer!) das ist hier kein Problem, weil beide Seiten der Gleichung zu $\frac{\textit{Zahl ungleich Null}}{\textit{Null}}$ werden. (Hier sind sie beide $-1/0$, aber es würde auch bei etwas wie $5/0 = 2/0$ funktionieren). Eine Zahl ungleich Null über Null bedeutet eine vertikale Linie mit undefinierter Steigung. Anhand von $-1/0 = -1/0$ erkennen Sie also, dass Sie eine vertikale Normallinie an der Stelle $x = 0$ haben.

18. …Welche Stelle am Fluss liegt ihm am nächsten? **Der nächstgelegene Punkt ist (6.11, 15.26), nämlich in einer Entfernung von 14,77 Kilometer.**

a. Drücken Sie einen Punkt auf der Kurve unter Verwendung von x aus: $\left(x,\ 10\sin\frac{x}{10} + 10\cos\frac{x}{5} + x\right)$.

b. Bestimmen Sie die Ableitung.

$$y = 10\sin\frac{x}{10} + 10\cos\frac{x}{5} + x$$

$$y' = 10\cos\left(\frac{x}{10}\right)\cdot\frac{1}{10} - 10\sin\left(\frac{x}{5}\right)\cdot\frac{1}{5} + 1$$

$$= \cos\frac{x}{10} - 2\sin\frac{x}{5} + 1$$

c. Setzen Sie die Steigung zwischen (7, 30) und dem allgemeinen Punkt gleich dem negativen Kehrwert der Ableitung und lösen Sie.

$$\frac{30 - \left(10\sin\frac{x}{10} + 10\cos\frac{x}{5} + x\right)}{7 - x} = \frac{-1}{\cos\frac{x}{10} - 2\sin\frac{x}{5} + 1}$$

Wenn Sie nicht gerade ein Freak sind, sollten Sie gar nicht darüber nachdenken, diese Gleichung ohne einen Taschenrechner zu lösen.

Lösen Sie auf Ihrem Taschenrechner, indem Sie die folgende Gleichung graphisch darstellen, und bestimmen Sie die y-Schnittpunkte:

$$y = \frac{30 - \left(10\sin\frac{x}{10} + 10\cos\frac{x}{5} + x\right)}{7 - x} - \frac{-1}{\cos\frac{x}{10} - 2\sin\frac{x}{5} + 1}$$

Es ist nicht ganz unkompliziert, die x-Schnittpunkte für diese unhandliche Funktion zu finden. Sie müssen ein bisschen mit den Fenstereinstellungen spielen. Und vergessen Sie nicht, dass Ihr Taschenrechner vertikale Asymptoten zeichnet, die wie Nullstellen der Funktion aussehen, dies aber nicht sind. Jetzt stellt sich heraus, dass diese Funktion eine unendliche Anzahl an x-Schnittpunkten hat (glaube ich jedenfalls). Es gibt eine zwischen $x = -18$ und -19, und noch mehr an größeren negativen Werten, die so weit weg am Fluss gelegen sind, dass sie gar nicht in Betracht gezogen werden müssen. Nur drei Nullstellen sind plausible Kandidaten für den kürzesten Weg zum Fluss. Um die erste Nullstelle zu sehen, setzen Sie *xmin* = –1, *xmax* = 10, *xscl* = 1, *ymin* = –5, *ymax* = 25 und *yscl* = 5. Um die beiden anderen zu sehen, setzen Sie *xmin* = 10, *xmax* = 30, *xscl* = 1, *ymin* = –2, *ymax* = 10 und *yscl* = 1. Diese Nullstellen liegen etwa bei 6,11, 13,75 und 20,58.

d. Setzen Sie die Nullstellen in die ursprüngliche Funktion ein, um die y-Koordinaten zu erhalten. Sie erhalten die folgenden Normalpunkte: (6,11, 15,26), (13,75, 14,32) und (20,58, 23,80).

e. Verwenden Sie die Distanzformel, $D = \sqrt{(x_2 - x_1)^2 + (y_2 - y_1)^2}$, um den Abstand von unserem durstigen Abenteurer zu den drei Normalitätspunkten zu bestimmen.

Die Distanzen sind 14,77 Kilometer bis (6,11, 15,26), 17,07 Kilometer bis (13,75, 14,32) und 14,93 Kilometer bis (20,58, 23,80). Mit Hilfe seines treuen Kompasses geht er hauptsächlich nach Süden und ein bisschen nach Westen, um zu (6,11, 15,26) zu gelangen. Ein weiterer Vorteil dieser Route ist es, dass sie in Richtung seines Lagers verläuft.

19. Schätzen Sie die 4. Wurzel von 17. **Die Annäherung lautet 2,03125.**

a. Schreiben Sie eine Funktion basierend auf dem Ding, das Sie schätzen wollen: $f(x)=\sqrt[4]{x}$.

b. Bestimmen Sie eine »runde« Zahl in der Nähe von 17, wo die 4. Wurzel sehr einfach zu bestimmen ist: natürlich 16. Sie wissen, dass $\sqrt[4]{16}=2$. Also liegt (16, 2) auf *f*.

c. Bestimmen Sie die Steigung an Ihrem Punkt.

$$f(x)=\sqrt[4]{x}$$
$$f'(x)=\frac{1}{4}x^{-3/4}$$
$$f'(16)=\frac{1}{32}$$

d. Verwenden Sie die Punkt-Steigung-Formel der Linie, um die Gleichung der Tangente am Punkt (16, 2) zu schreiben.

$$y-2=\frac{1}{32}(x-16)$$

e. Setzen Sie Ihre Zahl in die Tangente ein, und schon haben Sie Ihre Annäherung.

$$y=\frac{1}{32}(17-16)+2$$
$$=2\frac{1}{32}\quad\text{oder}\quad 2{,}03125$$

Die genaue Lösung ist etwa 2,03054. Ihre Schätzung ist nur $\frac{3}{100}$ von 1 Prozent zu groß! Nicht schlecht! Zusatzfrage (und falls Sie sie nicht lösen können, fliegen Sie womöglich aus dem Camp): Egal, welche 4. Wurzel Sie mit der linearen Approximation schätzen – Ihre Lösung wird zu groß sein. Erkennen Sie, warum das so ist?

20. Schätzen Sie $3{,}01^5$. **Die Annäherung lautet 247,05.**

a. Schreiben Sie Ihre Funktion: $g(x) = x^5$.

b. Bestimmen Sie Ihre runde Zahl. Das ist offensichtlich 3. Ihr Punkt ist also (3, 243).

c. Bestimmen Sie die Steigung an Ihrem Punkt.

$$g'(x) = 5x^4$$
$$g'(3) = 405$$

d. Gleichung für die Tangentenlinie.

$$y - y_1 = m(x - x_1)$$
$$y - 243 = 405(x - 3)$$

e. Bestimmen Sie Ihre Annäherung: $y = 405(3{,}01 - 3) + 243 = 247{,}05$

Das ist nur $\frac{1}{100}$ Prozent daneben.

21. Schätzen Sie $\sin\frac{\pi}{180}$, also 1 Grad. **Die Annäherung lautet $\frac{\pi}{180}$.**

Sie wissen bereits, wie vorzugehen ist.

$p(x) = \sin x$

$p(0) = 0 \rightarrow$ der Punkt ist (0, 0)

$p'(x) = \cos x$

$p'(0) = 1 \rightarrow 1$ ist die Steigung

$$y - y_1 = m(x - x_1)$$
$$y - 0 = 1(x - 0)$$
$$y = x$$

Ihre Zahl ist $\frac{\pi}{180}$, Sie erhalten also $y = \frac{\pi}{180}$.

Das zeigt, dass für sehr kleine Winkel der Sinus des Winkels und der eigentliche Winkel annähernd gleich sind. (Dasselbe gilt übrigens auch für den Tangens eines Winkels.)

$\frac{\pi}{180}$ ist nur $\frac{1}{200}$ % zu groß!

22. Schätzen Sie $\ln(e^{10} + 5)$. **Die Annäherung ist $10 + \frac{5}{e^{10}}$.**

Stellen Sie sich vor, wie viele Situationen es gibt, in denen eine solche Annäherung praktisch sein könnte!

$q(x) = \ln(x)$

$q(e^{10}) = 10 \rightarrow (e^{10}, 10)$ ist der Punkt

$q'(x) = \frac{1}{x}$

$q'(e^{10}) = \frac{1}{e^{10}} \rightarrow \frac{1}{e^{10}}$ ist die Steigung

$$y - y_1 = m(x - x_1)$$
$$y - 10 = \frac{1}{e^{10}}(x - e^{10}) \rightarrow \text{die Tangentenlinie}$$
$$y = \frac{1}{e^{10}}\left((e^{10} + 5) - e^{10}\right) + 10$$
$$= 10 + \frac{5}{e^{10}}$$

Halten Sie sich fest! Diese Antwort ist nur um 0,00000026 % zu groß!

Teil IV
Integration und unendliche Reihen

»Das ist Hütchen-Franz, der berühmteste Mathe-Zocker aller Zeiten. Wenn er dich anspricht und ein paar schnelle trigonometrische Integrale mit dir lösen will, lauf einfach weg, so schnell du kannst.«

In diesem Teil ...

Die Integration ist wie die Differentiation ein kompliziertes Wort aus der Analysis und steht für ein ganz einfaches Konzept: Addition. Bei jeder Integrationsaufgabe geht es auf die eine oder andere Weise um Addition. Die Integration ist deshalb ein so leistungsfähiges Werkzeug, weil es irgendwas (das Gewicht einer großen Kuppel, die Länge eines Stromkabels, den Druck auf den Wänden eines Rohres usw.) in unendlich kleine Teile zerlegt und dann die unendliche Anzahl an Teilen addiert, um schließlich eine präzise Summe zu erhalten. Ohne die Integration könnten viele solche Aufgabenstellungen nur angenähert werden. Teil IV bietet Ihnen Übungsaufgaben für die Integration, Grundlagen und Techniken für die Bestimmung von Integralen sowie die Lösung realer Probleme mit Hilfe der Integration.

Unendliche Reihen sind ein Thema voller bizarrer, der Intuition widersprechenden Ergebnisse, die unsere Denker seit über 2000 Jahren faszinieren. Zeno von Elea (5. Jahrhundert vor Christus) hat das berühmte Paradoxon über das Rennen zwischen Achilles und der Schildkröte erdacht (für die Auflösung des Paradoxons benötigt man Grenzwerte, wie in *Analysis für Dummies* beschrieben). Bei Aufgabenstellungen mit unendlichen Reihen müssen Sie entscheiden, ob die Summe einer unendlich langen Liste von Zahlen *divergiert* (also ihre Addition Unendlich ergibt, wie üblich), oder *konvergiert* (ihre Addition eine gewöhnliche, endliche Zahl ergibt).

Und jetzt zur Integration

9

In diesem Kapitel...

- Rechtecke erforschen
- Trapeze ausprobieren
- Sigma-Summen aufaddieren
- Die bestimmte Integration definieren

In diesem Kapitel beginnen Sie mit dem zweiten großen Thema der Analysis: Integration. Mit Hilfe der Integration können Sie die Fläche oder das Volumen unregelmäßiger Formen bestimmen, für die es anders als für Dreiecke, Kugeln, Kegel und andere grundlegende Formen keine einfachen Flächen- oder Volumenformeln gibt. Sie können mit der Integration aber auch andere Dinge aufsummieren. Die grundlegende Idee dabei ist, dass – dank der Magie der Grenzwerte – das, was Sie aufsummieren wollen, in unendlich kleine Teile zerlegt wird und dass dann diese unendlich kleinen Teile aufaddiert werden. Bevor es an die eigentliche Integration geht, wärmen wir uns jedoch mit ein paar einfachen Grundlagen der Grundlagen der Analysis auf – es geht um die Fläche von Rechtecken.

Und auch wenn hier zunächst alles »babyleicht« zu sein scheint, ist ein Großteil des Stoffes aus diesem Kapitel sowie aus dem ersten Abschnitt aus Kapitel 10 sowohl schwieriger als auch weniger nützlich als das, was dann noch kommt. Wenn Sie also je Grund zu der ewigen Frage hatten »Und wozu lerne ich das alles?«, dann jetzt. Einige Analysislehrer würden sich jetzt irgendwelche Argumente ausdenken und auf pädagogisch wertvolle Weise rechtfertigen, warum Sie diesen Stoff lernen müssen, aber seien wir ehrlich: Sie lernen diese Dinge nur, weil man in der Analysis die Schüler leiden sehen will. Mit gefangen, mit gehangen. Das Gute daran ist, dass dieser Stoff alles weitere vergleichsweise einfach erscheinen lassen wird.

Die Fläche von Rechtecken aufaddieren: Kinderleicht!

Der Stoff in diesem Abschnitt – die Verwendung von Rechtecken zur Annäherung der Fläche unregelmäßiger Formen – ist Teil jeder Analysisvorlesung, weil die Integration darauf aufbaut. In gewisser Weise geht es hier gar nicht um Analysis. Sie könnten alles, was Sie in diesem Abschnitt tun, auch ohne Analysis erledigen, und wenn die Analysis nie erfunden worden wäre, könnten Sie eine Fläche mit Hilfe der hier beschriebenen Methoden immer noch annähern.

Beispiel

Schätzen Sie unter Verwendung von 10 rechten Rechtecken die Fläche unter $f(x) = \ln x$ von 1 bis 6.

Lösung

Die angenäherte Fläche ist 6,181.

1. **Skizzieren Sie $f(x) = \ln x$ und unterteilen Sie das Intervall von 1 bis 6 in zehn gleiche Abschnitte. Jeder Abschnitt hat also die Länge $\frac{1}{2}$. Sehen Sie sich dazu die Abbildung in Schritt 2 an.**

2. **Zeichnen Sie für jeden der zehn Abschnitte ein rechtes Rechteck.**

   Sie erstellen rechte Rechtecke, also setzen Sie Ihren Stift am rechten Ende der Grundlinie des ersten Rechtecks an (d. h. bei $x = 1{,}5$), zeichnen geradeaus nach oben, bis Sie die Kurve treffen, und dann geradeaus nach links, bis Sie direkt über dem linken Ende der Grundlinie ($x = 1$) sind. Anschließend zeichnen Sie gerade nach unten, um die linke Seite des ersten Rechtecks zu vervollständigen. Betrachten Sie dazu die folgende Abbildung. Ich habe mit Hilfe von Pfeilen gekennzeichnet, wie das erste Rechteck zu zeichnen ist. Zeichen Sie alle weiteren Rechtecke auf dieselbe Weise.

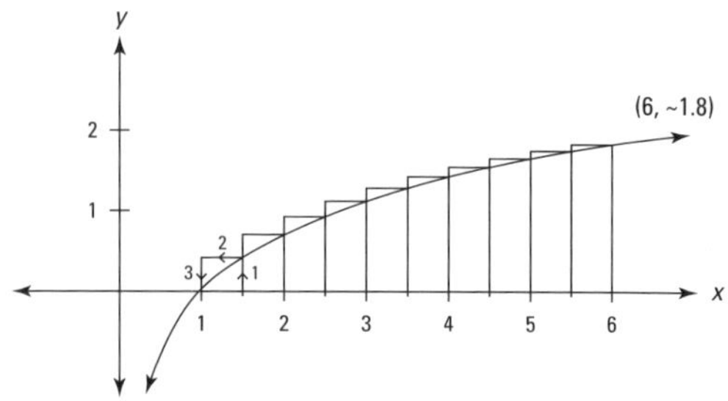

3. **Berechnen Sie mit Hilfe Ihres Taschenrechners die Höhe der einzelnen Rechtecke.**

   Die Höhen sind durch $f(1{,}5)$, $f(2)$, $f(2{,}5)$ usw. vorgegeben, also ln 1,5, ln 2 usw.

4. **Weil Sie jede Höhe mit derselben Grundlinie von ½ multiplizieren, können Sie sich Zeit sparen, indem Sie die Berechnung wie folgt durchführen:**

$$\frac{1}{2}(\ln 1{,}5 + \ln 2 + \ln 2{,}5 + \ln 3 +$$
$$\ln 3{,}5 + \ln 4 + \ln 4{,}5 + \ln 5 +$$
$$\ln 5{,}5 + \ln 6)$$
$$\approx \frac{1}{2}(0{,}405 + 0{,}693 + 0{,}916 + 1{,}099 +$$
$$1{,}253 + 1{,}386 + 1{,}504 + 1{,}609 +$$
$$1{,}705 + 1{,}792)$$
$$\approx \frac{1}{2}(12{,}362)$$
$$\approx 6{,}181$$

Aufgabe 1

1. Schätzen Sie die Fläche unter $f(x) = \ln x$ von 1 bis 6 (wie im Beispiel), jetzt aber unter Verwendung *linker* Rechtecke.
2. In welcher Beziehung steht diese Annäherung zu der Fläche, die mit Hilfe von 10 rechten Rechtecken bestimmt wurde? *Hinweis*: Vergleichen Sie einzelne Rechtecke aus beiden Schätzungen.

Aufgabe 2

Nähern Sie dieselbe Fläche erneut unter Verwendung von 10 Mittelpunktsrechtecken an.

Aufgabe 3

Ordnen Sie die Annäherungen aus dem Beispiel sowie aus den Aufgaben 1 und 2 von der besten zu schlechtesten und begründen Sie Ihre Anordnung. Natürlich dürfen Sie nicht schummeln, indem Sie zuerst die exakte Fläche mit Hilfe Ihres Taschenrechners ermitteln!

Aufgabe 4

Verwenden Sie 8 linke, rechte und Mittelpunktsrechtecke, um die Fläche unter $\sin x$ von 0 bis π anzunähern.

Sigma-Notation und Riemann-Summen: Streber an den Start!

Nachdem Sie sich aufgewärmt haben, wollen wir ein paar fortgeschrittenere Sigma-Summen berechnen. Die *Sigma-Notation* sieht vielleicht schwierig aus, ist aber letztlich nur eine Abkürzung für die Darstellung einer langen Summe.

Bei einer Aufgabe mit Sigma-Summe können Sie alles durch das Sigma-Symbol nach vorne holen außer eine Funktion des Summationsindex (das ist im folgenden Beispiel das i). Beachten Sie, dass Sie einen beliebigen Buchstaben als Summationsindex verwenden können, wobei aber i und k am gebräuchlichsten sind.

Beispiel

Bestimmen Sie $\sum_{i=4}^{12} 5i^2$.

Lösung

Die Summe ist 3180.

1. **Ziehen Sie die 5 durch das Sigma-Symbol nach vorne.**

   $$5\sum_{i=4}^{12} i^2$$

2. **Setzen Sie 4 für i ein, dann 5, dann 6 usw. bis 12 und addieren Sie alle Terme.**

   $= 5(4^2 + 5^2 + 6^2 + 7^2 + 8^2 + 9^2 + 10^2 + 11^2 + 12^2)$

3. **Rechnen Sie das Ganze mit Hilfe Ihres Taschenrechners aus.**

   $= 5(636) = 3180$

Beispiel

Drücken Sie $50^3 + 60^3 + 70^3 + 80^3 + \ldots + 150^3$ unter Verwendung der Sigma-Notation aus.

Lösung

$$= \mathbf{1000\sum_{i=1}^{11}(i+4)^3}$$

1. **Erstellen Sie das Argument der Sigma-Funktion.**

   Der Sprungbetrag zwischen den Termen einer ausführlichen Summe wird zum Koeffizienten des Summationsindex in einer Sigma-Summe. Sie wissen also, dass $10i$ der grundlegende Term Ihres Arguments ist. Sie wollen jeden Term in die 3. Potenz erheben und erhalten damit das folgende Argument:

   $$\sum (10i)^3$$

2. **Bestimmen Sie den Summenbereich.**

   Fragen Sie sich, was i sein muss, damit der erste Term gleich 50^3 ist – das ist natürlich 5. Stellen Sie sich dieselbe Frage zum letzten Term, 150^3 – damit erhalten Sie $i = 15$:

   $$\sum_{i=5}^{15}(10i)^3$$

3. **Vereinfachen Sie.**

   $$=\sum_{i=5}^{15}10^3 i^3$$

   $$=1000\sum_{i=5}^{15}i^3$$

4. **(Optional) Setzen Sie das i so, dass es bei 0 oder 1 beginnt.**

   Häufig will man, dass i bei 0 oder 1 beginnt. Um die 5 zu einer 1 zu machen, subtrahieren Sie 4. Anschließend subtrahieren Sie auch 4 von der 15. Um diese Subtraktion zu kompensieren, addieren Sie 4 zum i im Argument:

   $$=1000\sum_{i=1}^{11}(i+4)^3$$

Beispiel

Schätzen Sie die Fläche unter $f(x) = x^2 + 3x$ von 0 bis 5 unter Verwendung von 20 rechten Rechtecken. Verwenden Sie gegebenenfalls die Sigma-Notation. Anschließend verwenden Sie die Sigma-Notation, um die Flächenannäherung auszudrücken, wenn Sie n Rechtecke verwenden.

Lösung

Für 20 Rechtecke: ≈ 84,2; für n Rechtecke:

$$\frac{475n^2+600n+125}{6n^2}$$

1. **Skizzieren Sie die Funktion und die ersten und letzten rechten Rechtecke. Sehen Sie sich dazu die folgende Abbildung an.**

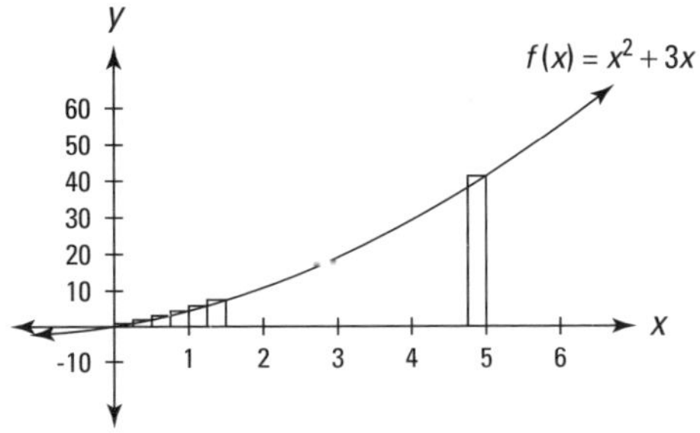

2. **Addieren Sie die Fläche von 20 Rechtecken. Jedes Rechteck hat eine Fläche von *Grundlinie* mal *Höhe*. Für Anfänger:**

   $$\sum_{20\,Rechtecke}(Grundlinie \cdot Höhe)$$

3. **Setzen Sie die Informationen über Grundlinie und Höhe ein, um Ihre Sigma-Summe zu erhalten.**

   Die Grundlinie jedes Rechtecks ist $\frac{(5-0)}{20}$ oder $\frac{1}{4}$. Sie haben also $\sum_{20}\frac{1}{4}Höhe=\frac{1}{4}\sum_{20}Höhe$. Die Höhe des ersten Rechtecks ist $f(\frac{1}{4})$, die des zweiten Rechtecks ist $f(\frac{2}{4})$, die des dritten $f(\frac{3}{4})$ usw., bis hin zum letzten Rechteck, das eine Höhe von $f(5)$ hat. Und hier kommt der Index ins Spiel, i. Sie sehen, dass der Sprung von Term zu Term gleich $\frac{1}{4}$ ist, das Argument enthält also $\frac{1}{4}i$: $\frac{1}{4}\sum_{20}f\left(\frac{1}{4}i\right)$

4. **Erstellen Sie den Summenbereich.**

   i muss gleich 1 sein, damit der erste Term $f\left(\frac{1}{4}\right)$ ist. Und weil Sie 20 Rechtecke addieren müssen, muss i 20 Zahlen durchlaufen, es geht also von 1 bis 20: $\frac{1}{4}\sum_{i=1}^{20} f\left(\frac{1}{4}i\right)$.

5. **Ersetzen Sie den allgemeinen Funktionsausdruck durch Ihre spezifische Funktion, $f(x) = x^2 + 3x$.**

   $$\frac{1}{4}\sum_{i=1}^{20}\left[\left(\frac{1}{4}i\right)^2 + 3\left(\frac{1}{4}i\right)\right]$$

6. **Vereinfachen Sie. Dazu ziehen Sie alles nach vorne, außer die Funktionen von i.**

   $$= \frac{1}{4}\sum_{i=1}^{20}\left(\frac{1}{4}i\right)^2 + \frac{1}{4}\sum_{i=1}^{20} 3\left(\frac{1}{4}i\right)$$
   $$= \frac{1}{4}\sum_{i=1}^{20}\frac{1}{16}i^2 + \frac{1}{4}\sum_{i=1}^{20}\frac{3}{4}i$$
   $$= \frac{1}{64}\sum_{i=1}^{20} i^2 + \frac{3}{16}\sum_{i=1}^{20} i$$

7. **Berechnen Sie die Fläche unter Anwendung der folgenden Regeln für die Aufsummierung aufeinander folgender ganzer Zahlen und aufeinander folgender Quadrate ganzer Zahlen.**

   Die Summe der ersten n ganzen Zahlen ist gleich $\frac{n(n+1)}{2}$, und die Summe der Quadrate der ersten n ganzen Zahlen ist gleich $\frac{n(n+1)(2n+1)}{6}$.

   Damit haben Sie folgendes:

   $$\frac{1}{64}\left(\frac{20(20+1)(2\cdot 20+1)}{6}\right) + \frac{3}{16}\left(\frac{20(20+1)}{2}\right)$$
   $$= \frac{1}{64}\left(\frac{20\cdot 21\cdot 41}{6}\right) + \frac{3}{16}\cdot 10\cdot 21$$
   $$= \frac{17220}{384} + \frac{630}{16}$$
   $$\approx 84{,}2$$

8. **Drücken Sie die Summe unter Verwendung von n Rechtecken statt 20 Rechtecken aus.**

   Sehen Sie sich wieder Schritt 5 an. Das $\frac{1}{4}$ außen und die zwei $\frac{1}{4}$ innen kommen von der Breite der Rechtecke, die Sie erhalten, indem Sie 5 (die Spanne) durch 20 dividieren. Die Breite jedes Rechtecks könnte also als $\frac{5}{20}$ dargestellt werden.

   Um n Rechtecke statt 20 zu addieren, ersetzen Sie einfach 20 durch n – also $\frac{5}{n}$. Die drei $\frac{1}{4}$ werden also zu $\frac{5}{n}$. Gleichzeitig ersetzen Sie die 20 oben am $\sum$ durch ein n:

   $$\frac{5}{n}\sum_{i=1}^{n}\left[\left(\frac{5}{n}i\right)^2 + 3\left(\frac{5}{n}i\right)\right]$$

9. Vereinfachen Sie wie in Schritt 6.

$$=\frac{5}{n}\sum_{i=1}^{n}\left(\frac{5}{n}i\right)^2+\frac{5}{n}\sum_{i=1}^{n}3\left(\frac{5}{n}i\right)$$
$$=\frac{5}{n}\sum_{i=1}^{n}\frac{25}{n^2}i^2+\frac{5}{n}\sum_{i=1}^{n}\frac{15}{n}i$$
$$=\frac{125}{n^3}\sum_{i=1}^{n}i^2+\frac{75}{n^2}\sum_{i=1}^{n}i$$

10. Jetzt ersetzen Sie die Sigma-Summen durch die Ausdrücke für die Summen der ganzen Zahlen und der Quadrate ganzer Zahlen, wie in Schritt 7.

$$=\frac{125}{n^3}\left(\frac{n(n+1)(2n+1)}{6}\right)+\frac{75}{n^2}\left(\frac{n(n+1)}{2}\right)$$
$$=\frac{250n^2+375n+125}{6n^2}+\frac{75n^2+75n}{2n^2}$$
$$=\frac{475n^2+600n+125}{6n^2}$$

Fertig! Endlich! Das ist die Formel für die Annäherung der Fläche unter $f(x) = x^2 + 3x$ von 0 bis 5 mit n Rechtecken – je mehr Rechtecke Sie verwenden, desto besser wird Ihre Schätzung. Sie können es jetzt vermutlich kaum mehr erwarten, selbst solche Aufgaben zu lösen.

Überprüfen Sie dieses Ergebnis, indem Sie 20 für n einsetzen, um festzustellen, ob Sie dieselbe Lösung erhalten wie bei der Version mit den 20 Rechtecken:

$$=\frac{475(20)^2+600(20)+125}{6(20)^2}\approx 84{,}2$$

Passt!

Aufgabe 5

Berechnen Sie $\sum_{i=1}^{10}4$.

Aufgabe 6

Berechnen Sie $\sum_{i=0}^{9}(-1)^i(i+1)^2$.

Aufgabe 7

Berechnen Sie $\sum_{i=1}^{50}(3i^2+2i)$.

Aufgabe 8

Drücken Sie die folgende Summe mit Hilfe der Sigma-Notation aus: 30 + 35 + 40 + 45 + 50 + 55 + 60.

Aufgabe 9

Drücken Sie die folgende Summe mit Hilfe der Sigma-Notation aus: 8 + 27 + 64 + 125 + 216.

Aufgabe 10

Drücken Sie folgendes mit der Sigma-Notation aus: –2 + 4 – 8 + 16 – 32 + 64 – 128 + 256 – 512 + 1024

Aufgabe *11

Drücken Sie unter Verwendung der Sigma-Notation eine Annäherung mit 8 rechten Rechtecken der Fläche unter $g(x) = 2x^2 + 5$ von 0 bis 4 aus. Anschließend berechnen Sie die Annäherung.

Aufgabe *12

Schreiben Sie unter Verwendung des Ergebnisses aus Aufgabe 11 eine Formel für die Annäherung der Fläche unter g von 0 bis 5 mit n Rechtecken.

Nah ist nicht genug: Das bestimmte Integral und die exakte Fläche

Und jetzt endlich die erste Analysis in diesem Kapitel. Warum sollte man sich mit angenäherten Flächen zufrieden geben, wenn man mit Hilfe des bestimmten Integrals die exakte Fläche bestimmen kann?

Die exakte Fläche einer Kurve zwischen a und b ist gegeben durch das *bestimmte Integral*, das wie folgt definiert ist:

$$\int_a^b f(x)\,dx = \lim_{n\to\infty} \sum_{i=1}^{n} \left[f(x_i) \cdot \left(\frac{b-a}{n} \right) \right]$$

In natürlicher Sprache bedeutet das einfach, dass Sie die exakte Fläche unter einer Kurve zwischen zwei Punkten mit Hilfe der Formel berechnen können, die Sie in Schritt 10 des vorigen Beispiels erhalten haben, und dann den Grenzwert dieser Formel bestimmen, wenn n gegen Unendlich geht. (Ok, das war vielleicht auch nicht ganz einfach, aber zumindest auf Deutsch.)

Die Funktion innerhalb des bestimmten Integrals wird als *Integrand* bezeichnet.

Beispiel

Die Lösung für das Beispiel im letzten Abschnitt hat die angenäherte Fläche unter $f(x) = x^2 + 3x$ von 0 bis 5 durch n Rechtecke angegeben als $\dfrac{475n^2+600n+125}{6n^2}$. Für 20 Rechtecke haben Sie eine angenäherte Fläche von ~84,2 berechnet. Berechnen Sie mit Hilfe dieser Formel und Ihres Taschenrechners die angenäherte Fläche mit 50, 100, 1.000 und 10.000 Rechtecken. Anschließend verwenden Sie die Definition des bestimmten Integrals, um die exakte Fläche zu bestimmen.

Lösung

Die exakte Fläche ist $79{,}1\overline{6}$.

$$\begin{aligned}
Fläche_{50R} &\approx \frac{475\cdot 50^2+600\cdot 50+125}{6\cdot 50^2}\\
&\approx 81{,}175\\
Fläche_{100R} &\approx 80{,}169\\
Fläche_{1000R} &\approx 79{,}267\\
Fläche_{10000R} &\approx 79{,}177
\end{aligned}$$

Diese Schätzungen werden immer besser. Irgendwann laufen sie auf etwas nah bei 79 hinaus. Und jetzt zum Zauber der Analysis – Sie addieren einfach unendlich viele Rechtecke (oder jedenfalls so gut wie).

$$\int_a^b f(x)dx = \lim_{n\to\infty}\sum_{i=1}^{n}\left[f(x_i)\cdot\left(\frac{b-a}{n}\right)\right]$$

$$\begin{aligned}
\int_0^5 (x^2+3x)dx &= \lim_{n\to\infty}\left(\frac{475n^2+600n+125}{6n^2}\right)\\
&= \frac{475}{6}\\
&= 79{,}1\overline{6} \quad oder \quad 79\frac{1}{6}
\end{aligned}$$

Die Lösung $\frac{475}{6}$ folgt unmittelbar aus den Regeln für die horizontale Asymptote (siehe Kapitel 4). Sie können den Bruch aus der zweiten Zeile oben auch in drei Teile zerlegen und den Grenzwert ausführlich berechnen:

$$\begin{aligned}
&= \lim_{n\to\infty}\left(\frac{475n^2}{6n^2}+\frac{600}{6n^2}+\frac{125}{6n^2}\right)\\
&= \lim_{n\to\infty}\frac{475}{6}+\lim_{n\to\infty}\frac{100}{n}+\lim_{n\to\infty}\frac{125}{6n^2}\\
&= \frac{475}{6}+0+0\\
&= \frac{475}{6}
\end{aligned}$$

Aufgabe 13

In Aufgabe 11 schätzen Sie die Fläche unter $g(x) = 2x^5 + 5$ von 0 bis 4 mit 8 Rechtecken. Das Ergebnis sind 71 Quadrateinheiten.

1. Verwenden Sie Ihr Ergebnis aus Aufgabe 12, um die Fläche unter g mit 50, 100, 1.000 und 10.000 Rechtecken anzunähern.

2. Jetzt verwenden Sie Ihr Ergebnis aus Aufgabe 12 und die Definition des bestimmten Integrals, um die *exakte* Fläche unter $2x^5 + 5$ von 0 bis 4 zu bestimmen.

Aufgabe 14

1. Gegeben sind die folgenden Formeln für n linke, rechte und Mittelpunktsrechtecke für die Fläche unter $x^2 + 1$ von 0 bis 3. Nähern Sie die Fläche mit 50, 100, 1.000 und 10.000 Rechtecken an, indem Sie die jeweiligen Formeln anwenden:

$$L_{nR} = \frac{24n^2 - 27n + 9}{2n^2}$$

$$R_{nR} = \frac{24n^2 + 27n + 9}{2n^2}$$

$$M_{nR} = \frac{48n^2 - 9}{4n^2}$$

2. Wenden Sie die Definition des bestimmten Integrals für jede der drei Formeln aus dem ersten Teil der Aufgabe an, um die exakte Fläche von $x^2 + 1$ von 0 bis 3 zu bestimmen.

Fläche mit der Trapezregel und mit der Regel von Simpson bestimmen

Zum Abschluss dieses Kapitels stelle ich Ihnen zwei weitere Methoden vor, eine Fläche anzunähern. Sie können diese Methoden einsetzen, wenn es nicht möglich ist, die exakte Fläche zu bestimmen. (Glauben Sie mir einfach, dass es Funktionen gibt, die nicht mit der gewöhnlichen Integration bezwungen werden können.) Bei der Trapezregel zeichnen Sie Trapeze unter die Kurve anstelle von Rechtecken. Sehen Sie sich dazu Abbildung 9.1 an. Sie zeigt dieselbe Funktion, die ich auch schon im ersten Beispiel dieses Kapitels dargestellt habe.

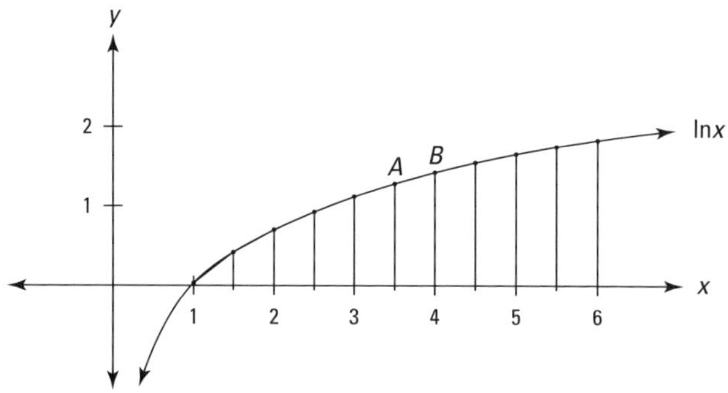

Abbildung 9.1: Zehn Trapeze
(eigentlich ist eines davon ein Dreieck, aber es verhält sich genau wie ein Trapez).

Hinweis. Sie sehen die Trapeze nicht, weil ihre oberen Kanten mit der Kurve zusammenfallen, $y = \ln x$. Aber zwischen jedem Punktepaar, wie etwa A und B, befindet sich eine gerade Trapezoberkante auf dem gekrümmten Abschnitt von $y = \ln x$.

Die Trapezregel: Mit der folgenden Formel können Sie durch eine Summe von Trapezen die exakte Fläche unter einer Kurve zwischen a und b, $\int_a^b f(x)\,dx$, berechnen. Im Allgemeinen gilt, je mehr Trapeze Sie haben, desto besser ist die Schätzung.

$$T_n = \frac{b-a}{2n}\left[f(x_0)+2f(x_1)+2f(x_2)+2f(x_3)+\ldots+2f(x_{n-1})+f(x_n)\right]$$

Dabei ist n die Anzahl der Trapeze, x_0 ist a und x_1 bis x_n sind die in gleichen Abständen angeordneten x-Koordinaten der rechten Kanten der Trapeze 1 bis n.

Die Simpson-Regel verwendet ebenfalls trapezähnliche Formen, außer dass hier die Oberkante jedes einzelnen »Trapez« keine gerade Linie ist, wie in Abbildung 9.1 gezeigt, sondern eine Kurve (eigentlich ein kleiner Parabelabschnitt), die sehr nah an der Funktion liegt. Weil diese kleinen Parabelabschnitte so nah an der Funktion liegen, bietet die Simpson-Regel die beste Flächenannäherung aller Methoden. Wenn Sie sich jetzt fragen, wieso Sie sich mit der Trapezregel beschäftigen, wo doch die Simpson-Regel ein viel besseres Ergebnis erbringt, verbuchen Sie dies einfach als Sadismus der Analysis-Branche.

Simpson-Regel: Sie können die genaue Fläche unter einer Kurve zwischen a und b, $\int_a^b f(x)\,dx$ mit einer Summe von »Trapezen« mit parabelförmiger Oberkante annähern, indem Sie die folgende Formel anwenden. Im Allgemeinen gilt, je mehr »Trapeze« Sie haben, desto besser ist die Schätzung.

$$S_n = \frac{b-a}{3n}\left[f(x_0)+4f(x_1)+2f(x_2)+4f(x_3)+2f(x_4)+\ldots+4f(x_{n-1})+f(x_n)\right]$$

Dabei ist n die doppelte Anzahl der »Trapeze«, und x_0 bis x_n sind die $n + 1$ in gleichmäßigen Abständen angeordneten x-Koordinaten von a bis b.

Beispiel

Schätzen Sie die Fläche unter $f(x) = \ln x$ von 1 bis 6 mit 10 Trapezen. Anschließend berechnen Sie den prozentualen Fehler.

Lösung

Die angenäherte Fläche ist 5,733. Der Fehler beträgt etwa 0,31 %.

1. **Skizzieren Sie die Funktion und die 10 Trapeze.**

   Schon passiert – siehe Abbildung 9.1.

2. **Listen Sie die Werte für *a*, *b* und *n* auf und bestimmen Sie die 11 *x*-Werte, x_0 bis x_{10} (die linke Ecke des ersten Trapezoids sowie die 10 rechten Kanten der 10 Trapeze).**

   Beachten Sie, dass in dieser und allen vergleichbaren Aufgabenstellungen a gleich x_0 ist, und b gleich x_n (in diesem Fall x_{10}).

   $a = 1$

   $b = 6$

   $n = 10$

   $x_0 = 1, x_1 = 1{,}5, x_2 = 2, x_3, = 2{,}5, \ldots, x_{10} = 6$

3. **Setzen Sie diese Werte in die Trapezregel-Formel ein und lösen Sie.**

$$T_{10} = \frac{6-1}{2\cdot 10}(\ln 1 + 2\ln 1{,}5 + 2\ln 2 + 2\ln 2{,}5 + 2\ln 4 + 2\ln 3{,}5 + 2\ln 4 + 2\ln 4{,}5 + 2\ln 5 + 2\ln 5{,}5 + \ln 6)$$

$$\approx \frac{5}{20}(0 + 0{,}811 + 1{,}386 + 1{,}833 + 2{,}197 + 2{,}506 + 2{,}773 + 3{,}008 + 3{,}219 + 3{,}409 + 1{,}792)$$

$$\approx 5{,}733$$

4. **Berechnen Sie den prozentualen Fehler.**

   Mein TI-89 teilt mir mit, dass die exakte Fläche gleich 5,7505568153635... ist. Für diese Aufgabe runde ich dies auf 5,751. Der prozentuale Fehler ist der Fehler dividiert durch die exakte Fläche. Sie erhalten also:

   Prozentualer Fehler

$$\approx \frac{5{,}751 - 5{,}733}{5{,}751} \approx 0{,}0031 = 0{,}31\,\%$$

   Verglichen mit dem Fehler bei den Mittelpunktrechtecken, den wir in der Lösung zu Aufgabe 2 berechnet haben: 0,14 %. Im Allgemeinen ist der Fehler mit einer Trapezabschätzung etwa das Doppelte des entsprechenden Mittelpunktrechecksfehlers.

Beispiel

Schätzen Sie die Fläche unter $f(x) = \ln x$ von 1 bis 6 mit 10 Trapezen nach der Simpson-Regel. Anschließend berechnen Sie den prozentualen Fehler.

Lösung

Die angenäherte Fläche beträgt 5,751. Es gibt einen Fehler von nur 0,00069 %.

1. **Listen Sie die Werte für *a*, *b* und *n* auf und bestimmen Sie die 21 *x*-Werte x_0 bis x_{20}, die 11 Kanten und 10 Grundlinienmittelpunkte der 10 Trapeze mit gekrümmter Oberkante.**

   $a = 1$

   $b = 6$

   $n = 20$

   $x_0 = 1, x_1 = 1{,}25, x_2 = 1{,}5, x_3 = 1{,}75, \ldots, x_{20} = 6$

2. **Setzen Sie diese Werte in die Formel ein.**

   $$S_{20} = \frac{6-1}{3 \cdot 20}(\ln 1 + 4\ln 1{,}25 + 2\ln 1{,}5 + 4\ln 1{,}75 + 2\ln 2 + \ldots + 4\ln 5{,}75 + \ln 6)$$
   $$\approx \frac{5}{60}(69{,}006202893232)$$
   $$\approx 5{,}7505169$$

3. **Berechnen Sie den prozentualen Fehler.**

   Die exakte Antwort ist ebenfalls 5,7505568153635…. Runden Sie dies ab auf 5,7505568.

   Prozentualer Fehler
   $$\approx \frac{5{,}7505568 - 5{,}7505169}{5{,}7505568} \approx 0{,}0000069$$
   $$\approx 0{,}00069\ \%$$

   Das ist sehr viel besser als die Mittelpunkts- oder Trapezabschätzung. Beeindruckt?

Aufgabe 15

Schätzen Sie in Anschluss an Aufgabe 4 die Fläche unter $y = \sin x$ von 0 bis π mit 8 Trapezen. Berechnen Sie den prozentualen Fehler.

Aufgabe 16

Schätzen Sie dieselbe Fläche wie in Aufgabe 15 mit 16 und 24 Trapezen und berechnen Sie die prozentualen Fehler.

Aufgabe 17

Nähern Sie dieselbe Fläche wie in Aufgabe 15 mit 8 »Trapezen« nach der Simpson-Regel an und berechnen Sie den prozentualen Fehler.

Aufgabe 18

Verwenden Sie die folgende Abkürzung, um S_{20} für die Fläche unter $\ln x$ von 1 bis 6 zu berechnen. (Verwenden Sie die Ergebnisse aus Aufgabe 2 und des ersten Beispiels in diesem Abschnitt.)

Abkürzung: Wenn Sie die Mittelpunkts- und Trapezabschätzungen für n Rechtecke kennen, können Sie die Abkürzung nach der Simpson-Regel für n »Trapeze« mit gekrümmter Oberkante mit Hilfe der folgenden Formel ganz einfach berechnen:

$$S_{2n} = \frac{M_n + M_n + T_n}{3}$$

Lösungen für die Einführung in die Integration

1. 1. Schätzen Sie die Fläche unter $f(x) = \ln x$ von 1 bis 6 (wie im Beispiel), jetzt aber unter Verwendung 10 *linker* Rechtecke. **Die Fläche ist 5,285.**

   a. Skizzieren Sie einen Graphen und unterteilen Sie die Intervalle in 10 Unterintervalle.

   b. I. Zeichnen Sie das erste *linke* Rechteck, indem Sie Ihren Stift am linken Ende der ersten Grundlinie ansetzen (d.h. bei $x = 1$) und gerade aus nach oben zeichnen, bis Sie die Funktion treffen.

   Hoppla – bei $x = 1$ befinden Sie sich schon auf der Funktion! Sie wissen was das bedeutet? Es gibt kein erstes Rechteck, bzw. ein Rechteck mit einer Höhe von 0 und einer Fläche von 0.

   II. Zeichnen Sie das »zweite« Rechteck, indem Sie Ihren Stift bei $x = 1{,}5$ ansetzen und gerade nach oben zeichnen, bis Sie $f(x) = \ln x$ treffen. Anschließend zeichnen Sie nach rechts, bis Sie sich unmittelbar über $x = 2$ befinden. Anschließend geht es wieder nach unten bis zur x-Achse. Sehen Sie sich dazu die folgende Abbildung an.

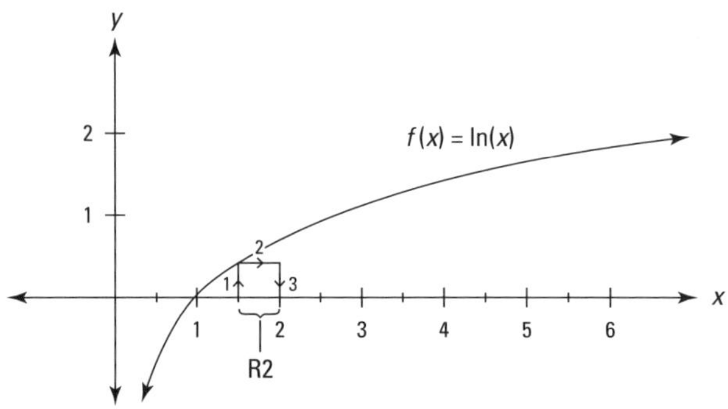

   c. Zeichnen Sie die weiteren Rechtecke. Sehen Sie sich dazu die folgende Abbildung an.

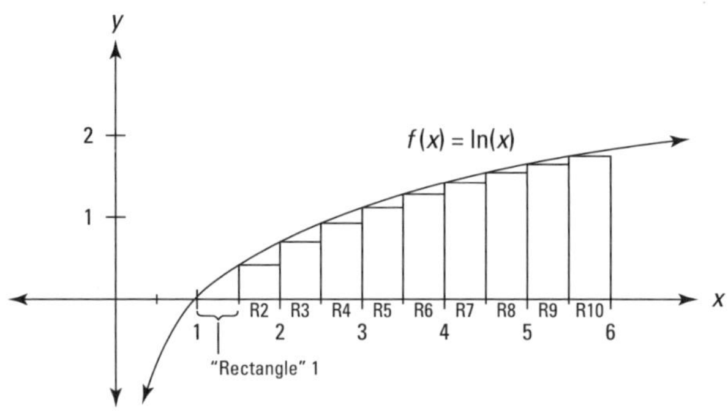

d. Berechnen Sie Ihre Annäherung.

$$
\begin{aligned}
\mathit{Fläche}_{10LR} &= \frac{1}{2}(\ln 1 + \ln 1{,}5 + \ln 2 + \ln 2{,}5 + \ln 3 + \ln 3{,}5 + \ln 4 + \ln 4{,}5 + \ln 5 + \ln 5{,}5) \\
&= \frac{1}{2}(0 + 0{,}405 + 0{,}693 + 0{,}916 + 1{,}099 + 1{,}253 + 1{,}386 + 1{,}504 + 1{,}609 + 1{,}705) \\
&= \frac{1}{2}(10{,}57) \\
&= 5{,}285
\end{aligned}
$$

2. In welcher Beziehung steht diese Annäherung zu der Fläche, die mit Hilfe von 10 rechten Rechtecken bestimmt wurde? Betrachten Sie die zweite Zeile der Berechnung in Schritt 4. Beachten Sie, dass die Summe der 10 Zahlen innerhalb der Klammern die ersten 9 Zahlen in derselben Zeile bei der Berechnung für rechte Rechtecke beinhaltet (siehe Beispiel). Der einzige Unterschied ist, dass die Summe für linke Rechtecke eine 0 am linken Ende, die Summe für rechte Rechtecke eine 1,792 am rechten Ende stehen hat.

   Wenn Sie sich die Abbildung in Schritt 2 des Beispiels ansehen und dann die Abbildung in Schritt 3 der Lösung zu 1(a), erkennen Sie, warum dies so ist. Das erste Rechteck in der Beispielabbildung ist identisch mit dem zweiten Rechteck in der Abbildung von Lösung 1(a). Das zweite Rechteck in der Beispielabbildung ist identisch mit dem dritten Rechteck in der Abbildung von Lösung 1(a) usw. Der einzige Unterschied ist, dass die Abbildung von Lösung 1(a) das am weitesten links gelegene »Rechteck« (das unsichtbare) beinhaltet, und die Beispielabbildung das höchste, am weitesten rechts gelegene Rechteck.

Eine Summe linker Rechtecke und eine Summe rechter Rechtecke unterscheiden sich immer um den Betrag der Flächendifferenz aus dem am weitesten links gelegenen linken Rechteck und dem am weitesten rechts gelegenen rechten Rechteck. (Merken Sie sich diesen Satz und zitieren Sie ihn vor der Klasse – mit erhobenem Zeigefinger! Sie werden Bewunderung ernten.)

2. Nähern Sie dieselbe Fläche erneut unter Verwendung von 10 Mittelpunktsrechtecken an. **Die angenäherte Fläche ist 5,759.**

   a. Skizzieren Sie Ihre Kurve und die 10 Unterintervalle.

   b. Berechnen Sie die Mittelpunkte der Grundlinien aller Rechtecke. Das ist kein Problem: 1,25, 1,75, 2,25, …, 5,75.

   c. Zeichnen Sie das erste Rechteck. Beginnen Sie am Punkt auf $f(x) = \ln x$ direkt oberhalb von $x = 1{,}25$, dann gehen Sie nach links, bis Sie sich genau über $x = 1$ befinden, und dann nach rechts, bis Sie sich über 1,5 befinden, und dann von diesen beiden Punkten nach unten, um die beiden Seiten zu erstellen.

d. Zeichnen Sie die weiteren neun Rechtecke. Sehen Sie sich dazu die folgende Abbildung an.

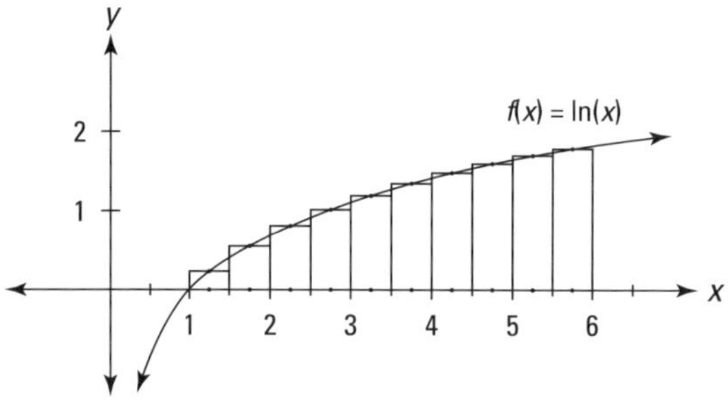

e. Berechnen Sie Ihre Schätzung.

$$\begin{aligned}
Fläche_{10MR} &= \frac{1}{2}(\ln 1{,}25 + \ln 1{,}75 + \ln 2{,}25 + \ln 2{,}75 + \ln 3{,}25 + \ln 3{,}75 + \ln 4{,}25 + \ln 4{,}75 + \\
&\quad \ln 5{,}25 + \ln 5{,}75) \\
&\approx \frac{1}{2}(0{,}223 + 0{,}560 + 0{,}811 + 1{,}012 + 1{,}179 + 1{,}322 + 1{,}447 + 1{,}558 + \\
&\quad 1{,}658 + 1{,}749) \\
&\approx 5{,}760
\end{aligned}$$

3. Ordnen Sie die Annäherungen aus dem Beispiel sowie aus den Aufgaben 1 und 2 von der besten zu schlechtesten und begründen Sie Ihre Anordnung. **Die Mittelpunktrechtecke ergeben die beste Schätzung, weil jedes Rechteck über die Kurve geht (in dieser Hinsicht ist es zu groß) und gleichzeitig eine gewisse Lücke unterhalb der Kurve lässt (in dieser Hinsicht ist es zu klein). Diese beiden Fehler heben sich mehr oder weniger auf. Die genaue Fläche beträgt übrigens etwa 5,751. Die angenäherte Fläche mit 10 Mittelpunktrechtecken von 5,759 liegt nur 0,14 % daneben.**

   Schwieriger ist es, die Schätzungen mit linken im Vergleich zu rechten Rechtecken einzuordnen. Glückwunsch, wenn Sie erkannt haben, dass aufgrund der Form von $f(x) = \ln x$ (technisch gesagt: weil es konkav (nach unten gekrümmt) geht und dabei steigt), die rechten Rechtecke eine etwas bessere Schätzung ergeben. Es stellt sich heraus, dass die Annäherung mit Hilfe rechter Rechtecke um 7,48 % daneben liegt, die Annäherung mit Hilfe linker Rechtecke um 8,10 %. Wenn Sie diese Frage nicht beantworten konnten, machen Sie sich keine größeren Gedanken. Sie ist unter der Rubrik Zusatzpunkte einzuordnen.

4. Verwenden Sie 8 linke, rechte und Mittelpunktsrechtecke, um die Fläche unter $\sin x$ von 0 bis π anzunähern.

   Los geht's. Hier folgen die Berechnungen für 8 linke Rechtecke, 8 rechte Rechtecke und 8 Mittelpunktrechtecke.

$$Fläche_{LR} = \frac{\pi}{8}\left(\sin 0 + \sin\frac{\pi}{8} + \sin\frac{2\pi}{8} + \sin\frac{3\pi}{8} + \sin\frac{4\pi}{8} + \sin\frac{5\pi}{8} + \sin\frac{6\pi}{8} + \sin\frac{7\pi}{8}\right)$$

$$= \frac{\pi}{8}(0 + 0{,}383 + 0{,}707 + 0{,}924 + 1 + 0{,}924 + 0{,}707 + 0{,}383) = \frac{\pi}{8}(5{,}027) = \mathbf{1{,}974}$$

$$Fläche_{RR} = \frac{\pi}{8}\left(\sin\frac{\pi}{8} + \sin\frac{2\pi}{8} + \sin\frac{3\pi}{8} + \sin\frac{4\pi}{8} + \sin\frac{5\pi}{8} + \sin\frac{6\pi}{8} + \sin\frac{7\pi}{8} + \sin\pi\right)$$

$$= \frac{\pi}{8}(0{,}383 + 0{,}707 + 0{,}924 + 1 + 0{,}924 + 0{,}707 + 0{,}383 + 0) = \frac{\pi}{8}(5{,}027) = \mathbf{1{,}974}$$

$$Fläche_{MR} = \frac{\pi}{8}\left(\sin\frac{\pi}{16} + \sin\frac{3\pi}{16} + \sin\frac{5\pi}{16} + \sin\frac{7\pi}{16} + \sin\frac{9\pi}{16} + \sin\frac{11\pi}{16} + \sin\frac{13\pi}{16} + \sin\frac{15\pi}{16}\right)$$

$$= \frac{\pi}{8}(0{,}195 + 0{,}556 + 0{,}831 + 0{,}981 + 0{,}981 + 0{,}831 + 0{,}556 + 0{,}195)$$

$$= \frac{\pi}{8}(5{,}126) = \mathbf{2{,}013}$$

Die exakte Fläche unter $\sin x$ von 0 bis π hat die wunderbar einfache Lösung 2. Der Fehler der Mittelpunktrechteckschätzung ist 0,65 %, die beiden anderen haben einen Fehler von 1,3 %. Die Schätzungen mit linken und rechten Rechtecken sind übrigens gleich, weil die Sinuswelle symmetrisch ist.

5. $\sum_{i=1}^{10} 4 = \mathbf{40.}$

Wie es bei vielen Aufgaben in der Mathematik häufig der Fall ist, ist diese sehr einfache Version einer Sigma-Summe überraschend knifflig. Hier gibt es keine Stelle, an der das i einzusetzen ist, deshalb zählt das i nur als Zähler:

$$\sum_{i=1}^{10} 4 = 4 + 4 + 4 + 4 + 4 + 4 + 4 + 4 + 4 + 4 = 40$$

6. $\sum_{i=0}^{9} (-1)^i (i+1)^2 = \mathbf{-55}$

$$= (-1)^0(0+1)^2 + (-1)^1(1+1)^2 + (-2)^2(2+1)^2 + \ldots$$
$$= 1^2 - 2^2 + 3^2 - 4^2 + 5^2 - 6^2 + 7^2 - 8^2 + 9^2 - 10^2$$
$$= -55$$

7. $\sum_{i=1}^{50} (3i^2 + 2i) = \mathbf{131{,}325}$

$$= \sum_{i=1}^{50} 3i^2 + \sum_{i=1}^{50} 2i = 3\sum_{i=1}^{50} i^2 + 2\sum_{i=1}^{50} i$$

$$= 3\left(\frac{50(50+1)(2\cdot 50+1)}{6}\right) + 2\left(\frac{50(50+1)}{2}\right) = 131{,}325$$

8. $30 + 35 + 40 + 45 + 50 + 55 + 60 = \sum_{k=6}^{12} 5k$ **oder** $\sum_{k=1}^{7} 5(k+5)$ **oder** $\sum_{k=1}^{7}(5k+25)$

9. $8 + 27 + 64 + 125 + 216 = \sum_{k=2}^{6} k^3$ **oder** $\sum_{k=1}^{5}(k+1)^3$. Haben Sie das Muster erkannt?

10. $-2 + 4 - 8 + 16 - 32 + 64 - 128 + 256 - 512 + 1024 = \sum_{i=1}^{10}(-1)^i 2^i$ **oder** $\sum_{i=1}^{10}(-2)^i$

Wenn sich die Terme in einer Sigma-Summe zwischen positiv und negativ abwechseln sollen, verwenden Sie im Argument (–1) erhoben in eine Potenz. Die Potenz ist im Allgemeinen i oder $i + 1$.

*11. Drücken Sie unter Verwendung der Sigma-Notation eine Annäherung mit 8 rechten Rechtecken der Fläche unter $g(x) = 2x^2 + 5$ von 0 bis 4 aus. Anschließend berechnen Sie die Annäherung. **Die Notation und die Annäherung sind** $\frac{1}{4}\sum_{i=1}^{8} i^2 + 20 = 71$.

a. Skizzieren Sie $g(x)$. Das können Sie jetzt selbst.

b. Drücken Sie aus, wie Ihre Summe vom Konzept her auszusehen hat:

$$\sum_{8\,Rechtecke}(Grundlinie \cdot Höhe)$$

c. Bestimmen Sie die Grundlinie und setzen Sie ein.

$$Grundlinie = \frac{4-0}{8} = \frac{1}{2}$$

$$\sum_{8}\left(\frac{1}{2} \cdot Höhe\right) = \frac{1}{2}\sum_{8} Höhe$$

d. Drücken Sie die Höhe als Funktion des Summationsindex aus und fügen Sie die Summationsgrenzen ein:

$$\frac{1}{2}\sum_{i=1}^{8} f\left(\frac{1}{2}i\right)$$

e. Setzen Sie Ihre Funktion ein, $g(x) = 2x^2 + 5$.

$$= \frac{1}{2}\sum_{i=1}^{8}\left[2\left(\frac{1}{2}i\right)^2 + 5\right]$$

f. Vereinfachen Sie: $= \frac{1}{2}\sum_{i=1}^{8} 2\left(\frac{1}{2}i\right)^2 + \frac{1}{2}\sum_{i=1}^{8} 5 = \sum_{i=1}^{8}\left(\frac{1}{2}\right)^2 i^2 + \frac{1}{2}\cdot 40 = \frac{1}{4}\sum_{i=1}^{8} i^2 + 20$

g. Verwenden Sie die Quadratsummenregel, um die Berechnung fertig zu stellen:
$=\frac{1}{4}\left(\frac{8(8+1)(2\cdot 8+1)}{6}\right)+20=51+20=71$

*12. Schreiben Sie unter Verwendung des Ergebnisses aus Aufgabe 11 eine Formel für die Annäherung der Fläche unter g von 0 bis 5 mit n Rechtecken. **Die Formel lautet**

$$\mathbf{\frac{188n^2+192n+64}{3n^2}}.$$

a. Wandeln Sie die Sigma-Formel für die Summierung von 8 Rechtecken in eine Sigma-Formel für die Summierung von n Rechtecken um.

Sehen Sie sich Schritt 5 aus der vorigen Lösung an. Die Zahl $\frac{1}{2}$ erscheint zweimal. Sie hatten $\frac{1}{2}$ bei der Berechnung der Grundlinienbreite der einzelnen Rechtecke. Das bedeutet, $\frac{4-0}{8}$ oder $\frac{4}{8}$. Sie brauchen eine Formel für n Rechtecke statt 8, deshalb verwenden Sie $\frac{4}{n}$ statt $\frac{1}{2}$ und ersetzen die 8 über dem $\sum$ durch n.

$$\frac{4}{n}\sum_{i=1}^{n}\left[2\left(\frac{4}{n}i\right)^2+5\right]$$

b. Vereinfachen Sie: $=\frac{4}{n}\sum_{i=1}^{n}2\left(\frac{4}{n}i\right)^2+\frac{4}{n}\sum_{i=1}^{n}5=\frac{4}{n}\sum_{i=1}^{n}\left(2\cdot\frac{16}{n^2}\cdot i^2\right)+\frac{4}{n}\cdot 5n=\frac{128}{n^3}\sum_{i=1}^{n}i^2+20$

c. Verwenden Sie die Quadratsummenformel.

$$=\frac{128}{n^3}\left(\frac{n(n+1)(2n+1)}{6}\right)+20=\frac{128n^2+192n+64}{3n^2}+20=\frac{188n^2+192n+64}{3n^2}$$

13. 1. Verwenden Sie Ihr Ergebnis aus Aufgabe 12, um die Fläche unter g mit 50, 100, 1.000 und 10.000 Rechtecken anzunähern.

$$\mathit{Fläche}_{nR}=\frac{188n^2+192n+64}{3n^2}$$

$$\mathit{Fläche}_{50R}=\frac{188\cdot 50^2+192\cdot 50+64}{3\cdot 50^2}$$

$$\approx \mathbf{63{,}955}$$

Weil alle Schätzungen mit rechten Rechtecken dieser Kurve Überschätzungen sind, zeigt dieses Ergebnis, wie weit die Annäherung von 71 Quadrateinheiten entfernt lag. Die Lösungen für die restlichen Annäherungen sind:

$$Fläche_{100R} \approx \mathbf{63{,}309}$$
$$Fläche_{1000R} \approx \mathbf{62{,}731}$$
$$Fläche_{10000R} \approx \mathbf{62{,}673}$$

2. Jetzt verwenden Sie Ihr Ergebnis aus Aufgabe 12 und die Definition des bestimmten Integrals, um die *exakte* Fläche unter $2x^5 + 5$ von 0 bis 4 zu bestimmen. **Die Fläche ist 62,666... oder 62⅔.**

$$\int_a^b f(x)dx = \lim_{n\to 0} \sum_{i=1}^{n} \left[f(x_i)\left(\frac{b-a}{n}\right)\right]$$

$$\int_0^4 (2x^2+5)dx = \lim_{n\to\infty} \frac{188n^2+192n+64}{3n^2}$$

$$= \frac{188}{3} = 62{,}\overline{6} \text{ oder } 62\frac{2}{3}$$

14. 1. Gegeben sind die folgenden Formeln für n linke, rechte und Mittelpunktsrechtecke für die Fläche unter $x^2 + 1$ von 0 bis 3. Nähern Sie die Fläche mit 50, 100, 1.000 und 10.000 Rechtecken an, indem Sie die jeweiligen Formeln anwenden.

$L_{50R} \approx \mathbf{11.732}$	$R_{50R} \approx \mathbf{12{,}272}$	$M_{50R} \approx \mathbf{11{,}9991}$
$L_{100R} \approx \mathbf{11.865}$	$R_{100R} \approx \mathbf{12{,}135}$	$M_{100R} \approx \mathbf{11{,}999775}$
$L_{1000R} \approx \mathbf{11.987}$	$R_{1000R} \approx \mathbf{12{,}014}$	$M_{1000R} \approx \mathbf{11{,}99999775}$
$L_{10000R} \approx \mathbf{11.999}$	$R_{10000R} \approx \mathbf{12{,}001}$	$M_{10000R} \approx \mathbf{11{,}9999999775}$

Aus den Ergebnissen erkennen Sie, wie viel besser die Mittelpunktrechteckabschätzungen gegenüber den beiden anderen Methoden sind.

2. Wenden Sie die Definition des bestimmten Integrals für jede der drei Formeln aus dem ersten Teil der Aufgabe an, um die exakte Fläche von $x^2 + 1$ von 0 bis 3 zu bestimmen.

Für linke Rechtecke $\displaystyle\int_0^3 (x^2+1)dx = \lim_{n\to\infty} \frac{24n^2-27n+9}{2n^2} = \frac{24}{2} = \mathbf{12}$

Für rechte Rechtecke $\displaystyle\int_0^3 (x^2+1)dx = \lim_{n\to\infty} \frac{24n^2+27n+9}{2n^2} = \frac{24}{2} = \mathbf{12}$

Für Mittelpunktrechtecke $\displaystyle\int_0^3 (x^2+1)dx = \lim_{n\to\infty} \frac{48n^2-9}{4n^2} = \frac{48}{4} = \mathbf{12}$

Überraschung! Alle Ergebnisse sind gleich 12. Und das ist auch gut so, weil Sie die *exakte* Fläche berechnet haben.

15. Schätzen Sie in Anschluss an Aufgabe 4 die Fläche unter $y = \sin x$ von 0 bis π mit 8 Trapezen. Berechnen Sie den prozentualen Fehler. **Die angenäherte Fläche ist 1,974, der Fehler ist 1,3 %.**

   a. Listen Sie die Werte für a, b und n auf und bestimmen Sie die x-Werte x_0 bis x_8.

   $a = 0$

   $b = \pi$

   $n = 8$

   $$x_0 = 0, x_1 = \frac{\pi}{8}, x_2 = \frac{2\pi}{8}, x_3 = \frac{3\pi}{8}, \ldots, x_8 = \pi$$

   b. Setzen Sie diese Werte in die Formel ein.

   $$T_8 = \frac{\pi - 0}{2 \cdot 8}\left(\sin 0 + 2\sin\frac{\pi}{8} + 2\sin\frac{2\pi}{8} + 2\sin\frac{3\pi}{8} + \ldots + 2\sin\frac{7\pi}{8} + \sin\pi\right)$$
   $$\approx \frac{\pi}{16}(0 + 0{,}765 + 1{,}414 + 1{,}848 + \ldots + 0) \approx 1{,}974$$

   Die genaue Fläche 2 wurde in Aufgabe 4 ermittelt. Der prozentuale Fehler liegt also bei (2 – 1,974)/2 oder 1,3 %.

16. Schätzen Sie dieselbe Fläche wie in Aufgabe 15 mit 16 und 24 Trapezen und berechnen Sie die prozentualen Fehler.

$$T_{16} = \frac{\pi - 0}{2 \cdot 16}\left(\sin 0 + 2\sin\frac{\pi}{16} + 2\sin\frac{2\pi}{16} + 2\sin\frac{3\pi}{16} + \ldots + 2\sin\frac{15\pi}{16} + \sin\pi\right)$$
$$\approx \frac{\pi}{32}(0 + 0{,}390 + 0{,}765 + \ldots + 0) = \mathbf{1{,}994}$$

Der prozentuale Fehler für 16 Trapeze beträgt etwa 0,3 %.

$$T_{24} = \frac{\pi - 0}{2 \cdot 24}\left(\sin 0 + 2\sin\frac{\pi}{24} + 2\sin\frac{2\pi}{24} + 2\sin\frac{3\pi}{24} + \ldots + 2\sin\frac{23\pi}{24} + \sin\pi\right)$$
$$\approx \frac{\pi}{48}(0 + 0{,}261 + 0{,}518 + \ldots + 0) \approx \mathbf{1{,}997}$$

Der prozentuale Fehler für 24 Trapeze beträgt etwa 0,15 %.

17. Nähern Sie dieselbe Fläche wie in Aufgabe 15 mit 8 »Trapezen« nach der Simpson-Regel an und berechnen Sie den prozentualen Fehler. **Die Fläche für 8 »Trapeze« ist 2,00001659, der Fehler ist 0,000830 %.**

Für 8 Simpson-»Trapeze«:

a. Listen Sie die Werte für a, b und n auf und bestimmen Sie die x-Werte x_0 bis x_{16}, die 9 Kanten und die 8 Grundlinienmittelpunkte der »Trapeze« mit gekrümmter Oberkante.

$a = 0$

$b = \pi$

$n = 16$

$$x_0 = 0, x_1 = \frac{\pi}{16}, x_2 = \frac{2\pi}{16}, x_3 = \frac{3\pi}{16}, \ldots x_{16} = \pi$$

b. Setzen Sie diese Werte in die Formel ein.

$$S_{16} = \frac{\pi - 0}{3 \cdot 16}\left(\sin 0 + 4\sin\frac{\pi}{16} + 2\sin\frac{2\pi}{16} + 4\sin\frac{3\pi}{16} + 2\sin\frac{4\pi}{16} + \ldots + 4\sin\frac{15\pi}{16} + \sin\pi\right)$$

$$\approx \frac{\pi}{48}(0 + 0{,}7804 + 0{,}7654 + 2{,}2223 + 1{,}4142 + \ldots + 0{,}7804 + 0) \approx 2{,}00001659$$

Der prozentuale Fehler für acht Simpson-»Trapeze« ist 0,000830 %.

18. Verwenden Sie die folgende Abkürzung, um S_{20} für die Fläche unter $\ln x$ von 1 bis 6 zu berechnen.

Unter Verwendung der Formel in der Aufgabenstellung erhalten Sie:

$$S_{2n} = \frac{M_n + M_n + T_n}{3}$$

$$S_{20} = \frac{M_{10} + M_{10} + T_{10}}{3}$$

$$\approx \frac{5{,}759 + 5{,}759 + 5{,}733}{3}$$

$$\approx 5{,}750$$

Dies stimmt (bis auf einen kleinen Rundungsfehler) mit dem auf die harte Tour ermittelten Ergebnis der Beispielaufgabe für die Simpson-Regel überein.

Integration: Umgekehrte Differentiation

10

In diesem Kapitel...

- Die Flächenfunktion analysieren
- Den Hauptsatz der Differential- und Integralrechnung kennen lernen
- Raten und Prüfen
- Verwandlungen bestaunen

In diesem Kapitel bringen Sie die Integration so richtig in Schwung. Als erstes betrachten Sie die nervige Flächenfunktion, dann den Hauptsatz der Differential- und Integralrechnung und schließlich lernen Sie noch zwei Integrationsmethoden für Anfänger kennen.

Die furchtbar fade Flächenfunktion

Die Flächenfunktion ist nicht nur schwieriger, sondern auch weniger praktisch als der darauf folgende Stoff. Mit ein bisschen Glück überspringt Ihr Analysis-Lehrer sie oder vermittelt Ihnen nur eine kurze Einführung. Nachdem Sie den folgenden Abschnitt über den Hauptsatz der Differential- und Integralrechnung gelesen haben, werden Sie keinerlei Verwendungszweck mehr für die Flächenfunktion haben. Sie wird jedoch gelehrt, weil sie die Grundlage für den Hauptsatz der Differential- und Integralrechnung darstellt.

Die Flächenfunktion ist ein komischer Vogel und sieht nicht aus wie andere Funktionen, die Sie zuvor kennen gelernt haben.

$$A_f(x) = \int_s^x f(t)\,dt$$

Die Eingabe für die Funktion (ihr Argument) ist das x oberhalb des Integralzeichens. Beachten Sie, dass $f(t)$ *nicht* das Argument ist. Die Ausgabe, $A_f(x)$, teilt Ihnen mit, wie viel Fläche unter der Kurve $f(t)$ zwischen einem Anfangspunkt $x = s$ und dem Eingabewert vorhanden ist. Betrachten Sie beispielsweise die einfache horizontale Gerade $g(t) = 10$ und die darauf basierende Flächenfunktion, $A_g(x) = \int_3^x 10dt$. Diese Flächenfunktion teilt Ihnen mit, wie viel Fläche unter der horizontalen Geraden zwischen 3 und dem Eingabewert liegt. Wenn $x = 4$ ist, dann ist die Fläche 10, weil Sie ein Rechteck mit einer Grundlinie von 1 haben (von 3 bis 4), und eine Höhe von 10. Wenn $x = 5$ ist, dann ist die Ausgabe der Funktion gleich 20. Wenn $x = 6$ ist, ist die Ausgabe 30 usw. (Eine ausgezeichnete und umfassende Erklärung der Flächenfunktion und wie sie mit dem Hauptsatz für die Differential- und Integralrechnung zusammenhängt, finden Sie in *Analysis für Dummies*.) Am besten verstehen Sie diese eigenartige Funktion, indem Sie sie in der Praxis beobachten. Fangen wir also an.

Vergessen Sie nicht, dass bei der Verwendung einer Flächenfunktion (oder eines bestimmten Integrals, um bei der Terminologie zu bleiben) die Fläche unterhalb der x-Achse als *negative* Fläche zählt.

Beispiel

Betrachten Sie $f(t)$ in der folgenden Abbildung. Nähern Sie unter Verwendung der Flächenfunktion $A_f(x) = \int_2^x f(t)\,dt$ den Wert $A_f(4)$, $A_f(5)$, $A_f(2)$ und $A_f(0)$ an. Ist A_f zunehmend oder abnehmend zwischen $x = 5$ und $x = 6$? Zwischen $x = 8$ und $x = 9$?

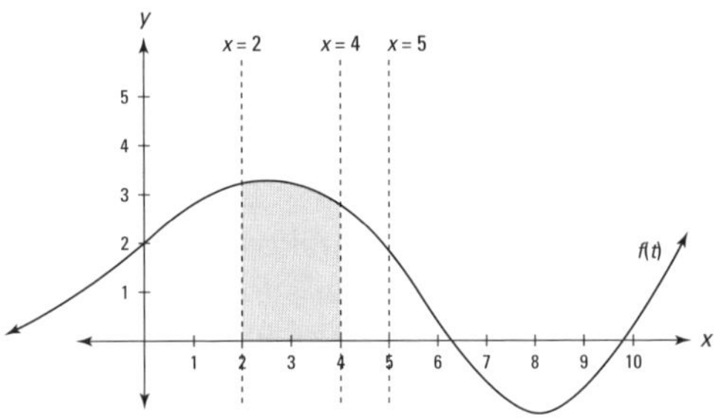

Lösung

$A_f(4)$ ist die Fläche unter $f(t)$ zwischen 2 und 4. Das ist in etwa ein Rechteck mit einer Grundlinie von 2 und einer Höhe von 3, die Fläche ist also etwa 6. (Die schattierte Fläche in der Abbildung.)

$A_f(5)$ macht $A_f(4)$ ein bisschen größer – etwa um ein Trapez mit einer »Höhe« von 1 und »Grundlinien« von 2 und 3 (entlang der gestrichelten Linien bei $x = 4$ und $x = 5$), das somit eine Fläche von 2,5 hat, deshalb ist $A_f(5)$ in etwa 6 plus 2,5, also 8,5.

$A_f(2)$ ist die Fläche zwischen 2 und 2, also 0.

$A_f(0)$ ist eine weitere Fläche mit etwa der Form eines Trapezes. Ihre Höhe ist 2, ihre Grundlinien sind 2 und 3, ihre Fläche ist also 5. Weil Sie aber von 2 rückwärts nach 0 gehen, ist $A_f(0)$ gleich –5.

Zwischen $x = 5$ und $x = 6$ ist A_f zunehmend. Seien Sie vorsichtig: $f(t)$ ist abnehmend zwischen 5 und 6, aber weil Sie von 5 nach 6 gehen, erzeugt A_f immer mehr Fläche, es ist also zunehmend.

Zwischen $x = 8$ und $x = 9$ nimmt $f(t)$ zwar zu, aber A_f ist abnehmend. Die Fläche unterhalb der x-Achse zählt als negative Fläche, beim Weg von 8 nach 9 erzeugt also A_f immer mehr negative Fläche und nimmt damit immer mehr negativ zu, A_f ist also abnehmend.

Aufgabe 1

Verwenden Sie für die Aufgaben 1 bis 4 die Flächenfunktion $A_g(x) = \int_{1/2}^{x} g(t)\,dt$ und die folgende Abbildung. Die meisten Lösungen sind Annäherungen. Wo (zwischen 0 und 8) ist A_g gleich 0?

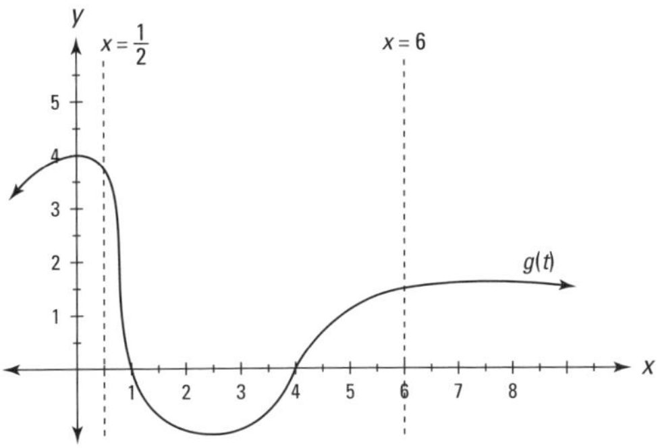

Aufgabe 2

Wo (von $x = 0$ bis $x = 8$) erreicht A_g

1. seinen Maximalwert?
2. seinen Minimalwert?

Aufgabe 3

In welchen Intervallen zwischen 0 und 8 ist A_g

1. zunehmend?
2. abnehmend?

Aufgabe 4

Nähern Sie $A_g(1)$, $A_g(3)$ und $A_g(5)$ an.

Fanfaren! Der Hauptsatz der Differential- und Integralrechnung

Der absolut unglaubliche, fantastische Hauptsatz der Differential- und Integralrechnung – manche sagen sogar, der vielleicht wichtigste Satz in der Geschichte der Mathematik – bietet Ihnen eine praktische Abkürzung für die Bestimmung der Fläche, so dass Sie sich nicht mehr mit dieser müßigen Flächenfunktion und dem Jonglieren mit allen möglichen Rechtecken aus Kapitel 9 beschäftigen müssen. Die grundlegende Idee dabei ist es, dass Sie die *Anti-Ableitung* einer Funktion verwenden, um die darunter befindliche Fläche zu berechnen.

Ich will Ihnen in Sachen Anti-Ableitungen auf die Sprünge helfen: Weil $3x^2$ die Ableitung von x^3 ist, ist x^3 eine *Anti-Ableitung* von $3x^2$. Ebenso wie übrigens $x^3 + 5$, weil die zugehörige Ableitung ebenfalls $3x^2$ ist. Alles in der Form $x^3 + C$ (C ist eine Konstante) ist also eine Anti-Ableitung (oder Stammfunktion) von $3x^2$. Technisch sagt man, dass $x^3 + C$ das unbestimmte Integral von $3x^2$ ist, und dass $x^3 + C$ der *Stamm* der Anti-Ableitungen von $3x^2$ ist.

Den Hauptsatz der Differential- und Integralrechnung gibt es in zwei Versionen: nutzlos und nützlich. Sie werden die nutzlose Version aus grundsätzlich denselben Gründen kennen lernen, wie Sie die Geometriebeweise in der Schule gelernt haben: einfach so.

Hauptsatz der Differential- und Integralrechnung (die schwierige, größtenteils nutzlose Version): Für eine Flächenfunktion A_t, die die Fläche unter $f(t)$ erzeugt, ist $A_f(x) = \int_s^x f(t)\,dt$, die Rate, mit der die Fläche erzeugt wird, gleich der Höhe der ursprünglichen Funktion. Weil die Rate die Ableitung ist, ist also die Ableitung der Flächenfunktion gleich der ursprünglichen Funktion: $\frac{d}{dx} A_f(x) = f(x)$. Weil $A_f(x) = \int_s^x f(t)\,dt$ ist, können Sie die vorige Gleichung auch wie folgt schreiben: $\frac{d}{dx}\int_s^x f(t)\,dt = f(x)$.

Hauptsatz der Differential- und Integralrechnung (die einfache, praktische Version): Sei F eine Anti-Ableitung der Funktion f, dann ist:

$$\int_a^b f(x)\,dx = F(b) - F(a)$$

Beispiel

1. a. Was ist $\dfrac{d}{dx}A_f(x)$ für $A_f(x)=\displaystyle\int_{10}^{x}(t^2-5t)\,dt$?

b. Was ist $\dfrac{d}{dx}B_f(x)$ für $B_f(x)=\displaystyle\int_{-4}^{3x^2}\sin t\,dt$?

2. Welche Fläche liegt unter $2x^2 + 5$ von 0 bis 4? Beachten Sie, dass dies dieselbe Frage ist, die Sie schon in Kapitel 9 unter Verwendung der schwierigen Sigma-Summen-Rechteckmethode berechnet haben.

Lösung

1. a. Hier ist keinerlei Arbeit erforderlich. Die Lösung ist einfach $\boldsymbol{x^2 - 5x}$.

b. $\boldsymbol{6x \sin 3x^2}$

Das *Argument* einer Flächenfunktion ist der Ausdruck oben am Integralzeichen – *nicht* der Integrand. Weil das Argument dieser Flächenfunktion, $3x^2$, nicht ein einfaches x ist, handelt es sich hier um eine Aufgabe mit Kettenregel. Somit ist

$\dfrac{d}{dx}B_f(x)=\sin 3x^2\cdot 6x$ oder $6x \sin 3x^2$.

2. $\dfrac{\mathbf{188}}{\mathbf{3}}$

Dazu verwenden wir die zweite Version des Hauptsatzes für die Differential- und Integralrechnung, $\displaystyle\int_0^4(2x^2+5)\,dx = F(4)-F(0)$, wobei F eine beliebige Anti-Ableitung von $2x^2 + 5$ ist. Somit ist

$$\begin{aligned}\int_0^4(2x^2+5) &= \frac{2}{3}x^3+5x\Big|_0^4\\ &=\left(\frac{2}{3}\cdot 4^3+5\cdot 4\right)-\left(\frac{2}{3}\cdot 0^3+5\cdot 0\right)\\ &=\frac{188}{3}\end{aligned}$$

Dieselbe Lösung mit *sehr* viel weniger Arbeit als beim Aufsummieren all dieser Rechtecke!

Aufgabe 5

1. Was ist $\frac{d}{dx}A_f(x)$ für $A_f(x)=\int_0^x \sin t\, dt$?

2. Was ist $\frac{d}{dx}A_g(x)$ für $A_g(x)=\int_{\pi/4}^x \sin t\, dt$?

Aufgabe *6

Bestimmen Sie $\frac{d}{dx}A_f(x)$ für

$A_f(x)=\int_{-\pi/4}^{\cos x} \sin t\, dt$.

Aufgabe 7

Wo ist für $A_f(x)$ aus Aufgabe 5a $\frac{d}{dx}A_f$ gleich Null?

Aufgabe *8

Berechnen Sie für $A_f(x)$ aus Aufgabe 6

$A_f'\left(\frac{\pi}{4}\right)$.

Aufgabe 9

Wie groß ist die Fläche unter $y = \sin x$ von 0 bis π?

Aufgabe 10

Berechnen Sie $\int_0^{2\pi} \sin x \, dx$.

Aufgabe 11

Berechnen Sie $\int_2^3 (x^3 - 4x^2 + 5x - 10)\, dx$

Aufgabe 12

Berechnen Sie $\int_{-1}^2 e^x dx$

Anti-Ableitungen finden: Raten und Prüfen

In Ihrem Lehrbuch sowie auf der Schummelseite von *Analysis für Dummies* finden Sie verschiedene Anti-Ableitungen, die Sie sich unbedingt merken sollten, wie etwa $\sin x$, $\frac{1}{x}$ oder $\frac{1}{1+x^2}$. (Die meisten davon sind einfach die bekannten grundlegenden Ableitungsregeln in umgekehrter Darstellung.) Wenn Sie eine vergleichbare Aufgabe lösen sollen, wie etwa die Bestimmung der Anti-Ableitung von $\sin 5x$ oder $\frac{1}{8x}$, können Sie es mit Raten und Prüfen versuchen: Sie raten einfach die Antwort, überprüfen diese durch Differenzieren, und wenn sie falsch ist, passen Sie sie einfach so lange an, bis sie richtig ist.

Beispiel

Was ist $\int \sin 3x\, dx$?

Lösung

$$-\frac{1}{3}\cos 3x$$

Sie haben sich gemerkt, dass $-\cos x$ die Anti-Ableitung von $\sin x$ ist – weil eben $\sin x$ die Ableitung von $-\cos x$ ist. Eine gute Schätzung für diese Anti-Ableitung wäre also $-\cos 3x$. Wenn Sie dieses geratene Ergebnis überprüfen, indem Sie unter Anwendung der Kettenregel seine Ableitung bestimmen, erhalten Sie $3 \sin 3x$, nämlich genau, was Sie wollten, bis auf die erste 3. Um dies zu kompensieren, dividieren Sie einfach Ihre geratene Lösung durch 3: $\frac{-\cos 3x}{3}$. Das ist alles. Falls Sie Zweifel an diesem Ergebnis haben, bestimmen Sie einfach seine Ableitung. Sie erkennen sofort, dass Sie damit den gewünschten Integranden erhalten, $\sin 3x$.

Aufgabe 13

Berechnen Sie $\int (4x-1)^3\, dx$.

Aufgabe 14

Was ist $\int \sec^2 6x\, dx$?

Aufgabe 15

Bestimmen Sie $\int \cos\frac{x-1}{2}\,dx$.

Aufgabe 16

Was ist $\int \frac{3dt}{2t+5}$?

Aufgabe 17

Berechnen Sie das bestimmte Integral $\int_0^5 \frac{5}{\pi}\sec(5t-\pi)\tan(5t-\pi)\,dt$.

Aufgabe 18

Bilden Sie die Anti-Ableitung von $\int \frac{4{,}5}{1+9x^2}\,dx$.

Die Substitutionsmethode: Verwandlungen!

Die Aufgabenstellungen im letzten Abschnitt, für die Sie geraten und geprüft haben, beinhalten Integranden, die sich durch einen *numerischen* Betrag von den Standard-Integranden der gemerkten Anti-Ableitungsregeln unterscheiden. Die nächsten Aufgaben besitzen Integranden, die durch einen *variablen* Ausdruck erweitert wurden. Für diese Aufgaben können Sie immer noch raten und prüfen, aber in der Regel verwendet man dafür die Substitutionsmethode.

Beispiel

Bilden Sie die Anti-Differentiation von $\int x^2 \sin x^3 \, dx$. Wenden Sie dafür die Substitutionsmethode an.

Lösung

$$-\frac{1}{3}\cos x^3 + C$$

1. **Wenn eine Funktion im Integranden etwas anderes als nur ein x als Argument verwendet, setzen Sie dieses Argument gleich u.**

   $u = x^3$

2. **Bilden Sie die Ableitung von u für x und bringen Sie das dx auf die rechte Seite.**

   $$\frac{du}{dx} = 3x^2$$
   $$du = 3x^2 \, dx$$

3. **Passen Sie den Integranden an, so dass er das Ergebnis aus Schritt 2 enthält ($3x^2 dx$). Kompensieren Sie diese Anpassung, indem Sie das Integral durch den Kehrwert der Zahl multiplizieren, mit der Sie angepasst haben.**

   $$\int x^2 \sin x^3 \, dx$$

   Sie benötigen eine 3 im Integranden, schreiben Sie also eine 3 hinein und kompensieren Sie durch $\frac{1}{3}$.

   $$= \frac{1}{3}\int 3x^2 \sin x^3 \, dx$$
   $$= \frac{1}{3}\int \sin \underbrace{x^3}_{u} \underbrace{3x^2 \, dx}_{du}$$

4. **Nehmen Sie die Umwandlung vor.**

   $$= \frac{1}{3}\int \sin u \, du$$

5. **Antidifferenzieren Sie durch Anwendung der Ableitung von $-\cos x$ in umgekehrter Richtung.**

   $$= -\frac{1}{3}\cos u + C$$

6. **Befreien Sie sich von dem u, indem Sie wieder zu den ursprünglichen Ausdruck einsetzen.**

   $$= -\frac{1}{3}\cos x^3 + C$$

Beispiel

Bestimmen Sie $\int_0^{\sqrt[3]{\pi}} x^2 \sin x^3 \, dx$

Lösung

$\frac{2}{3}$

1. **Dies ist dasselbe wie der vorherige Schritt 1, außer dass gleichzeitig damit, dass u gleich x^3 gesetzt wird, die beiden x-Integrationsindizes in u-Integrationsindizes umgewandelt werden.**

   Etwa so:

   $u = x^3$

   wenn $x = 0$, dann $u = 0$

   wenn $x = \sqrt[3]{\pi}$, dann $u = \sqrt[3]{\pi}^3 = \pi$

2.–3. **Die Schritte 2 und 3 sind identisch mit 2 und 3 im vorigen Beispiel, außer dass Sie es hier mit einem bestimmten Integral zu tun haben.**

4. **Nehmen Sie die Umwandlung vor. Zusätzlich zur Ersetzung von x^3 und $3x^2\,dx$ durch ihre jeweiligen u-Äquivalente tauschen Sie noch die x-Indizes durch u-Indizes aus:**

   $$= \frac{1}{3}\int_0^{\pi} \sin u \, du$$

5. **Berechnen Sie.**

   $$= -\frac{1}{3}\cos u \Big|_0^{\pi}$$

   $$= -\frac{1}{3}(-1-1) = \frac{2}{3}$$

   Wenn es Ihnen lieber ist, können Sie die Bestimmung der u-Integrationsindizes auch überspringen. Sie ersetzen einfach das u wieder durch x^3 wie im vorigen Schritt 6 und berechnen dann das bestimmte Integral mit den ursprünglichen Integrationsgrenzen. (Ihrem Analysislehrer wird das womöglich nicht gefallen, weil es nicht der Standard-Methode entspricht.)

   $$= -\frac{1}{3}\cos x^3 \Big|_0^{\sqrt[3]{\pi}}$$

   $$= -\frac{1}{3}\left(\cos \sqrt[3]{\pi}^3 - \cos 0^3\right)$$

   $$= -\frac{1}{3}(-1-1) = \frac{2}{3}$$

Aufgabe 19

Bestimmen Sie die Antiableitung von $\int \frac{\sin x}{\sqrt{\cos x}}\,dx$ mit Hilfe der Substitutionsmethode.

Aufgabe 20

Bestimmen Sie die Antiableitung von $\int x^4 \sqrt[3]{2x^5+6}\,dx$ mit Hilfe der Substitutionsmethode.

Aufgabe 21

Bestimmen Sie mit Hilfe der Substitution $\int 5x^3 e^{x^4}\,dx$.

Aufgabe 22

Verwenden Sie die Substitution für die Anti-Differentiation von $\int \frac{\sec^2 \sqrt{x}}{\sqrt{x}}\,dx$.

Aufgabe 23

Berechnen Sie $\int_0^2 \frac{t\,dt}{(t^2+5)^4}$. Ändern Sie die Integrationsindizes.

Aufgabe 24

Berechnen Sie $\int_1^8 \frac{(s^{2/3}+5)^3}{\sqrt[3]{s}}\,ds$, ohne die Integrationsindizes zu ändern.

Lösungen für die Aufgaben zur umgekehrten Differentiation

1. Wo (zwischen 0 und 8) ist A_g gleich 0? **Bei etwa $x = 2$ oder 2½ und etwa $x = 6$.**

   Zwischen 0 und 8 nimmt A_g zweimal den Wert 0 an. Zuerst bei etwa $x = 2$ oder 2½, wo die negative Fläche, die bei $x = 1$ beginnt, die positive Fläche zwischen $x = ½$ und $x = 1$ aufhebt. Die zweite 0 von A_g findet sich etwa bei 6 (siehe gestrichelte Linie in der Abbildung). Nach der ersten 0 bei etwa 2 nimmt die negative Fläche zwischen 2 und 4 zu. Die positive Fläche von 4 bis 6 hebt dies in etwa auf, so dass A_g bei etwa 6 wieder 0 wird.

2. Wo (von $x = 0$ bis $x = 8$) erreicht A_g
   1. seinen Maximalwert? **A_g erreicht seinen Maximalwert bei $x = 8$. Nach der 0 bei $x = 6$ wächst A_g um etwa 4 oder 4½ Quadrateinheiten, bis es zu 8 gelangt.**
   2. seinen Minimalwert? **Der Minimalwert von A_g liegt bei $x = 4$, wo es ungefähr gleich –2 ist.**

3. In welchen Intervallen zwischen 0 und 8 ist A_g
   1. zunehmend? **A_g ist zunehmend von 0 bis 1 und von 4 bis 8.**
   2. abnehmend? **A_g ist abnehmend von 1 bis 4.**

4. Nähern Sie $A_g(1)$, $A_g(3)$ und $A_g(5)$ an.

   $A_g(1)$ ist vielleicht ein bisschen größer als das rechte Dreieck mit einer Grundlinie von $x = ½$ bis $x = 1$ auf der x-Achse und dem Gipfel bei (½, 4). **Diese Fläche ist also etwa 1 oder 1,25.**

   Bei etwa $x = 2$ oder 2½ gibt es eine 0. Zwischen dort und $x = 3$ gibt es etwa eine Fläche von –1, **$A_g(3)$ ist also etwa –1.**

   In Aufgabe 2b haben Sie $A_g(4)$ auf etwa –2 geschätzt. Zwischen 4 und 5 liegt eine grob dreieckige Form vor, mit einer geschätzten Fläche von ½. **$A_g(5)$ ist also gleich –2 + ½ oder –1½.**

5. 1. Was ist $\frac{d}{dx}A_t(x)$ für $A_t(x) = \int_0^x \sin t\, dt$? $\boldsymbol{\frac{d}{dx}A_t(x) = \sin x}$.
   2. Was ist $\frac{d}{dx}A_g(x)$ für $A_g(x) = \int_{\pi/4}^{x} \sin t\, dt$? $\boldsymbol{\frac{d}{dx}A_g(x) = \sin x}$.

*6. Bestimmen Sie $\frac{d}{dx}A_t(x)$ für $A_t(x) = \int_{-\pi/4}^{\cos x} \sin t\, dt$. **Die Lösung ist $-\sin x \cdot \sin(\cos x)$.**

   Dies ist eine Aufgabe mit Anwendung der Kettenregel. Weil die Ableitung von $\int_{-\pi/4}^{x} \sin t\, dt$ gleich $\sin x$ ist, ist die Ableitung von $\int_{-\pi/4}^{irgendwas} \sin t\, dt$ gleich $\sin(irgendwas) \cdot$ $irgendwas'$. Die Ableitung von $\int_{-\pi/4}^{\cos x} \sin t\, dt$ ist also $\sin(\cos x) \cdot (\cos x)' = -\sin x \cdot \sin(\cos x)$.

7. Wo ist für $A_f(x)$ aus Aufgabe 5a $\frac{d}{dx}A_f$ gleich Null? $\frac{d}{dx}A_f = \sin x$ **deshalb ist** $\frac{d}{dx}A_f$ **an allen Nullstellen von sin** $\boldsymbol{x}$ **gleich Null, d.h. an allen Vielfachen von** π**:** $\boldsymbol{k\pi}$ **(für alle ganzen Zahlen** $\boldsymbol{k}$**).**

*8. Berechnen Sie für $A_f(x)$ aus Aufgabe 6 $A_f'\left(\frac{\pi}{4}\right)$. **In Aufgabe 6 haben Sie festgestellt, dass**

$A_f'(x) = -\sin x \cdot \sin(\cos x)$ **ist, also ist**

$$\mathbf{A_f'\left(\frac{\pi}{4}\right) = -\sin\frac{\pi}{4} \times \sin\left(\cos\frac{\pi}{4}\right) = -\frac{\sqrt{2}}{2} \times \sin\frac{\sqrt{2}}{2} \approx -0{,}459.}$$

9. Wie groß ist die Fläche unter $y = \sin x$ von 0 bis π? **Die Fläche ist 2**. Die Ableitung von $-\cos x$ ist $\sin x$, also ist $-\cos x$ eine Antiableitung von $\sin x$. Nach dem Hauptsatz der Differential- und Integralrechnung ist also $\int_0^{\pi} \sin x\, dx = -\cos x\Big|_0^{\pi} = -(-1-1) = -(-2) = 2$.

10. $\int_0^{2\pi} \sin x\, dx = -\cos x\Big|_0^{2\pi} = -(1-1) = 0$. Erkennen Sie, warum die Lösung 0 ist?

11. $\int_2^3 (x^3 - 4x^2 + 5x - 10)\, dx$ $= \mathbf{-6{,}58.}$

$$\int_2^3 x^3 - 4x^2 + 5x - 10)\, dx$$
$$= \frac{1}{4}x^4 - \frac{4}{3}x^3 + \frac{5}{2}x^2 - 10x\Big|_2^3$$
$$= \left(\frac{1}{4}\cdot 81 - \frac{4}{3}\cdot 27 + \frac{5}{2}\cdot 9 - 30\right) - \left(\frac{1}{4}\cdot 16 - \frac{4}{3}\cdot 8 + \frac{5}{2}\cdot 4 - 20\right)$$
$$\approx -6{,}58$$

12. $\int_{-1}^{2} e^x dx$ $\approx \mathbf{7{,}02}$

$(e^x)' = e^x$, e^x ist also seine eigene Antiableitung sowie seine Ableitung. Somit ist

$$\int_{-1}^{2} e^x dx = e^x\Big|_{-1}^{2} = e^2 - e^{-1} \approx 7{,}02$$

13. $\int (4x-1)^3\, dx$ $= \boldsymbol{\frac{1}{16}(4x-1)^4 + C}$

1. Raten Sie Ihre Lösung: $\frac{1}{4}(4x-1)^4$

2. Differenzieren Sie: $(4x-1)^3 \cdot 4$ (nach der Kettenregel). Das ist viermal zu groß.

3. Passen Sie Ihre geratene Lösung an: $\frac{1}{16}(4x-1)^4$

4. Differenzieren Sie zur Überprüfung: $\frac{1}{4}(4x-1)^3 \cdot 4 = (4x-1)^3$. Bingo.

14. $\int \sec^2 6x\, dx \;=\; \mathbf{\frac{1}{6}\tan 6x + C}$

Ihre geratene Antiableitung, tan 6x, ergibt $(\tan 6x)' = \sec^2 6x \cdot 6$. Passen Sie die Lösung an und zwar auf $\frac{1}{6}\tan 6x + C$. Überprüfen Sie: $\left(\frac{1}{6}\tan 6x\right)' = \frac{1}{6}\sec^2 6x \cdot 6 = \sec^2 6x$.

15. $\int \cos\frac{x-1}{2}\, dx \;=\; \mathbf{2\sin\frac{x-1}{2} + C}$

Sie raten zunächst $\sin\frac{x-1}{2}$. Beim Differenzieren erhalten Sie $\cos\left(\frac{x-1}{2}\right)\cdot\frac{1}{2}$. Sie passen Ihre geratene Lösung an und erhalten $2\sin\frac{x-1}{2}$. Das ist alles.

16. $\int \frac{3dt}{2t+5} \;=\; \mathbf{\frac{3}{2}\ln|2t+5| + C}$

Sie raten ln |2t + 5|. Durch Differenzieren erhalten Sie $\frac{1}{2t+5}\cdot 2$. Sie brauchen 3, haben aber eine 2, deshalb passen Sie Ihre geratene Lösung um 3 durch 2 an.

Das funktioniert immer. Probieren Sie es an anderen Aufgaben aus. Häufig will man eine 1. In Aufgabe 15 hätten Sie beispielsweise sagen können, Sie wollten eine 1, hatten aber ½, deshalb haben Sie Ihre Lösung um 1 durch ½ angepasst. Das ist natürlich 2. Und es funktioniert.

Zurück zu Aufgabe 16. Ihre angepasste Lösung lautet $\frac{3}{2}\ln|2t+5|$. Fertig.

17. $\int_0^{5} \frac{5}{\pi}\sec(5t-\pi)\tan(5t-\pi)\, dt \;=\; \mathbf{\frac{2}{\pi}}$

Lassen Sie sich von all diesen Fünfen und πs nicht aus der Ruhe bringen – sie sind nur ein Nebelschleier.

Raten Sie: $\sec(5t-\pi)$. Differenzieren: $\sec(5t-\pi)\tan(5t-\pi)\cdot 5$

Passen Sie an: $\frac{1}{\pi}\sec(5t-\pi)$. Differenzieren Sie: $\frac{1}{\pi}\sec(5t-\pi)\tan(5t-\pi)\cdot 5$. Fertig.

Also: $\frac{1}{\pi}\sec(5t-\pi)\Big|_0^{\pi} = \frac{1}{\pi}\left[\sec(4\pi) - \sec(-\pi)\right] = \frac{2}{\pi}$

18. $\int \frac{4{,}5}{1+9x^2}\,dx = \mathbf{\frac{3}{2}\tan^{-1} 3x + C}$

Mittlerweile kennen Sie die Prozedur: Raten, Differenzieren, Anpassen, Differenzieren; Raten, Differenzieren, Anpassen, Differenzieren…

Raten: $\tan^{-1} 3x$. Differenzieren: $\frac{1}{1+(3x)^2}\cdot 3$

Anpassen: $\frac{3}{2}\tan^{-1} 3x$. Differenzieren: $\frac{3}{2}\cdot\frac{1}{1+(3x)^2}\cdot 3$. Fertig.

19. $\int \frac{\sin x}{\sqrt{\cos x}}\,dx = \mathbf{-2\sqrt{\cos x} + C.}$

a. Wir haben nicht $\sqrt{das\ \ gute\ \ alte\ \ x}$, deshalb ersetzen wir $u = \cos x$.

b. Differenzieren Sie und lösen Sie nach du auf.

$$\frac{du}{dx} = -\sin x$$
$$du = -\sin x\,dx$$

c. Passen Sie innerhalb und außerhalb des Integrals an: $-\int \frac{-\sin x}{\sqrt{\cos x}}\,dx$

d. Wandeln Sie um: $= -\int \frac{du}{\sqrt{u}}$

e. Antidifferenzieren Sie mit der umgekehrten Potenzregel: $= -\int u^{-1/2}\,du = -2u^{1/2} + C$

f. Werden Sie das u los: $-2(\cos x)^{1/2} + C = -2\sqrt{\cos x} + C$

20. $\int x^4 \sqrt[3]{2x^5+6}\,dx = \mathbf{\frac{3(x^5+3)\sqrt[3]{2x^5+6}}{20} + C}$

a. Wir haben nicht $\sqrt{das\ \ gute\ \ alte\ \ x}$, deshalb ersetzen wir $u = 2x^5 + 6$.

b. Differenzieren Sie und lösen Sie nach du auf:

$$\frac{du}{dx} = 10x^4$$
$$du = 10x^4\,dx$$

c. Passen Sie innen und außen an: $\frac{1}{10}\int 10x^4 \sqrt[3]{2x^5+6}\,dx$

d. Nehmen Sie die Umwandlung vor: $= \frac{1}{10}\int \sqrt[3]{u}\,du$

e. Wenden Sie die umgekehrte Potenzregel an: $= \frac{1}{10} \cdot \frac{3}{4} u^{4/3} + C = \frac{3u\sqrt[3]{u}}{40} + C$

f. Wandeln Sie zurück: $\frac{3(2x^5+6)\sqrt[3]{2x^5+6}}{40} + C = \frac{3(x^5+3)\sqrt[3]{2x^5+6}}{20} + C$

21. $\int 5x^3 e^{x^4} dx = \mathbf{\frac{5}{4} e^{x^4} + C}$

a. Es ist nicht $e^{\text{gutes altes x}}$, deshalb setzen wir $u = x^4$.

b. Sie wissen, wie's geht: $du = 4x^3\,dx$

c. Anpassen: $\frac{5}{4} \int 4x^3 e^{x^4} dx$

d. Tauschen: $= \frac{5}{4} \int e^u du$

e. Antidifferenzieren: $= \frac{5}{4} e^u + C$

f. Zurücktauschen: $= \frac{5}{4} e^{x^4} + C$

22. $\int \frac{\sec^2 \sqrt{x}}{\sqrt{x}} dx = \mathbf{2 \tan \sqrt{x} + C}$

a. Es ist nicht $\sec^2$ (*gutes altes x*), deshalb setzen wir $u = \sqrt{x}$.

b. Differenzieren: $du = \frac{1}{2} x^{-1/2}\, dx = \frac{1}{2\sqrt{x}} dx$

c. Anpassen: $2 \int \frac{\sec^2 \sqrt{x}}{2\sqrt{x}} dx$

d. Umwandeln: $= 2 \int \sec^2 u\, du$

e. Antidifferenzieren: $= 2 \tan u + C$

f. Zurückverwandeln: $= 2 \tan \sqrt{x} + C$

23. $\int_0^2 \frac{t\,dt}{(t^2+5)^4} \approx \mathbf{0{,}0011}$

a. Machen Sie *U-und-Diff* (das nächste Modewort!) und bestimmen Sie die *u*-Integrationsindizes.

$u = t^2 + 5$ für $t = 0$ ist $u = 5$

$du = 2t\,dt$ für $t = 2$ ist $u = 9$

b. Passen Sie zweimal an: $= \frac{1}{2}\int_0^2 \frac{2t\,dt}{(t^2+5)^4}$

c. Die Umwandlung: $= \frac{1}{2}\int_5^9 \frac{du}{u^4}$

d. Antidifferenzieren und auswerten: $= \frac{1}{2}\cdot\left(-\frac{1}{3}\right)u^{-3}\Big|_5^9 = -\frac{1}{6}(9^{-3}-5^{-3}) \approx 0{,}0011$

24. $\int_1^8 \frac{(s^{2/3}+5)^3}{\sqrt[3]{s}}\,ds$ = **1974,375**

Sie wissen Bescheid: $u = s^{2/3}+5;\ du = \frac{2}{3}s^{-1/3}ds = \frac{2}{3\sqrt[3]{s}}ds$

$$\int_1^8 \frac{(s^{2/3}+5)^3}{\sqrt[3]{s}}\,ds = \frac{3}{2}\int_1^8 \frac{2(s^{2/3}+5)^3}{3\sqrt[3]{s}}\,ds$$

$$\frac{3}{2}\int_1^8 u^3\,du$$

Sie erhalten einen gewaltigen Punkteabzug, wenn Sie ein Gleichheitszeichen vor die letzte Zeile setzen, weil diese *nicht* gleich der vorhergehenden Zeile ist. Wenn Sie die Integrationsgrenzen nicht ändern, erhalten Sie dieses Misch-Masch-Integral mit einem Integranden mit u aber Integrationsgrenzen mit x (in diesem Fall s). Das kann einer der Gründe dafür sein, warum die bevorzugte Standardmethode die Integrationsgrenzen umwandelt – es ist mathematisch sauberer.

Jetzt müssen Sie nur noch antidifferenzieren, zurückverwandeln und berechnen:

$$\frac{3}{2}\cdot\frac{1}{4}u^4$$

$$\frac{3}{2}\cdot\frac{1}{4}(s^{2/3}+5)^4\Big|_1^8 = \frac{3}{8}(9^4-6^4) = 1974{,}375$$

Integrationsregeln für Kenner

11

In diesem Kapitel...

- Die Integration internalisieren
- Trigonometrische Integrale festmachen
- An partiellen Brüchen partizipieren

In diesem Kapitel geht es um einige komplizierte und herausfordernde Integrationstechniken. Die Methoden scheinen auf den ersten Blick recht schwierig zu sein, aber auch sie sind mit ein bisschen Übung schnell zu meistern.

Partielle Integration: So wird's gemacht!

Die partielle Integration ist das Gegenstück zur Produktregel für die Differentiation (siehe Kapitel 6), weil der betreffende Integrand das Produkt aus zwei Funktionen ist (üblicherweise). Hier eine kurze Beschreibung der Methode. Sie teilen die beiden Funktionen im Integranden auf, differenzieren eine, integrieren die andere, und wenden dann die Formel für die partielle Integration an. Bei diesem Prozess wird der ursprüngliche Integrand – den Sie *nicht* integrieren können – in einen Integranden umgewandelt, den Sie integrieren *können*. Klar wie Kloßbrühe? Sie werden die Technik schnell verstehen, wenn Sie das folgende LIATE-Akronym und die im Beispiel gezeigte Kästchenmethode anwenden. Zuerst die Formel:

Bei der partiellen Integration gilt: $\int u\,dv = uv - \int v\,du$.

Versuchen Sie gar nicht erst, das zu verstehen, bevor Sie nicht eine Beispielaufgabe gesehen haben. Ihre erste Herausforderung bei der partiellen Integration ist zu entscheiden, welche Funktion in Ihrem ursprünglichen Integranden die Rolle des u in der Formel übernimmt. Dazu gehen Sie wie folgt vor.

Um Ihre u-Funktion auszuwählen, gehen Sie nach der folgenden Liste vor; der erste Funktionstyp aus dieser Liste, der in Ihrem Integranden vorkommt, ist Ihr u. Hier gibt es ein großartiges Akronym, das Ihnen hilft, Ihre u-Funktion auszuwählen: LIATE. Das steht für:

- ✔ Logarithmisch (wie $\ln x$)
- ✔ Invers trigonometrisch (wie $\arcsin x$)
- ✔ Algebraisch (wie $4x^3 - 10$)
- ✔ Trigonometrisch (wie $\sin x$)
- ✔ Exponentiell (wie 5^x)

Ich wünschte, ich hätte dieses Akronym erfunden, aber diese Ehre gebührt Herbert Kasube (siehe seinen Artikel *American Mathematical Monthly* 90, 1983). Ich kann jedoch die folgende brillante Mnemonik beitragen, die Ihnen helfen kann, sich das Akronym zu merken: **L**iliputaner **I**n **A**frika **T**rösten **E**lefanten.

Beispiel

Integrieren Sie $\int x^2 \ln x dx$.

Lösung

$$\frac{1}{3}x^3\left(\ln x - \frac{1}{3}\right) + C$$

1. **Bestimmen Sie Ihre *u*-Funktion.**

   Der Integrand enthält eine logarithmische Funktion (erste Funktion auf der LIATE-Liste), deshalb ist $\ln x$ Ihr u. Alles andere im Integranden – insbesondere x^2dx – ist automatisch Ihr dv.

2. **Verwenden Sie eine Tabelle wie in der folgenden Abbildung gezeigt, um die vier Bestandteile der Aufgabe anzuordnen.**

u	v
du	dv

   Schreiben Sie Ihr u und Ihr dv in die entsprechenden Zellen, wie in der folgenden Abbildung gezeigt.

ln(x)	
	x^2dx

3. **Differenzieren Sie *u* und integrieren Sie *dv*, wie die Pfeile in der Abbildung verdeutlichen.**

diff ↓	ln(x)	$\frac{1}{3}x^3$	int ↑
	$\frac{1}{x}dx$	x^2dx	

4. **Folgen Sie den Pfeilen der folgenden Abbildung, um sich zu merken, wie die Formel für die partielle Integration anzuwenden ist.**

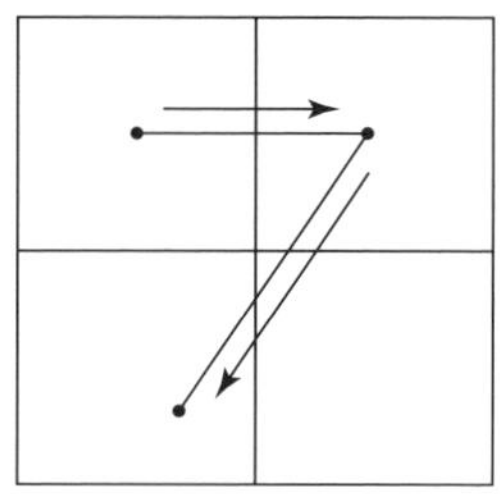

   Ihr ursprüngliches Integral ist gleich dem Produkt der beiden Zellen oben minus dem Integral des Produkts der Zellen auf der Diagonalen. (Stellen Sie sich einfach eine »7« vor – das ist Ihre Reihenfolge.)

$$\int x^2 \ln x dx = \ln x \cdot \frac{1}{3}x^3 - \int\left(\frac{1}{3}x^3 \cdot \frac{1}{x}\right)dx$$

5. **Vereinfachen Sie und integrieren Sie.**

$$= \frac{1}{3}x^3 \ln x - \frac{1}{3}\int x^2 dx$$

$$= \frac{1}{3}x^3 \ln x - \frac{1}{3} \cdot \frac{1}{3}x^3 + C$$

$$= \frac{1}{3}x^3\left(\ln x - \frac{1}{3}\right) + C$$

   Fertig!

Aufgabe 1

Was ist $\int x\cos(5x-2)dx$?

Aufgabe 2

Integrieren Sie $\int \arctan x dx$. ***Tipp***: Manchmal funktioniert die partielle Integration auch, wenn der Integrand nur eine einzige Funktion enthält.

Aufgabe 3

Berechnen Sie $\int x\arctan x dx$.

Aufgabe 4

Berechnen Sie $\int_{-1}^{1} x10^x dx$.

Aufgabe *5

Was ist $\int x^2 e^{-x} dx$? ***Tipp***: Manchmal müssen Sie die partielle Integration mehrfach anwenden.

Aufgabe *6

Integrieren Sie $\int e^x \sin x dx$. ***Tipp***: Manchmal gelangen Sie wieder zurück an Ihren Ausgangspunkt – das ist keine schlechte Sache!

Trigonometrische Integrale transformieren

Haben Sie auch so eine Schwäche für die Trigonometrie? Vermutlich haben Sie nicht geahnt, dass Ihnen die Analysis so viel Gelegenheit bieten würde, sich wieder der Trigonometrie zu widmen. Seien Sie also dankbar.

In diesem Abschnitt werden Sie die Integration von Ausdrücken mit trigonometrischen Funktionen üben. Die grundlegende Idee dabei ist es, den Integranden so lange umzuformen, bis Sie ein paar praktische trigonometrische Substitutionen anwenden können, um Integrale zu lösen, die keine trigonometrischen Funktionen enthalten.

Beispiel

Integrieren Sie $\int \sin^3\theta \cos^6 \theta d\theta$.

Lösung

$$-\frac{1}{7}\cos^7\theta + \frac{1}{9}\cos^9\theta + C$$

1. **Zerlegen Sie $\sin^3 \theta$ in $\sin^2 \theta \cdot \sin \theta$ und schreiben Sie das Ganze wie folgt um:**

   $$= \int \sin^2 \theta \cos^6 \theta \sin\theta \, d\theta$$

2. **Wenden Sie die Pythagoras-Beziehung an, um die gerade Potenz des Sinus (links) in Kosinus umzuwandeln.**

   Die Pythagoras-Beziehung teilt Ihnen mit, dass $\sin^2 x + \cos^2 x = 1$ für jeden Winkel x. Wenn Sie beide Seiten dieser Beziehung durch $\sin^2 x$ dividieren, erhalten Sie eine andere Darstellung der Beziehung: $1 + \cot^2 x = \csc^2 x$. Wenn Sie durch $\cos^2 x$ dividieren, erhalten Sie $\tan^2 x + 1 = \sec^2 x$.

   $$= \int (1 - \cos^2 \theta)\cos^6 \theta \sin\theta \, d\theta$$

   $$= \int \cos^6 \theta \sin\theta \, d\theta - \int \cos^8 \theta \sin\theta \, d\theta$$

3. **Integrieren Sie mit u-Substitution mit $u = \cos \theta$ für beide Integrale.**

   $$= \int u^6(-du) - \int u^8(-du) =$$

   $$-\int u^6 du + \int u^8 du = -\frac{1}{7}u^7 + \frac{1}{9}u^9 + C$$

   $$= -\frac{1}{7}\cos^7 \theta + \frac{1}{9}\cos^9 \theta + C$$

Aufgabe 7

$\int \sqrt[3]{\sin x} \cos^3 x dx$

Aufgabe *8

Bestimmen Sie $\int_0^{\pi/6} \cos^4 t \sin^2 t \, dt$. ***Hinweis***:

Wenn die Potenzen von Sinus und Kosinus gerade sind, wandeln Sie alle Sinus und Kosinus in *ungerade* Potenzen von Kosinus um. Dazu verwenden Sie die folgenden praktischen trigonometrischen Beziehungen:

$\sin^2 x = \frac{1 - \cos 2x}{2}$ und $\cos^2 x = \frac{1 + \cos 2x}{2}$

Aufgabe *9

$\int \sec^3 x \tan^3 x dx$. ***Hinweise***: 1) Das funktioniert ähnlich wie das Beispiel in diesem Abschnitt. 2) Wandeln Sie in Sekans um.

Aufgabe *10

Berechnen Sie $\int_{\pi/4}^{\pi/3} \tan^2 \theta \sec^4 \theta \, d\theta$.

Hinweis:
Nach der Aufteilung wandeln Sie in Tangens um.

Aufgabe *11

$\int \tan^8 t dt$

Aufgabe *12

$\int \sqrt{\csc x} \cot^3 x dx$

Trigonometrische Substitution: Es ist Ihr Glückstag!

In diesem Abschnitt geht es um Integrale, die Wurzeln der folgenden drei Formen beinhalten: $\sqrt{u^2+a^2}$, $\sqrt{u^2-a^2}$ und $\sqrt{a^2-u^2}$, ebenso wie um Potenzen dieser Wurzeln. Um solche Aufgaben zu lösen, wenden Sie ein rechtwinkliges Dreieck (SghKahTga) an, den Satz von Pythagoras sowie ein paar knifflige trigonometrische Substitutionen. Sicher haben Sie keinerlei Probleme mit dieser Technik – sie ist sogar noch einfacher als die String-Theorie.

Beispiel

Bestimmen Sie

$$\int \frac{dx}{\sqrt{4x^2+25}}.$$

Lösung

$$\frac{1}{2}\ln\left|\sqrt{4x^2+25}+2x\right|+C$$

1. **Schreiben Sie die Funktion um, so dass sie die Form $\sqrt{u^2+a^2}$ hat.**

   $$= \int \frac{dx}{\sqrt{(2x)^2+5^2}}$$

2. **Zeichnen Sie ein rechtwinkliges SghKahTga-Dreieck, wobei $\tan\theta$ gleich $\frac{u}{a}$ ist, nämlich $\frac{2x}{5}$.**

   Beachten Sie, dass wenn Sie die Gegenkathete gleich $2x$ setzen und die Ankathete gleich 5, die Hypotenuse automatisch Ihre Wurzel ist, $\sqrt{4x^2+25}$. (Dies folgt aus dem Satz von Pythagoras.) Sehen Sie sich dazu die folgende Abbildung an.

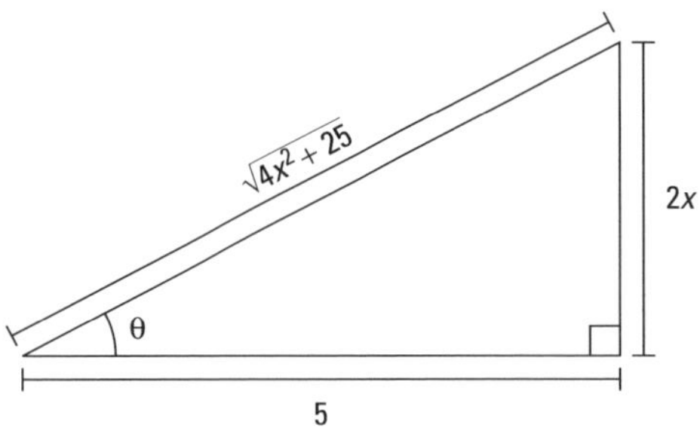

3. **Lösen Sie $\tan\theta = \frac{2x}{5}$ für x, differenzieren Sie und lösen Sie nach *dx* auf.**

$$\frac{2x}{5} = \tan\theta$$

$$x = \frac{5\tan\theta}{2}$$

$$\frac{dx}{d\theta} = \frac{5}{2}\sec^2\theta$$

$$dx = \frac{5}{2}\sec^2\theta\, d\theta$$

4. **Bestimmen Sie, welche trigonometrische Funktion durch die Wurzel oberhalb des *a* dargestellt wird, und lösen Sie dann nach der Wurzel auf.**

In der Abbildung in Schritt 2 befindet sich die Wurzel auf der Hypotenuse und das a, nämlich 5, ist die Ankathete.

$\frac{H}{A}$ ist Sekans, Sie erhalten also

$$\frac{\sqrt{4x^2+25}}{5} = \sec\theta$$

$$\sqrt{4x^2+25} = 5\sec\theta$$

5. **Verwenden Sie die Ergebnisse aus den Schritten 3 und 4, um die Substitutionen in dem ursprünglichen Integral vorzunehmen, und integrieren Sie.**

$$\int \frac{dx}{\sqrt{4x^2+25}}$$

$$= \int \frac{\frac{5}{2}\sec^2\theta\, d\theta}{5\sec\theta} \quad \begin{matrix}\leftarrow \text{aus Schritt 3} \\ \leftarrow \text{aus Schritt 4}\end{matrix}$$

$$= \frac{1}{2}\int \sec\theta d\theta$$

$$= \frac{1}{2}\ln\left|\sec\theta + \tan\theta\right| + C$$

Sehen Sie das obige Integral in Ihrem Lehrbuch oder auf der Schummelseite von *Analysis für Dummies* nach, oder suchen Sie einfach in Ihrem Gedächtnis danach.

6. **Verwenden Sie die Schritte 2 und 4 oder das Dreieck, um sec θ und tan θ loszuwerden.**

$$= \frac{1}{2}\ln\left|\frac{\sqrt{4x^2+25}}{5} + \frac{2x}{5}\right| + C$$

$$= \frac{1}{2}\ln\left|\sqrt{4x^2+25} + 2x\right| - \frac{1}{2}\ln 5 + C$$

$$= \frac{1}{2}\ln\left|\sqrt{4x^2+25} + 2x\right| + C$$

($\frac{1}{2}\ln 5 + C$ ist ebenfalls eine Konstante, Sie können sie also durch C ersetzen.)

Tipp: Denken Sie daran, dass Schritt 2 immer u/a beinhaltet, Schritt 4 immer $\frac{\sqrt{\ }}{a}$. Wie wäre es mit **U**nd **A**bends **W**urzeln **A**usreißen?

Aufgabe *13

Integrieren Sie $\int x\sqrt{9x+16x^2}\,dx$

Aufgabe 14

Integrieren Sie $\int \frac{dx}{(9x^2+4)\sqrt{9x^2+4}}$.

Aufgabe 15

Was ist $\int \frac{x\,dx}{\sqrt{25-x^2}}$? ***Hinweis***: Dies ist eine Aufgabe mit $\sqrt{a^2-u^2}$, wobei $\frac{u}{a}=\sin\theta$.

Aufgabe 16

Was ist $\int x\sqrt{9-25x^2}\,dx$? Siehe Hinweis Aufgabe 15.

Aufgabe 17

Integrieren Sie $\int \frac{dx}{\sqrt{625x^2-121}}$. ***Hinweis***: Dies ist eine Aufgabe mit $\sqrt{u^2-a^2}$ mit $\frac{u}{a}=\sec\theta$.

Aufgabe 18

Und die letzte: $\int \frac{\sqrt{4x^2-1}}{x}dx$. Siehe Hinweis Aufgabe 17.

Partizipieren an partiellen Brüchen

Die grundlegende Idee bei der Technik mit den partiellen Brüchen (Partialbruchzerlegung) ist das, was ich gerne als „Ent-Addition" von Brüchen bezeichne. Weil $1/2+1/6=2/3$ ist, hätten Sie, wenn Sie von $2/3$ ausgegangen wären, es zerlegen können, also „ent-addieren", und hätten damit $1/2+1/6$ erhalten. Dasselbe machen Sie in diesem Abschnitt, außer dass Sie hier das Ent-Addieren mit rationalen Funktionen statt mit einfachen Brüchen durchführen.

Beispiel

Integrieren Sie

$$\int \frac{3x}{x^2-3x-4}\,dx$$

Lösung

$$\mathbf{\frac{3}{5}\ln|x+1|+\frac{12}{5}\ln|x-4|+C}$$

1. **Faktorisieren Sie den Nenner.**

$$=\int \frac{3x}{(x+1)(x-4)}\,dx$$

2. **Brechen Sie den Bruch auf.**

$$\frac{3x}{(x+1)(x-4)}=\frac{A}{x+1}+\frac{B}{x-4}$$

3. **Multiplizieren Sie beide Seiten mit dem Nenner des Bruchs auf der linken Seite.**

$$3x = A(x-4)+B(x+1)$$

4. **Setzen Sie die Nullstellen der linearen Faktoren nacheinander für *x* ein.**

Setzen Sie 4 ein: $3 \cdot 4 = B(4+1)$

$$B=\frac{12}{5}$$

Setzen Sie –1 ein: $-3 = -5a$

$$A=\frac{3}{5}$$

5. **Teilen Sie das Integral auf und integrieren Sie.**

$$\int \frac{3x\,dx}{x^2-3x-4}=\frac{3}{5}\int\frac{dx}{x+1}+\frac{12}{5}\int\frac{dx}{x-4}$$

$$=\frac{3}{5}\ln|x+1|+\frac{12}{5}\ln|x-4|+C$$

Beispiel

Integrieren Sie

$$\int \frac{2x+1}{x^3(x^2+1)^2}\,dx\,.$$

Lösung

$$\ln\frac{x^2+1}{x^2} - 3\arctan x - \frac{2x+1}{2(x^2+1)} - \frac{1}{2x^2} - \frac{2}{x} + C$$

1. **Faktorisieren Sie den Nenner. Das habe ich bereits für Sie gemacht – der reine Akt der Nächstenliebe. Beachten Sie, dass $x^2 + 1$ nicht faktorisiert werden kann.**

2. **Zerlegen Sie den Bruch in eine Summe von Brüchen.**

   $$\frac{2x+1}{x^3(x^2+1)^2} = \frac{A}{x} + \frac{B}{x^2} + \frac{C}{x^3} + \frac{Dx+E}{(x^2+1)} + \frac{Fx+G}{(x^2+1)^2}$$

   Beachten Sie den Unterschied zwischen den Zählern der Brüche mit x im Nenner und denen mit $(x^2 + 1)$ – einer nicht zu kürzende Quadratform – im Nenner. Beachten Sie auch, dass es für jede Potenz jedes unterschiedlichen Faktors des ursprünglichen Bruches einen Bruch gibt.

3. **Multiplizieren Sie beide Seiten dieser Gleichung mit dem Nenner der linken Seite.**

   $$2x+1 = Ax^2(x^2+1)^2 + Bx(x^2+1)^2 + C(x^2+1)^2 + (Dx+E)x^3(x^2+1) + (Fx+G)x^3$$

4. **Setzen Sie die Nullstellen der linearen Faktoren in x ein (0 ist die einzige Nullstelle).**

   Wenn Sie 0 in x einsetzen, werden alle Terme bis auf »C« eliminiert. Zwei links, zwei rechts.

   $0 + 1 = C(0^2 + 1)^2$

   $C = 1$

5. **Setzen Sie die Koeffizienten ähnlicher Terme gleich.**

   Weil Schritt 4 nur einen Term ergeben hat, wenden Sie einen anderen Ansatz an. Wenn Sie alles in der Gleichung aus Schritt 3 ausmultiplizieren (EAIL), enthält die rechte Seite der Gleichung einen konstanten Term und Terme in x, x^2, x^3, x^4, x^5 und x^6. Diese Gleichung ist eine Identität: der Koeffizient von beispielsweise dem x^5-Term auf der rechten Seite, muss gleich dem Koeffizienten des x^5-Terms auf der linken Seite sein (in dieser Aufgabe 0). Setzen Sie also den Koeffizienten jedes Terms auf der rechten Seite gleich dem Koeffizienten des entsprechenden Terms auf der linken Seite. Hier Ihr Endergebnis:

   1) Konstanter Term $1 = C$
   2) x-Term $2 = B$
   3) x^2-Term $0 = A + 2C$
   4) x^3-Term $0 = 2B + E + G$
   5) x^4-Term $0 = 2A + C + D + F$
   6) x^5-Term $0 = B + E$
   7) x^6-Term $0 = A + D$

Sie können schnell die Werte aller sieben Unbekannten aus diesen sieben Gleichungen ableiten, und damit hätten Sie Schritt 4 überspringen können. Aber das Einsetzen der Nullstellen ist so einfach, und die Werte, die Sie erhalten, können Ihnen später helfen, das Problem schneller zu lösen, deshalb ist es immer sinnvoll, das Einsetzen vorzunehmen.

Und es gibt noch eine dritte Möglichkeit, nach den Unbekannten aufzulösen. Sie könnten ein Gleichungssystem wie in diesem Schritt erhalten, indem Sie andere als Nullstellenwerte in x einsetzen. (Verwenden Sie kleine Zahlen, mit denen einfach zu rechnen ist.) Nach ein paar Partialbruchaufgaben werden Sie ein Gefühl dafür entwickeln, welche Kombination der drei Techniken am besten für die jeweilige Aufgabe geeignet ist.

Aus diesem Gleichungssystem erhalten Sie die folgenden Werte:

$A = -2, B = 2, C = 1, D = 2,$

$E = -2, F = 1, G = -2$

6. **Teilen Sie Ihr Integral auf und integrieren Sie.**

$$\int \frac{2x+1}{x^3(x^2+1)^2}\,dx = \int \frac{-2}{x}\,dx + \int \frac{2}{x^2}\,dx + \int \frac{1}{x^3}\,dx + \int \frac{2x-2}{x^2+1}\,dx + \int \frac{x-2}{(x^2+1)^2}\,dx$$

Die ersten drei sind einfach: $-2\ln|x| + \frac{-2}{x} + \frac{-1}{2x^2}$. Die beiden letzten teilen Sie auf.

$$+\int \frac{2x}{x^2+1}\,dx - 2\int \frac{1}{x^2+1}\,dx + \int \frac{x}{(x^2+1)^2}\,dx - 2\int \frac{1}{(x^2+1)^2}\,dx$$

Der erste und der dritte können mit einer einfachen u-Substitution erledigt werden; der zweite ist Arcustangens; und der vierte ist sehr knifflig, deshalb setze ich ihn gleich für Sie ein:

$$+\ln(x^2+1) - 2\arctan x - \frac{1}{2(x^2+1)} - 2\left(\frac{\arctan x}{2} + \frac{x}{2(x^2+1)}\right)$$

Und jetzt der ganze Salat:

$$\int \frac{2x+1}{x^3(x^2+1)^2}\,dx = \ln\frac{x^2+1}{x^2} - 3\arctan x - \frac{2x+1}{2(x^2+1)} - \frac{1}{2x^2} - \frac{2}{x} + C$$

Gut gemacht!

Aufgabe 19

Integrieren Sie $\int \frac{5\,dx}{2x^2+7x-4}$

Aufgabe 20

Integrieren Sie $\int \frac{2x-3}{(3x-1)(x+4)(x+5)}$

Aufgabe 21

Was ist $\int \frac{x^2+x+1}{x^3-3x^2+3x-1}dx$?

Aufgabe 22

Integrieren Sie $\int \frac{dx}{x^4+6x^2+5}$

Aufgabe *23

Integrieren Sie $\int \frac{4x^3+3x^2+2x+1}{x^4-1}$

Aufgabe *24

Was ist $\int \frac{x^2-x}{(x+1)(x^2+1)(x^2+2)} dx$?

Lösungen für Integrationsregeln

1. $\int x\cos(5x-2)\,dx \;=\; \mathbf{\frac{1}{5}x\sin(5x-2)+\frac{1}{25}\cos(5x-2)+C}$

   a. Wählen Sie x als Ihr u, weil die algebraische Funktion x die erste in der LIATE-Liste ist.

   b. Füllen Sie Ihre Kästchen aus.

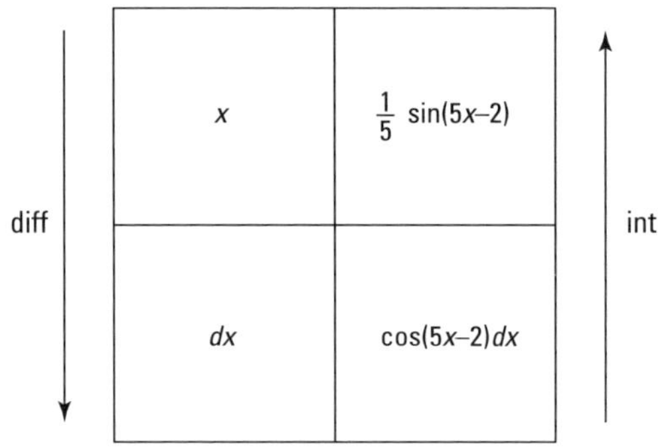

   c. Verwenden Sie die »7«-Regel: $\int x\cos(5x-2)\,dx = \frac{1}{5}x\sin(5x-2)-\frac{1}{5}\int\sin(5x-2)\,dx$

   d. Integrieren Sie: $=\frac{1}{5}x\sin(5x-2)+\frac{1}{25}\cos(5x-2)+C$

2. $\int \arctan x dx \;=\; \mathbf{x\arctan x-\frac{1}{2}\ln(1+x^2)+C}$

   a. Wählen Sie arctan$x$ als Ihr u aus. Sie haben keine andere Wahl.

   b. Füllen Sie Ihren Kasten aus.

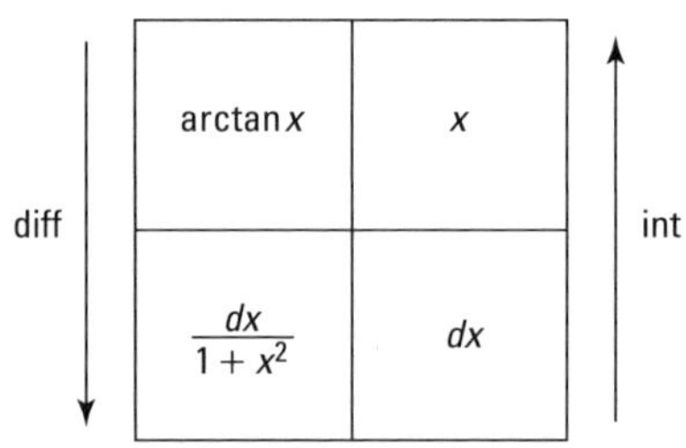

   c. Wenden Sie die »7«-Regel an:

$$\int \arctan x\,dx = x\arctan x-\int\frac{x\,dx}{1+x^2} = x\arctan x-\frac{1}{2}\ln(1+x^2)+C$$

3. $\int x \arctan x \, dx = \frac{1}{2}x^2 \arctan x - \frac{1}{2}x + \frac{1}{2}\arctan x + C$

a. Wählen Sie arctan x als Ihr u.

b. Füllen Sie Ihre Kästchen aus.

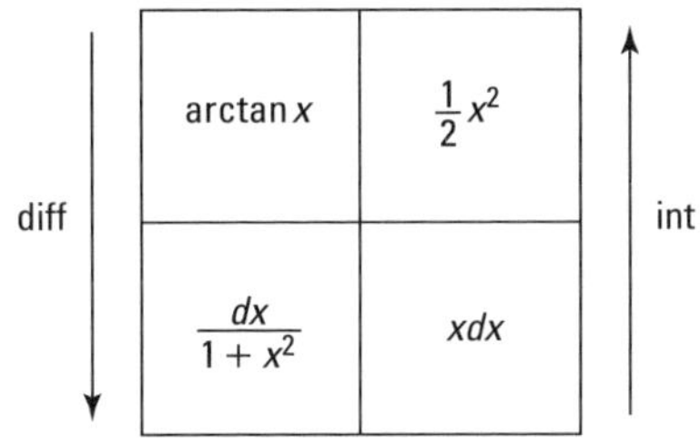

c. Wenden Sie die »7«-Regel an.

$$\int \arctan x \, dx = \frac{1}{2}x^2 \arctan x - \frac{1}{2}\int \frac{x^2 \, dx}{1+x^2}$$

$$= \frac{1}{2}x^2 \arctan x - \frac{1}{2}\int \frac{x^2+1-1}{1+x^2}\, dx$$

$$= \frac{1}{2}x^2 \arctan x - \frac{1}{2}\int dx + \frac{1}{2}\int \frac{dx}{1+x^2}$$

$$= \frac{1}{2}x^2 \arctan x - \frac{1}{2}x + \frac{1}{2}\arctan x + C \quad \text{oder} \quad \frac{x^2+1}{2}\arctan x - \frac{x}{2} + C$$

4. $\int_{-1}^{1} x\, 10^x \, dx = \mathbf{\frac{101 \ln 10 - 99}{10(\ln 10)^2}}$

a. Wählen Sie das algebraische x als Ihr u aus.

b. Füllen Sie Ihre Kästchen aus.

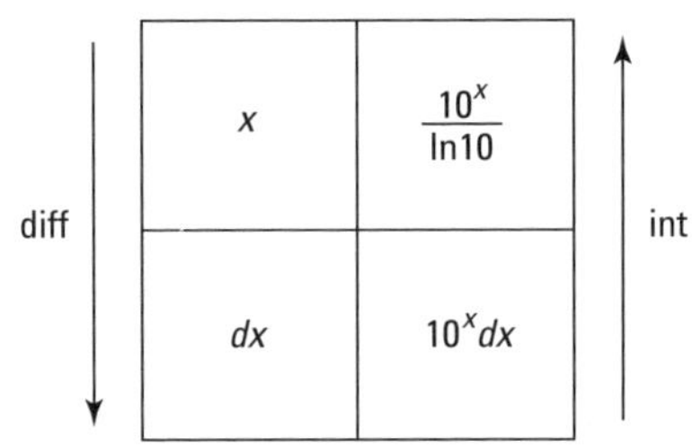

c. Wenden Sie die »7«-Regel an.

$$\int_{-1}^{1} x\,10^x\,dx = \left.\frac{x\,10^x}{\ln 10}\right|_{-1}^{1} - \frac{1}{\ln 10}\int_{-1}^{1} 10^x\,dx$$

$$= \frac{10}{\ln 10} + \frac{1}{10\ln 10} - \frac{1}{\ln 10}\cdot\left.\frac{10^x}{\ln 10}\right|_{-1}^{1}$$

$$= \frac{10}{\ln 10} + \frac{1}{10\ln 10} - \frac{10}{(\ln 10)^2} + \frac{1}{10(\ln 10)^2}$$

$$= \frac{101\ln 10 - 99}{10(\ln 10)^2}$$

*5. $\int x^2 e^{-x}dx$ = $\boldsymbol{e^{-x}(x^2+2x+2)+C}$

a. Wählen Sie x^2 als Ihr u aus.

b. Füllen Sie Ihre Kästchen aus.

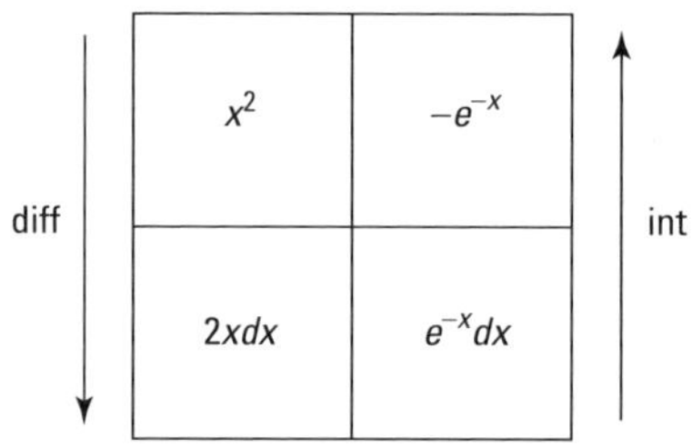

c. Wenden Sie die »7«-Regel an: $\int x^2e^{-x}dx = -x^2e^{-x} + 2\int xe^{-x}dx$

Im zweiten Integral ist die Potenz von x um 1 reduziert, Sie machen also Fortschritte.

d. Wiederholen Sie den Prozess für das zweite Integral: Wählen Sie aus und füllen Sie die Kästchen aus.

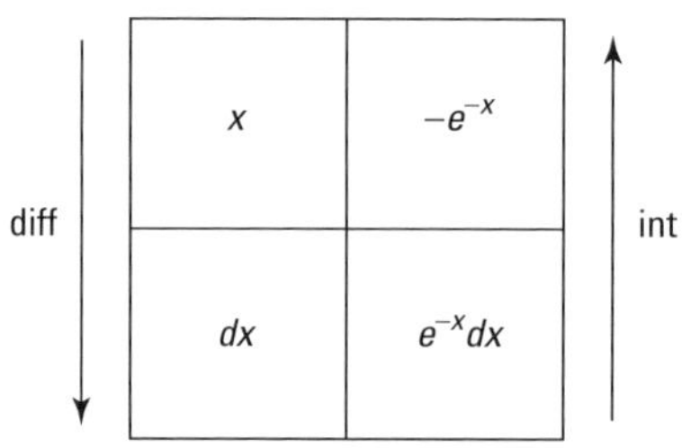

e. Wenden Sie die »7«-Regel für das zweite Integral an:

$$\int xe^{-x}dx = -xe^{-x} + \int e^{-x}dx = -xe^{-x} - e^{-x} + C$$

f. Setzen Sie dieses Ergebnis in das zweite Integral aus Schritt 3 ein.

$$\int x^2 e^{-x} dx = -x^2 e^{-x} + 2(-xe^{-x} - e^{-x} + C)$$
$$= -x^2 e^{-x} - 2xe^{-x} - 2e^{-x} + C = -e^{-x}(x^2 + 2x + 2) + C$$

*6. $\boldsymbol{\int e^x \sin x \, dx = \frac{e^x \sin x}{2} - \frac{e^x \cos x}{2} + C}$

a. Wählen Sie $\sin x$ als Ihr u aus – das T aus LIATE.

b. Füllen Sie die Kästchen aus.

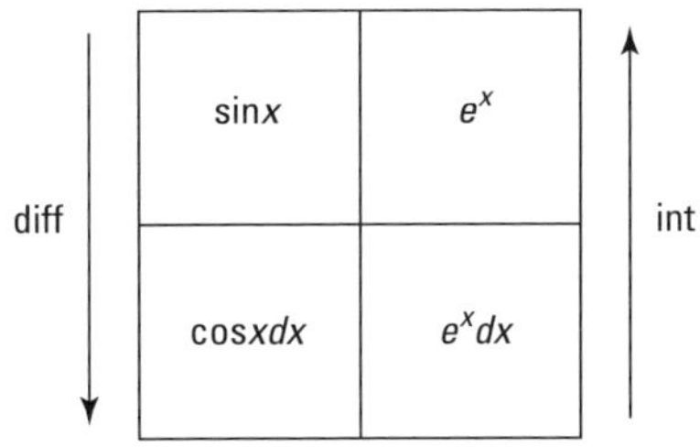

c. Wenden Sie die »7«-Regel an: $\int e^x \sin x \, dx = e^x \sin x - \int e^x \cos x \, dx$

Sieht nicht nach Fortschritt aus, ist es aber. Wiederholen Sie diesen Prozess für $\int e^x \cos x \, dx$.

d. Wählen Sie $\cos x$ als Ihr u aus und füllen Sie die Kästchen aus.

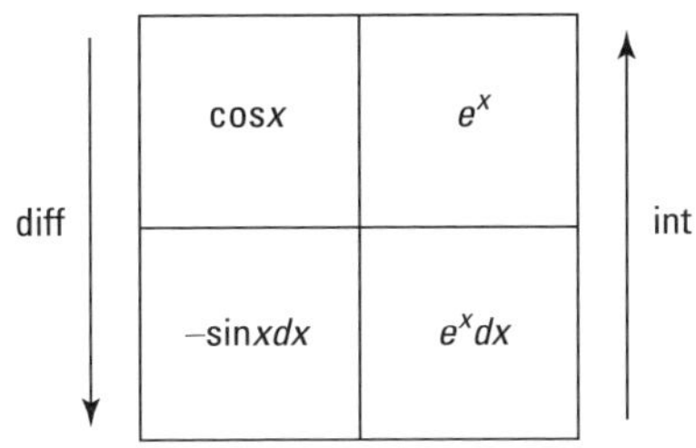

e. Wenden Sie die »7«-Regeln an: $\int e^x \cos x \, dx = e^x \cos x + \int e^x \sin x \, dx$

Der verlorene Sohn kehrt nach Hause zurück und wird reich belohnt.

f. Setzen Sie das Ergebnis in das zweite Integral aus Schritt 3 ein.

$$\int e^x \sin x \, dx = e^x \sin x - e^x \cos x - \int e^x \sin x \, dx$$

g. Sie wollen nach $\int e^x \sin x \, dx$ lösen, deshalb bringen Sie sie beide auf die linke Seite und lösen.

$$2\int e^x \sin x \, dx = e^x \sin x - e^x \cos x + C$$

$$\int e^x \sin x \, dx = \frac{e^x \sin x}{2} - \frac{e^x \cos x}{2} + C$$

7. $\int \sqrt[3]{\sin x} \cos^3 x \, dx = \mathbf{\frac{3}{4}\sin^{4/3} x - \frac{3}{10}\sin^{10/3} x + C}$

a. Spalten Sie ein cos*x* ab: $\int \sqrt[3]{\sin x} \cos^2 x \cos x dx$

b. Wandeln Sie die gerade Anzahl an Kosinus in Sinus um. Verwenden Sie dazu die Pythagoras-Beziehung.

$$= \int \sqrt[3]{\sin x}(1-\sin^2 x)\cos x \, dx = \int \sqrt[3]{\sin x} \cos x \, dx - \int \sin^{7/3} x \cos x \, dx$$

c. Integrieren Sie mit u-Substitution mit $u = \sin x$: $= \frac{3}{4}\sin^{4/3} x - \frac{3}{10}\sin^{10/3} x + C$

*8. $\int_0^{\pi/6} \cos^4 t \sin^2 t \, dt = \mathbf{\frac{\pi}{96}}$

a. Wandeln Sie in ungerade Potenzen von Kosinus um. Verwenden Sie die trigonometrischen Beziehungen $\sin^2 x = \frac{1-\cos 2x}{2}$ und $\cos^2 x = \frac{1+\cos 2x}{2}$

$$= \int_0^{\pi/6} \left(\frac{1+\cos 2t}{2}\right)^2 \frac{1-\cos 2t}{2} dt$$

b. Vereinfachen Sie und wenden Sie EAIL an.

$$= \frac{1}{8}\int_0^{\pi/6} (1-\cos^2 2t)(1+\cos 2t) \, dt = \frac{1}{8}\int_0^{\pi/6} 1 \, dt + \frac{1}{8}\int_0^{\pi/6} \cos 2t \, dt - \frac{1}{8}\int_0^{\pi/6} \cos^2 2t \, dt - \frac{1}{8}\int_0^{\pi/6} \cos^3 2t \, dt$$

c. Integrieren Sie. Das erste und das zweite sind einfach. Für das dritte verwenden Sie erneut dieselbe trigonometrische Beziehung. Das vierte geht wie Aufgabe 7. Sie sollten also folgendes erhalten:

$$= \frac{1}{8}\int_0^{\pi/6} 1 dt + \frac{1}{8}\int_0^{\pi/6} \cos 2t \, dt - \frac{1}{16}\int_0^{\pi/6} 1 dt - \frac{1}{16}\int_0^{\pi/6} \cos 4t \, dt - \frac{1}{8}\int_0^{\pi/6} \cos 2t \, dt + \frac{1}{8}\int_0^{\pi/6} \sin^2 2t \cos 2t \, dt$$

$$= \frac{1}{16}\int_0^{\pi/6} dt - \frac{1}{16}\int_0^{\pi/6} \cos 4t \, dt + \frac{1}{8}\int_0^{\pi/6} \sin^2 t 2 \cos 2t \, dt$$

$$= \frac{1}{16} t \Big|_0^{\pi/6} - \frac{1}{64}\sin 4t \Big|_0^{\pi/6} + \frac{1}{48}\sin^3 2t \Big|_0^{\pi/6}$$

$$= \frac{\pi}{96} - \frac{\sqrt{3}}{128} + \frac{\sqrt{3}}{128}$$

$$= \frac{\pi}{96}$$

*9. $\int \sec^3 x \tan^3 x \, dx = \mathbf{\frac{1}{5}\sec^5 x - \frac{1}{3}\sec^3 x + C}$

a. Spalten Sie $\sec x \tan x$ ab: $\int \sec^2 x \tan^2 x \sec x \tan x \, dx$

b. Wenden Sie die Pythagoras-Beziehung an, um die Tangens mit geradzahliger Potenz in Sekans umzuwandeln.

$$= \int \sec^2 x(\sec^2 x - 1)\sec x \tan x \, dx$$

$$= \int \sec^4 x \sec x \tan x \, dx - \int \sec^2 x \sec x \tan x \, dx$$

c. Integrieren Sie mit u-Substitution: $= \frac{1}{5}\sec^5 x - \frac{1}{3}\sec^3 x + C$

*10. $\int_{\pi/4}^{\pi/3} \tan^2 \theta \sec^4 \theta d\theta = \mathbf{\frac{14\sqrt{3}}{5} - \frac{8}{15}}$

a. Spalten Sie ein $\sec^2\theta$ ab: $= \int_{\pi/4}^{\pi/3} \tan^2\theta \sec^2 \theta \sec^2 \theta \, d\theta$

b. Wandeln Sie in Tangens um:

$$= \int_{\pi/4}^{\pi/3} \tan^2 \theta(\tan^2 \theta + 1)\sec^2 \theta \, d\theta = \int_{\pi/4}^{\pi/3} \tan^4 \theta \sec^2 \theta \, d\theta + \int_{\pi/4}^{\pi/3} \tan^2 \theta \sec^2 \theta \, d\theta$$

c. Nehmen Sie eine u-Substitution mit $u = \tan \theta$ vor.

$$= \frac{1}{5}\tan^5 \theta \Big|_{\pi/4}^{\pi/3} + \frac{1}{3}\tan^3 \theta \Big|_{\pi/4}^{\pi/3}$$

$$= \frac{1}{5}\sqrt{3}^5 - \frac{1}{5}\cdot 1^5 + \frac{1}{3}\sqrt{3}^3 - \frac{1}{3}\cdot 1^3$$

$$= \frac{14\sqrt{3}}{5} - \frac{8}{15}$$

*11. $\int \tan^8 t \, dt = \mathbf{\frac{1}{7}\tan^7 t - \frac{1}{5}\tan^5 t + \frac{1}{3}\tan^3 t - \tan t + t + C}$

a. Spalten Sie ein $\tan^2 t$ ab und wandeln Sie in Sekans um:

$$= \int \tan^6 t(\sec^2 t - 1) \, dt = \int (\tan^6 t \sec^2 t) \, dt - \int (\tan^6 t) \, dt$$

b. Erledigen Sie das erste Integral durch u-Substitution und wiederholen Sie Schritt 1 mit dem zweiten, und machen Sie so weiter, bis Sie alle Tangens im zweiten Integral losgeworden sind.

$$= \frac{1}{7}\tan^7 t - \int \tan^4 t(\sec^2 t - 1)\,dt$$

$$= \frac{1}{7}\tan^7 t - \frac{1}{5}\tan^5 t + \int \tan^2 t(\sec^2 t - 1)\,dt$$

$$= \frac{1}{7}\tan^7 t - \frac{1}{5}\tan^5 t + \frac{1}{3}\tan^3 t - \int (\sec^2 t - 1)\,dt$$

$$= \frac{1}{7}\tan^7 t - \frac{1}{5}\tan^5 t + \frac{1}{3}\tan^3 t - \tan t + t + C$$

12. $\int \sqrt{\csc x}\cot^3 x dx \;=\; \boldsymbol{-\frac{2}{5}\csc^{5/2} x + 2\csc^{1/2} x + C}$

   a. Spalten Sie $\csc x \cot x$ ab: $\int \csc^{-1/2} x \cot^2 x \csc x \cot x dx$

   b. Wandeln Sie die Kotangens mit gerader Potenz in Kosekans um. Verwenden Sie dazu die Pythagoras-Beziehung:

   $$= \int \csc^{-1/2} x(\csc^2 x - 1)\csc x \cot x\,dx$$

   c. Nehmen Sie schließlich die u-Substitution vor.

   $$= \int \csc^{3/2} x \csc x \cot x\,dx - \int \csc^{-1/2} x \csc x \cot x\,dx$$

   $$= \int u^{3/2}(-du) - \int u^{-1/2}(-du)$$

   $$= -\frac{2}{5}u^{5/2} + 2u^{1/2} + C$$

   $$= -\frac{2}{5}\csc^{5/2} x + 2\csc^{1/2} x + C$$

*13. $\int x\sqrt{9x + 16x^2}dx \;=\; \boldsymbol{\frac{1}{48}(9 + 16x^2)^{3/2} + C}$

   a. Schreiben Sie die Aufgabe um in $\int x\sqrt{(4x)^2 + 3^2}dx$

   b. Zeichnen Sie Ihr SghKahTga-Dreieck mit $\tan\theta = \frac{u}{a}$. Sehen Sie sich dazu die folgende Abbildung an.

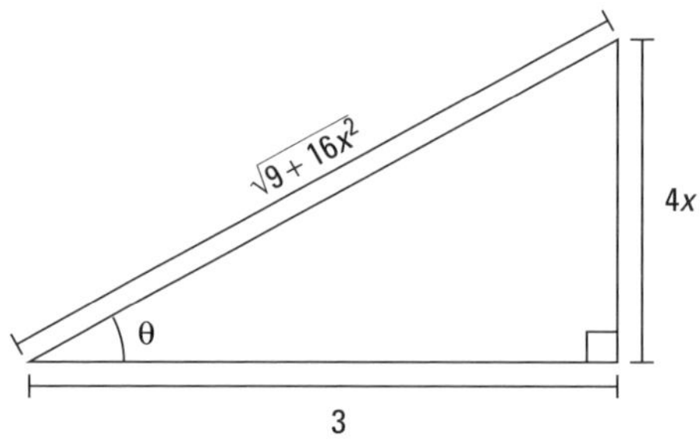

c. Lösen Sie $\tan\theta = \frac{4x}{3}$ nach x auf, differenzieren Sie und lösen Sie nach dx auf.

$$4x = 3\tan\theta \qquad \frac{dx}{d\theta} = \frac{3}{4}\sec^2\theta$$

$$x = \frac{3}{4}\tan\theta \qquad dx = \frac{3}{4}\sec^2\theta d\theta$$

d. Erledigen Sie die Sache mit $\frac{\sqrt{}}{a}$.

$$\frac{\sqrt{9+16x^2}}{3} = \sec\theta \qquad \sqrt{9+16x^2} = 3\sec\theta$$

e. Substituieren Sie. ***Hinweis***: Es gibt hier drei Substitutionen, nicht nur zwei wie im Beispiel.

$$\int x\sqrt{9+16x^2}\, dx$$

$$= \int\left(\frac{3}{4}\tan\theta\right)(3\sec\theta)\left(\frac{3}{4}\sec^2\theta\, d\theta\right)$$

$$= \frac{27}{16}\int\tan\theta\sec^3\theta\, d\theta$$

f. Jetzt sind Sie zurück auf dem Gelände der trigonometrischen Integrale. Spalten Sie einen $\sec\theta\tan\theta$-Faktor ab.

$$= \frac{27}{16}\int\sec^2\theta(\sec\theta\tan\theta)\, d\theta$$

g. Integrieren Sie. Hier liegt die Form $\int u^2\, du$ vor, daher

$$= \frac{27}{16}\left(\frac{1}{3}\sec^3\theta\right) + C = \frac{9}{16}\sec^3\theta + C.$$

h. Wechseln Sie zurück zu x: $= \frac{9}{16}\left(\frac{\sqrt{9+16x^2}}{3}\right)^3 + C = \frac{1}{48}(9+16x^2)^{3/2} + C$

14. $\int \frac{dx}{(9x^2+4)\sqrt{9x^2+4}} = \boldsymbol{\frac{x}{4\sqrt{9x^2+4}} + C}$

a. Schreiben Sie die Aufgabe um in $\int \frac{dx}{\sqrt{(3x)^2+2^2}^3}$.

b. Zeichnen Sie Ihr Dreieck. Denken Sie daran, dass $\tan\theta = \frac{u}{a}$. Sehen Sie sich dazu die folgende Abbildung an.

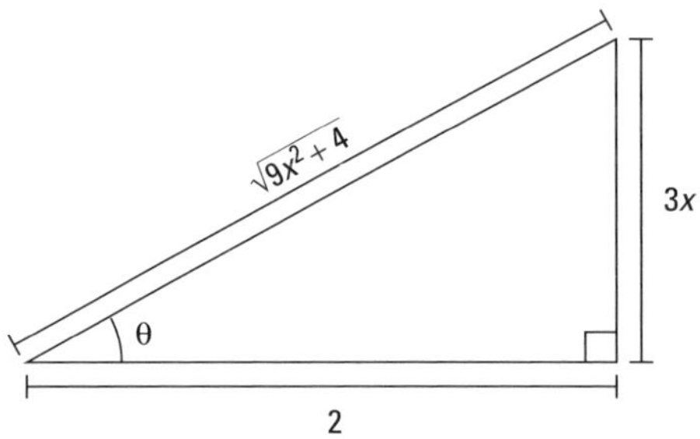

c. Lösen Sie $\tan\theta = \frac{3x}{2}$ nach x auf, differenzieren Sie und lösen Sie nach dx auf.

$3x = 2\tan\theta \qquad x = \frac{2}{3}\tan\theta \qquad dx = \frac{2}{3}\sec^2\theta\, d\theta$

d. Erledigen Sie die Sache mit $\frac{\sqrt{}}{a}$.

$\frac{\sqrt{9x^2+4}}{2} = \sec\theta \qquad \sqrt{9x^2+4} = 2\sec\theta$

e. Substituieren Sie.

$$\int \frac{dx}{\sqrt{9x^2+4}^3}$$

$$= \int \frac{\frac{2}{3}\sec^2\theta\, d\theta}{(2\sec\theta)^3} = \frac{1}{12}\int \frac{d\theta}{\sec\theta} = \frac{1}{12}\int \cos\theta\, d\theta$$

f. Integrieren Sie, um zu erhalten: $= \frac{1}{12}\sin\theta + C$

g. Wechseln Sie zurück zu x (verwenden Sie das Dreieck).

$$= \frac{1}{12}\left(\frac{3x}{\sqrt{9x^2+4}}\right) + C = \frac{x}{4\sqrt{9x^2+4}} + C$$

15. $\int \frac{x\,dx}{\sqrt{25-x^2}} = -\sqrt{25-x^2}+C$

a. Schreiben Sie die Aufgabe um in $\int \frac{x\,dx}{\sqrt{5^2-x^2}}$.

b. Zeichnen Sie Ihr Dreieck. Für diese Aufgabe ist $\sin\theta = \frac{u}{a}$. Sehen Sie sich dazu die folgende Abbildung an.

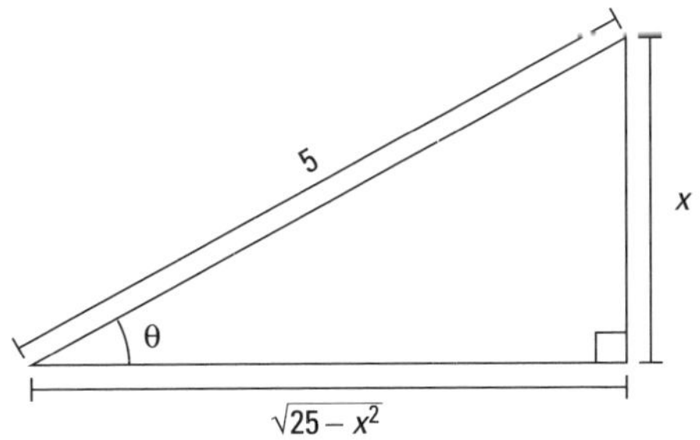

c. Lösen Sie $\sin\theta = \frac{x}{5}$ nach x auf und bestimmen Sie dann dx.

$x = 5\sin\theta \qquad dx = 5\cos\theta\,d\theta$

d. Erledigen Sie die Sache mit $\frac{\sqrt{}}{a}$.

$\frac{\sqrt{25-x^2}}{5} = \cos\theta \qquad \sqrt{25-x^2} = 5\cos\theta$

e. Substituieren Sie.

$$\int \frac{x\,dx}{\sqrt{25-x^2}}$$
$$= \int \frac{(5\sin\theta)(5\cos\theta\,d\theta)}{5\cos\theta} = 5\int \sin\theta\,d\theta$$

f. Integrieren Sie, um $-5\cos\theta + C$ zu erhalten.

g. Wechseln Sie zurück auf x (siehe Schritt 4): $= -5\left(\frac{\sqrt{25-x^2}}{5}\right)+C = -\sqrt{25-x^2}+C$

16. $\int x\sqrt{9-25x^2}\,dx = -\frac{1}{75}(9-25x^2)^{3/2}+C$

a. Schreiben Sie die Aufgabe um in $\int x\sqrt{3^2-(5x)^2}\,dx$

b. Machen Sie die Sache mit dem Dreieck. Sehen Sie sich dazu die folgende Abbildung an.

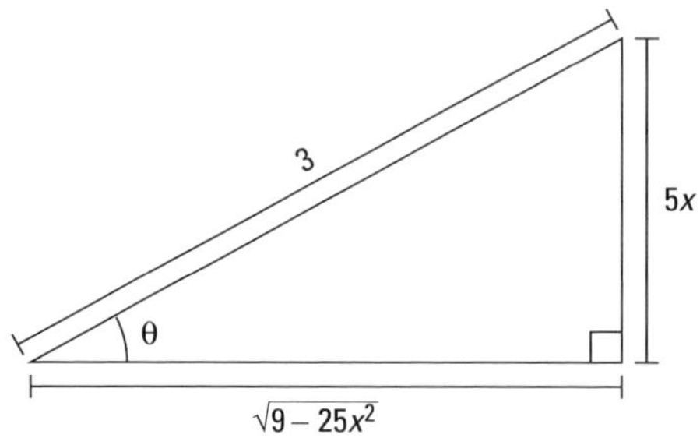

c. Lösen Sie $\sin\theta = \frac{5x}{3}$ nach x und bestimmen Sie dx.

$$x = \frac{3}{5}\sin\theta \qquad dx = \frac{3}{5}\cos\theta\, d\theta$$

d. Machen Sie das Ding mit den Wurzeln.

$$\frac{\sqrt{9-25x^2}}{3} = \cos\theta \qquad \sqrt{9-25x^2} = 3\cos\theta$$

e. Substituieren Sie.

$$\int x\sqrt{9-25x^2}\,dx$$

$$= \int\left(\frac{3}{5}\sin\theta\right)(3\cos\theta)\left(\frac{3}{5}\cos\theta d\theta\right) = \frac{27}{25}\int\cos^2\theta\sin\theta\, d\theta$$

f. Integrieren Sie: $= \frac{27}{25}\left(-\frac{1}{3}\cos^3\theta\right)+C = -\frac{9}{25}\cos^3\theta + C$

g. Wechseln Sie zurück zu x (siehe Schritt 4):

$$-\frac{9}{25}\left(\frac{\sqrt{9-25x^2}}{3}\right)^3 + C = -\frac{1}{75}(9-25x^2)^{3/2}+C$$

17. $\int \frac{dx}{\sqrt{625x^2-121}} = \mathbf{\frac{1}{25}\ln\left|25x+\sqrt{625x^2-121}\right|+C}$.

a. Schreiben Sie die Aufgabe um in $\int \frac{dx}{\sqrt{(25x)^2-11^2}}$.

b. Machen Sie das Ding mit dem Dreieck. Für diese Aufgabe ist $\sec\theta = \frac{u}{a}$. Sehen Sie sich dazu die folgende Abbildung an.

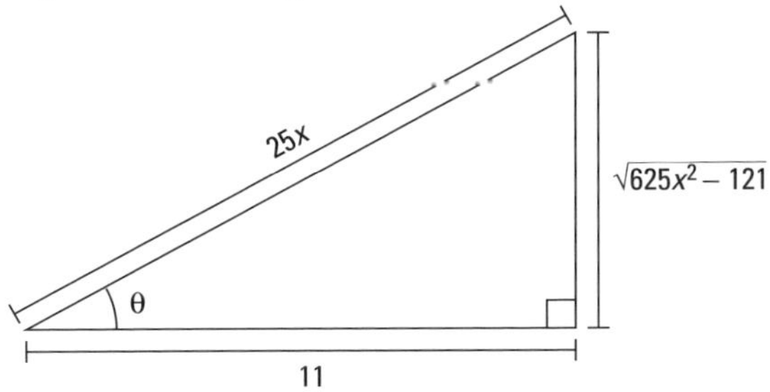

c. Lösen Sie $\sec\theta = \frac{25x}{11}$ nach x auf und bestimmen Sie dx.

$$x = \frac{11}{25}\sec\theta \qquad dx = \frac{11}{25}\sec\theta\tan\theta\, d\theta$$

d. Erledigen Sie die Sache mit $\frac{\sqrt{\;}}{a}$.

$$\frac{\sqrt{625x^2-121}}{11} = \tan\theta \qquad \sqrt{625x^2-121} = 11\tan\theta$$

e. Substituieren Sie.

$$\int \frac{dx}{\sqrt{625x^2-121}}$$

$$= \int \frac{\frac{11}{25}\sec\theta\tan\theta\, d\theta}{11\tan\theta} = \frac{1}{25}\int \sec\theta\, d\theta$$

f. Integrieren Sie: $= \frac{1}{25}\ln|\sec\theta+\tan\theta|+C$.

g. Wechseln Sie zurück zu x (siehe Schritte 3 und 4):

$$= \frac{1}{25}\ln\left|\frac{25x}{11}+\frac{\sqrt{625x^2-121}}{11}\right|+C$$

$$= \frac{1}{25}\ln\left|25x+\sqrt{625x^2-121}\right| - \frac{1}{25}\ln 11 + C$$

$$= \frac{1}{25}\ln\left|25x+\sqrt{625x^2-121}\right|+C$$

18. $\int \frac{\sqrt{4x^2-1}}{x} dx = \mathbf{\sqrt{4x^2-1} - \arctan\sqrt{4x^2-1} + C}$

a. Schreiben Sie die Aufgabe um in $\int \frac{\sqrt{(2x)^2-1^2}}{x} dx$.

b. Zeichnen Sie Ihr Dreieck. Sehen Sie sich dazu die folgende Abbildung an.

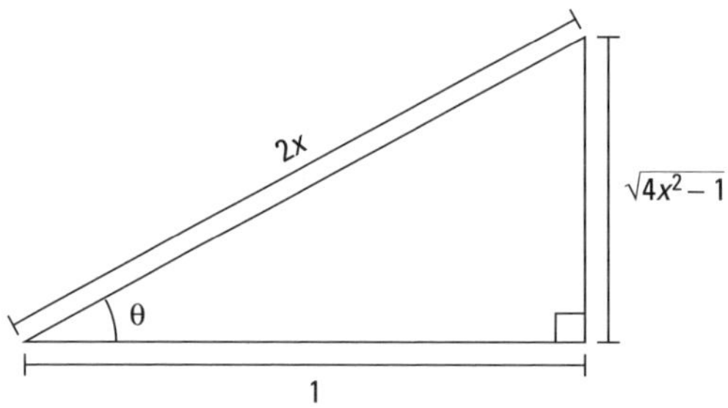

c. Lösen Sie $\sec\theta = \frac{2x}{1}$ nach x auf; bestimmen Sie dx.

$x = \frac{1}{2}\sec\theta \qquad dx = \frac{1}{2}\sec\theta\tan\theta\, d\theta$

d. Erledigen Sie die Sache mit $\frac{\sqrt{\ }}{a}$.

$\sqrt{4x^2-1} = \tan\theta$

e. Substituieren Sie.

$$\int \frac{\sqrt{4x^2-1}}{x} dx$$

$$= \int \frac{\tan\theta}{\frac{1}{2}\sec\theta} \cdot \frac{1}{2}\sec\theta\tan\theta\, d\theta = \int \tan^2\theta\, d\theta$$

f. Integrieren Sie: $= \int (\sec^2\theta - 1)\, d\theta = \tan\theta - \theta + C$

g. Wechseln Sie zurück zu x (siehe Schritt 4).

$= \sqrt{4x^2-1} - \arctan\sqrt{4x^2-1} + C$

oder

$= \sqrt{4x^2-1} - \operatorname{arcsec} 2x + C$

19. $\int \frac{5\,dx}{2x^2+7x-4} = \mathbf{\frac{5}{9} \ln\left|\frac{2x-1}{x+4}\right| + C}$

a. Faktorisieren Sie den Nenner: $= \int \frac{5dx}{(2x-1)(x+4)}$

b. Zerlegen Sie den Bruch in eine Summe von Partialbrüchen:

$$\frac{5}{(2x-1)(x+4)} = \frac{A}{2x-1} + \frac{B}{x+4}$$

c. Multiplizieren Sie beide Seiten mit dem kleinsten gemeinsamen Nenner:

$5 = A(x+4) + B(2x-1)$.

d. Setzen Sie die Nullstellen der Faktoren nacheinander in x ein.

$x = -4$ erzeugt:	$x = \frac{1}{2}$ erzeugt:
$5 = -9B$	$5 = \frac{9}{2}A$
$B = -\frac{5}{9}$	$A = \frac{10}{9}$

e. Splitten Sie Ihr Integral auf und integrieren Sie.

$$\int \frac{5dx}{2x^2+7x-4} = \frac{10}{9}\int \frac{dx}{2x-1} + \frac{-5}{9}\int \frac{dx}{x+4} = \frac{5}{9}\ln|2x-1| - \frac{5}{9}\ln|x+4| + C = \frac{5}{9}\ln\left|\frac{2x-1}{x+4}\right| + C$$

20. $\int \frac{2x-3}{(3x-1)(x+4)(x+5)} = \mathbf{\frac{-7}{208}\ln|3x-1| + \frac{11}{13}\ln|x+4| - \frac{13}{16}\ln|x+5| + C}$

a. Der Nenner ist bereits faktorisiert, deshalb schreiben Sie sofort die Partialbruchsumme.

$$\frac{2x-3}{(3x-1)(x+4)(x+5)} = \frac{A}{3x-1} + \frac{B}{x+4} + \frac{C}{x+5}$$

b. Multiplizieren Sie beide Seiten mit dem kleinsten gemeinsamen Nenner.

$2x-3 = A(x+4)(x+5) + B(3x-1)(x+5) + C(3x-1)(x+4)$

c. Setzen Sie die Nullstellen der Faktoren nacheinander in x ein.

$x = \frac{1}{3}$ bringt: $-\frac{7}{3} = \frac{208}{9}A$; $A = -\frac{21}{208}$

$x = -4$ bringt: $-11 = -13B$; $B = \frac{11}{13}$

$x = -5$ bringt: $-13 = 16C$; $C = -\frac{13}{16}$

d. Teilen Sie auf und integrieren Sie.

$$\int \frac{2x-3}{(3x-1)(x+4)(x+5)}\,dx = \frac{-21}{208}\int \frac{dx}{3x-1} + \frac{11}{13}\int \frac{dx}{x+4} + \frac{-13}{16}\int \frac{dx}{x+5}$$

$$= \frac{-7}{208}\ln|3x-1| + \frac{11}{13}\ln|x+4| - \frac{13}{16}\ln|x+5| + C$$

21. $\int \frac{x^2+x+1}{x^3-3x^2+3x-1}\,dx \;=\; \mathbf{\ln|x-1| - \frac{3(2x-1)}{2(x-1)^2} + C}$

a. Faktorisieren Sie den Nenner: $= \int \frac{x^2+x+1}{(x-1)^3}\,dx$

b. Schreiben Sie die Partialbrüche: $\frac{x^2+x+1}{(x-1)^3} = \frac{A}{x-1} + \frac{B}{(x-1)^2} + \frac{C}{(x-1)^3}$

c. Multiplizieren Sie mit dem kleinsten gemeinsamen Nenner:

$x^2 + x + 1 = A(x-1)^2 + B(x-1) + C$

d. Setzen Sie die eine Nullstelle ein, 1. Sie erhalten $C = 3$.

e. Setzen Sie die Koeffizienten ähnlicher Terme gleich.

Ohne Ausmultiplizieren der rechten Seite in Schritt 3 erkennen Sie, dass der x^2-Term auf der rechten Seite gleich Ax^2 ist. Weil der Koeffizient von x^2 auf der linken Seite 1 ist, muss A gleich 1 sein.

f. Setzen Sie 0 für x ein. Sie erhalten $1 = A - B + C$.

Weil Sie wissen, dass A gleich 1 und C gleich 3 ist, muss B gleich 3 sein.

Hinweis: Sie können auf viele Arten nach A, B und C auflösen, aber meine Methode ist wahrscheinlich die schnellste.

g. Teilen Sie auf und integrieren Sie.

$$\int \frac{x^2+x+1}{x^3-3x^2+3x-1}\,dx = \int \frac{dx}{x-1} + 3\int \frac{dx}{(x-1)^2} + 3\int \frac{dx}{(x-1)^3}$$

$$= \ln|x-1| - \frac{3}{x-1} - \frac{3}{2(x-1)^2} + C$$

22. $\int \frac{dx}{x^4+6x^2+5} = \mathbf{\frac{1}{4}\arctan x - \frac{\sqrt{5}}{20}\arctan\frac{x\sqrt{5}}{2} + C}$

a. Faktorisieren Sie $= \int \frac{dx}{(x^2+5)(x^2+1)}$

b. Schreiben Sie die Partialbrüche: $\frac{1}{(x^2+5)(x^2+1)} = \frac{Ax+B}{x^2+5} + \frac{Cx+D}{x^2+1}$

c. Multiplizieren Sie mit dem kleinsten gemeinsamen Nenner:

$1 = (Ax + B)(x^2 + 1) + (Cx + D)(x^2 + 5)$

d. Setzen Sie die einfachsten Zahlen ein, mit denen Sie rechnen können, 0 und 1, um ohne größeren Aufwand zwei Gleichungen zu erhalten.

$x = 0$: $1 = B + 5D$

$x = 1$: $1 = 2A + 2B + 6C + 6D$

e. Nachdem Sie für die Gleichung in Schritt 3 EAIL ausgeführt haben, setzen Sie die Koeffizienten ähnlicher Terme gleich, um zwei weitere Gleichungen zu erhalten.

Für den x^2-Term erhalten Sie $0 = B + D$

Diese Gleichung plus die erste Gleichung aus Schritt 4 ergibt $B = -\frac{1}{4}, D = \frac{1}{4}$

Der x^3-Term ergibt $0 = A + C$

Diese Gleichung plus der zweiten Gleichung aus Schritt 4 plus der bekannten Werte von B und D führen zu $A = 0$ und $C = 0$.

f. Teilen Sie auf und integrieren Sie.

$$\int \frac{dx}{x^4 + 6x^2 + 5} = \int \frac{-\frac{1}{4}dx}{x^2 + 5} + \int \frac{\frac{1}{4}dx}{x^2 + 1}$$
$$= -\frac{1}{4}\int \frac{dx}{x^2 + 5} + \frac{1}{4}\int \frac{dx}{x^2 + 1}$$
$$= -\frac{1}{4\sqrt{5}}\arctan\frac{x}{\sqrt{5}} + \frac{1}{4}\arctan x + C$$

*23. $\int \frac{4x^3 + 3x^2 + 2x + 1}{x^4 - 1}\, dx = \mathbf{\frac{1}{2}\ln[(x^2 + 1)|x - 1|^5|x + 1|] + \arctan x + C}$

a. Faktorisieren Sie: $= \int \frac{4x^3 + 3x^2 + 2x + 1}{(x-1)(x+1)(x^2+1)}dx$

b. Schreiben Sie die Partialbrüche: $\frac{4x^3 + 3x^2 + 2x + 1}{(x-1)(x+1)(x^2+1)} = \frac{A}{x-1} + \frac{B}{x+1} + \frac{Cx + D}{x^2 + 1}$

c. Multiplizieren Sie mit dem kleinsten gemeinsamen Nenner:

$4x^3 + 3x^2 + 2x + 1 = A(x+1)(x^2+1) + B(x-1)(x^2+1) + (Cx + D)(x-1)(x+1)$

d. Setzen Sie die Nullstellen ein:

$x = 1$:	$10 = 4A$	$A = 2{,}5$
$x = -1$:	$-2 = -4B$	$B = 0{,}5$

e. Setzen Sie die Koeffizienten der x^3-Terme gleich, so dass Sie C erhalten.

$4 = A + B + C$

$A = 2{,}5$, $B = 0{,}5$, also ist $C = 1$

f. Setzen Sie die Nullstelle und die bekannten Werte von A, B und C ein, um D zu erhalten.

$1 = 2{,}5 - 0{,}5 - D$

$D = 1$

g. Integrieren Sie.

$$\begin{aligned}\int \frac{4x^3 + 3x^2 + 2x + 1}{x^4 - 1}\,dx &= 2{,}5\int \frac{dx}{x-1} + 0{,}5\int \frac{dx}{x+1} + \int \frac{x+1}{x^2+1}\,dx \\ &= 2{,}5\ln|x-1| + 0{,}5\ln|x+1| + 0{,}5\ln|x^2+1| + \arctan x + C \\ &= \frac{1}{2}\ln\left[(x^2+1)\,|x-1|^5\,|x+1|\right] + \arctan x + C\end{aligned}$$

*24. $\displaystyle\int \frac{x^2 - x}{(x+1)(x^2+1)(x^2+2)}\,dx = \mathbf{\frac{1}{6}\ln\frac{(x+1)^2}{x^2+2} - \arctan x + \frac{2\sqrt{2}}{3}\arctan\frac{x\sqrt{2}}{2} + C}$

a. Zerlegen Sie die bereits faktorisierte Funktion in Partialbrüche.

$$\frac{x^2 - x}{(x+1)(x^2+1)(x^2+2)}\,dx = \frac{A}{x+1} + \frac{Bx+C}{x^2+1} + \frac{Dx+E}{x^2+2}$$

b. Multiplizieren Sie mit dem kleinsten gemeinsamen Nenner.

$$x^2 - x = A(x^2+1)(x^2+2) + (Bx+C)(x+1)(x^2+2) + (Dx+E)(x+1)(x^2+1)$$

c. Setzen Sie die einzige Nullstelle ein (–1).

$2 = 6A \qquad A = \frac{1}{3}$

d. Setzen Sie 0, 1 und –2 in x und $\frac{1}{3}$ in A ein.

$x = 0$: $\quad 0 = \frac{2}{3} + 2C + E$

$x = 1$: $\quad 0 = 2 + 6B + 6C + 4D + 4E$

$x = -2$: $\quad 6 = 10 + 12B - 6C + 10D - 5E$

e. Setzen Sie die Koeffizienten der x^4-Terme gleich $\left(\text{mit } A = \frac{1}{3}\right)$: $\quad 0 = \frac{1}{3} + B + D$

f. Lösen Sie das System aus vier Gleichungen aus den Schritten 4 und 5. Sie erhalten folgendes:

$$B = 0 \qquad C = -1 \qquad D = -\frac{1}{3} \qquad E = \frac{4}{3}$$

Falls Sie eine einfachere Methode kennen, nach A bis E aufzulösen, gehen Sie auf meine Webseite und schicken Sie mir eine E-Mail.

g. Integrieren Sie.

$$\begin{aligned}
&\int \frac{x^2 - x}{(x+1)(x^2+1)(x^2+2)}\,dx \\
&= \frac{1}{3}\int \frac{dx}{x+1} - \int \frac{dx}{x^2+1} - \frac{1}{3}\int \frac{x-4}{x^2+2}\,dx \\
&= \frac{1}{3}\ln|x+1| - \arctan x - \frac{1}{6}\ln(x^2+2) + \frac{2\sqrt{2}}{3}\arctan\frac{x\sqrt{2}}{2} + C \\
&= \frac{1}{6}\ln\frac{(x+1)^2}{x^2+2} - \arctan x + \frac{2\sqrt{2}}{3}\arctan\frac{x\sqrt{2}}{2} + C
\end{aligned}$$

12

Integrale lösen Ihre Probleme. Wer braucht schon Freud?

In diesem Kapitel...

- Unregelmäßige Flächen, Oberflächen und Volumen
- Die Regel von L'Hôpital
- Uneigentliche Integrale
- Alle möglichen Dinge, die Sie nie brauchen

Nachdem Sie nun Fachmann in Sachen Integration sind, werden Sie Ihre überragenden Fähigkeiten auf... na ja... reale Probleme anwenden. Schon gut. Ich gebe es zu – die Aufgaben, mit denen Sie es in diesem Kapitel zu tun bekommen, haben augenscheinlich wenig mit der Realität zu tun. Aber dennoch ist und bleibt die Integration ein leistungsfähiges und praktisches mathematisches Werkzeug. Ingenieure, Natur- und Wirtschaftswissenschaftler erledigen mit Hilfe der Integration praktische Arbeit, die sonst nicht möglich wäre.

Den Durchschnittswert einer Funktion bestimmen

Mit Hilfe der Differentiation können Sie die maximale und minimale Höhe einer Funktion bestimmen, ihre steilsten Punkte, ihre Wendepunkte, ihre Konkavität usw. Aber es gibt eine einfache Frage zu einer Funktion, die die Differentiation nicht beantworten kann: Wie hoch ist die Durchschnittshöhe der Funktion? Für diese Antwort brauchen Sie die Integration.

Beispiel

Was ist der Durchschnittswert von $\sin x$ zwischen 0 und π?

Lösung

Kein Problem. Diese Frage beantworten Sie in einem einzigen Schritt:

$$\text{Durchschnittswert} = \frac{\text{Gesamtfläche}}{\text{Grundlinie}} = \frac{\int_0^{\pi} \sin x\, dx}{\pi - 0} = \frac{-\cos x\big|_0^{\pi}}{\pi} = \frac{-1(-1-1)}{\pi} = \mathbf{\frac{2}{\pi}}$$

Aufgabe 1

Was ist der Durchschnittswert von

$f(x) = \frac{x}{(x^2+1)^3}$ von 1 bis 3?

Aufgabe 2

Die Geschwindigkeit eines Rennwagens ist in Meter pro Sekunde angegebenals $f(t) = t^{1,7} - 6t + 80$. Wie hoch ist seine Durchschnittsgeschwindigkeit von $t = 5$ Sekunden bis $t = 15$ Sekunden? Was ist das in km/h?

Die Fläche zwischen Kurven bestimmen

In Ihren ersten Geometriejahren haben Sie Flächenformeln für alle möglichen Formen kennen gelernt, wie etwa Rechtecke, Kreise, Dreiecke, Parallelogramme, Drachen usw. Das war schon nicht schlecht. Mit Hilfe der Integration können Sie nun Dinge berechnen wie etwa die Fläche zwischen $f(x) = x^2$ und $g(x) = \arctan x$ – und das ist noch viel besser!

Beispiel

Wie groß ist die Fläche zwischen $\sin x$ und $\cos x$ von 0 bis π?

Lösung

Die Fläche beträgt $2\sqrt{2}$.

1. **Zeichnen Sie die beiden Funktionen, um ein Gefühl für die betreffende Fläche und die Schnittpunkte der Funktionen zu entwickeln.**

2. **Bestimmen Sie den Schnittpunkt.**

$$\sin x = \cos x$$

$$\frac{\sin x}{\cos x} = 1$$

$$\tan x = 1$$

$$\mathbf{x} = \frac{\pi}{4}$$

3. **Berechnen Sie die Fläche zwischen 0 und $\frac{\pi}{4}$.**

   Zwischen 0 und $\frac{\pi}{4}$ ist der Kosinus oben, Sie brauchen also Kosinus minus Sinus.

$$\begin{aligned} \textit{Fläche} &= \int_0^{\pi/4} (\cos x - \sin x)\, dx \\ &= \sin x + \cos x \Big|_0^{\pi/4} \\ &= \frac{\sqrt{2}}{2} + \frac{\sqrt{2}}{2} - (0+1) \\ &= \sqrt{2} - 1 \end{aligned}$$

4. **Bestimmen Sie die Fläche zwischen $\frac{\pi}{4}$ und π.**

   Jetzt ist der Sinus oben.

$$\begin{aligned} \textit{Fläche} &= \int_{\pi/4}^{\pi} (\sin x - \cos x)\, dx \\ &= -\cos x - \sin x \Big|_{\pi/4}^{\pi} \\ &= -(-1) - 0 - \left(-\frac{\sqrt{2}}{2} - \frac{\sqrt{2}}{2} \right) \\ &= 1 + \sqrt{2} \end{aligned}$$

5. **Addieren Sie die beiden Flächen, um die Lösung zu erhalten.**

$$\sqrt{2} - 1 + 1 + \sqrt{2} = 2\sqrt{2}$$

Aufgabe 3

Wie groß ist die Fläche zwischen $f(x) = x^2$ und $g(x) = \sqrt{x}$?

Aufgabe 4

Wie groß ist die Gesamtfläche zwischen $f(t) = t^3$ und $g(t) = t^5$?

Aufgabe *5

Die Geraden $y = x$, $y = 2x - 5$ und $y = -2x + 4$ bilden ein Dreieck im ersten und vierten Quadranten. Wie groß ist die Fläche dieses Dreiecks?

Aufgabe 6

Wie groß ist die Fläche des Dreiecks im ersten Quadranten zwischen $x = 0{,}5$ und $x = 1$, das von $\sin x$, $\cos x$ und der Geraden $y = \frac{1}{2}$ eingeschlossen ist?

Volumen unregelmäßiger Körper: Nein, das werden Sie sicher nie brauchen!

Die Integration funktioniert, indem irgendetwas in eine unendliche Anzahl unendlich kleiner Teile zerlegt wird, und diese Teile dann addiert werden, um das Gesamte zu berechnen. Auf diese Weise kann die Integration das Volumen seltsamer Formen berechnen: Sie zerlegt die Formen in winzige Stücke, die regelmäßige Formen haben, ihrerseits jedoch mit der üblichen Geometrie berechnet werden können. Dieser Abschnitt zeigt Ihnen drei verschiedene Methoden.

- ✔ **Die Wurstscheibenmethode**: Dies funktioniert genau wie eine Wurstschneidemaschine – Sie schneiden eine Form in flache, dünne Scheiben. Anschließend addieren Sie das Volumen dieser Scheiben. Diese Methode wird für unregelmäßige, manchmal asymmetrische Formen verwendet.
- ✔ **Die Beilagscheibenmethode**: Mit dieser Methode schneiden Sie eine Form in dünne, flache Scheiben oder Beilagscheiben (wie Pfannkuchen oder plattgewalzte Donuts). Wird für Formen mit kreisförmigen Querschnitten verwendet.
- ✔ **Die Zylinderhüllenmethode**: Hier schneiden Sie Ihr Volumen in dünne verschachtelte Mantelflächen. Jede davon passt genau in die nächstgrößere, so wie sich Teleskopröhren oder russische Püppchen ineinander schieben. Wird ebenfalls für Formen mit kreisförmigen Querschnitten verwendet.

Beispiel

Wie groß ist das Volumen des in der folgenden Abbildung gezeigten Körpers? Seine Grundfläche bilden die Funktionen $f(x)=\sqrt{x}$ und $g(x)=-\sqrt{x}$. Seine Querschnitte sind gleichschenklige Dreiecke, deren Höhen linear von 0 am Ursprung bis 1 bei $x = 1$ anwachsen.

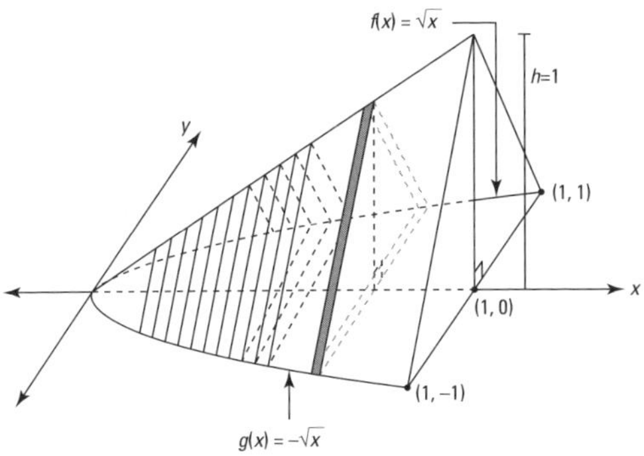

Lösung

Das Volumen beträgt ⅖ Kubikeinheiten.

1. **Versuchen Sie immer, als erstes die Form zu skizzieren (das habe ich für Sie hier natürlich schon erledigt).**
2. **Zeichnen Sie auf Ihrer Skizze eine der dünnen Scheiben des Volumens ein, die Sie betrachten wollen.**

   Diese Scheibe sollte immer senkrecht zur Richtungsachse verlaufen, entlang derer Sie integrieren. Mit anderen Worten, wenn Ihr Integrand beispielsweise ein dx enthält, sollte Ihre Scheibe senkrecht zur x-Achse sein. Außerdem sollte die Scheibe nicht am Ende der dreidimensionalen Figur oder an einer anderen besonderen Stelle liegen. Stattdessen sollte sie irgendwo in der Mitte liegen.

3. **Drücken Sie das Volumen dieser Scheibe aus.**

   Es kann ganz leicht gezeigt werden – glauben Sie mir –, dass die Höhe jedes Dreiecks dieselbe ist wie seine x-Koordinate. Seine Grundlinie verläuft von $-\sqrt{x}$ bis $\sqrt{x}$ und ist damit $2\sqrt{x}$. Und seine Dicke ist dx.

   Aus diesem Grund ist

   $$Volumen_{Scheibe} = \frac{1}{2}(2\sqrt{x})x \cdot dx = x\sqrt{x}\,dx$$

4. **Addieren Sie die Scheiben von 0 bis 1 durch Integration.**

   $$\int_0^1 x\sqrt{x}\,dx = \frac{2}{5}x^{5/2}\Big|_0^1 = \frac{2}{5}\ Kubikeinheiten$$

Beispiel

Wenden Sie die Beilagscheibenmethode an und bestimmen Sie das Volumen des Glases, aus dem die in der folgenden Abbildung gezeigte Vase besteht.

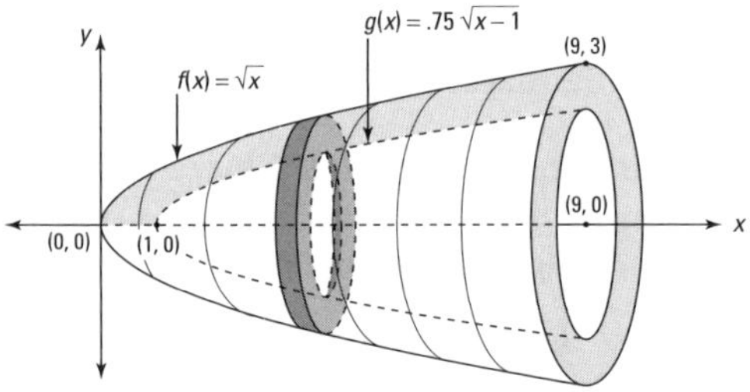

Lösung

Das Volumen beträgt $\frac{45\pi}{2}$.

Als erstes folgt eine Beschreibung, wie die Vase »aufgebaut« ist. Die hellgrau schattierte Fläche in der Abbildung liegt zwischen $\sqrt{x}$ und $0{,}75\sqrt{x-1}$ von $x = 0$ bis $x = 9$. Die dreidimensionale Vasenform wird erzeugt, indem dieser schattierte Bereich um die x-Achse gedreht wird.

1. **Skizzieren Sie die 3D-Form (das habe ich bereits für Sie gemacht).**
2. **Kennzeichnen Sie eine repräsentative Scheibe (siehe den dunkelgrauen schattierten Bereich in der Abbildung).**
3. **Drücken Sie das Volumen der repräsentativen Scheibe aus.**

   Eine repräsentative Scheibe in einer Beilagscheibenaufgabe sieht aus wie eine Beilagscheibe – wen wundert's? Sehen Sie sich dazu die folgende Abbildung an.

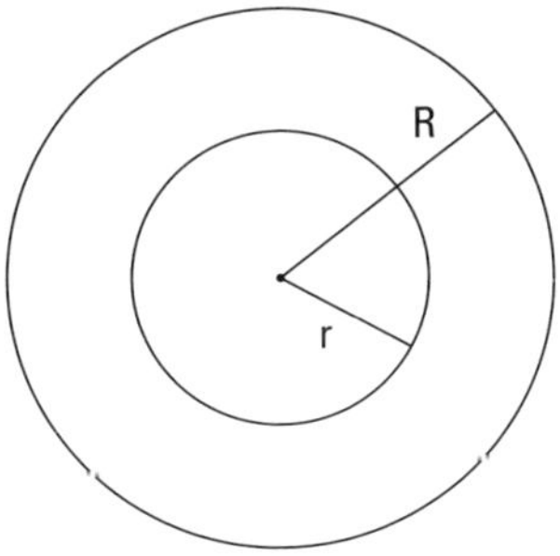

Der große Kreis hat eine Fläche von πR^2, das Loch in der Mitte hat eine Fläche von πr^2. Die Querschnittsfläche einer Beilagscheibe ist also $\pi R^2 - \pi r^2$ oder $\pi(R^2 - r^2)$. Ihre Dicke ist dx, ihr Volumen ist also $\pi(R^2 - r^2)dx$.

Zurück zu unserer Aufgabe. Das große R in der Vasenaufgabe ist $\sqrt{x}$, das kleine ist $0{,}75\sqrt{x-1}$. Das Volumen einer repräsentativen Beilagscheibe ist also $\pi\left(\left(\sqrt{x}\right)^2 - \left(0{,}75\sqrt{x-1}\right)^2\right)dx$.

4. **Addieren Sie die Beilagscheiben, indem Sie von 0 bis 9 integrieren.**

   Moment: Haben Sie den kleinen Trick in dieser Aufgabe bemerkt? Die »Beilagscheiben« von $x = 0$ bis $x = 1$ haben keine Löcher, deshalb gibt es dort keinen Kreis mit kleinem r, der von dem Kreis mit dem großen R abgezogen werden muss. Eine Beilagscheibe ohne Loch ist eine Scheibe, aber Sie behandeln Sie genau wie eine Beilagscheibe, außer dass Sie kein Loch subtrahieren.

5. **Addieren Sie die Scheiben von 0 bis 1 und die Beilagscheiben von 1 bis 9, um das Gesamtvolumen zu erhalten.**

$$
\begin{aligned}
Volumen_{Vase} &= \int_0^1 \pi\sqrt{x}^2 dx + \int_1^9 \pi\left(\sqrt{x}^2 - \left(0{,}75\sqrt{x-1}\right)^2\right)dx \\
&= \pi\int_0^1 x\,dx + \pi\int_1^9\left(x - \frac{9}{16}(x-1)\right)dx \\
&= \pi\int_0^1 x\,dx + \pi\int_1^9 x dx - \frac{9\pi}{16}\int_1^9 (x-1)\,dx \\
&= \pi\int_0^9 x\,dx - \frac{9\pi}{16}\int_1^9 (x-1)\,dx \\
&= \frac{\pi}{2}x^2\Big|_0^9 - \frac{9\pi}{32}(x-1)^2\Big|_1^9 \\
&= \frac{81\pi}{2} - 18\pi \\
&= \frac{45\pi}{2}
\end{aligned}
$$

Beispiel

Jetzt stellen Sie dieselbe Glasvase vertikal auf die Spitze. Dafür bestimmen Sie das Volumen ihres Glases mit Hilfe der Mantelflächenmethode. Sehen Sie sich dazu auch die folgende Abbildung an. (Finden Sie auch, dass die Vase jetzt ein bisschen anders aussieht? Entschuldigen Sie das bitte!)

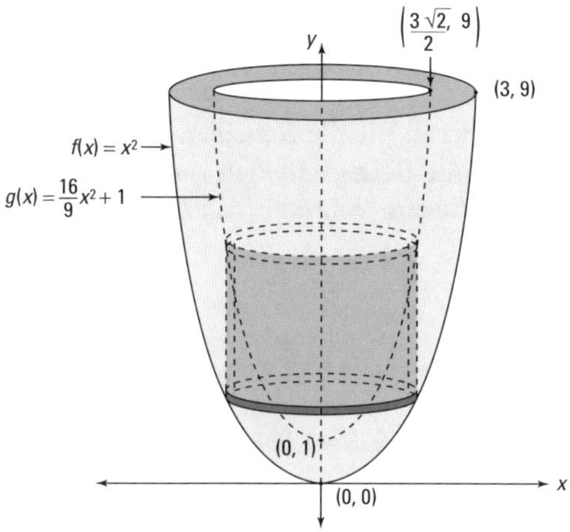

Lösung

Das Volumen beträgt $\frac{45\pi}{2}$.

Dies ist dieselbe Vase wie im Beispiel mit den Scheiben/Beilagscheiben, aber hier wird sie von anderen Funktionen dargestellt. In einem Akt der Nächstenliebe habe ich diese neuen Funktionen bereits für Sie bestimmt.

1. **Drücken Sie das Volumen Ihrer repräsentativen Mantelfläche aus.**

   Um das Volumen einer repräsentativen Mantelfläche zu bestimmen, stellen Sie sich vor, Sie ziehen die Papierhülle von einer Suppendose. Sie ist rechteckig. Die Fläche ist Grundlinie · Höhe, und die Grundlinie ist der Umfang der Dose. Die Fläche ist also $2\pi rh$ (r ist gleich x und h ist von den vorgegebenen Funktionen abhängig.) Die Dicke der Hülle ist dx, das Volumen ist also $2\pi rh\ dx$.

   Moment! Noch ein Trick! Ähnlich wie der im vorigen Beispiel, aber doch ganz anders. Die kleineren Hüllen mit rechten Kanten bei $x = 0$ bis $x = \frac{3\sqrt{2}}{2}$ haben Höhen, die von $f(x)$ bis $g(x)$ gehen. Die größeren Hüllen mit den rechten Kanten von $x = \frac{3\sqrt{2}}{2}$ bis $x = 3$ haben Höhen, die von $f(x)$ bis 9 reichen. Sie müssen also die zwei Hüllenstapel separat integrieren.

   $$Volumen_{kleinere\ Hüllen} = 2\pi rh\ dx =$$
   $$2\pi x\left(\underbrace{\frac{16}{9}x^2+1}_{oben\,(g(x))} - \underbrace{x^2}_{unten\,(f(x))}\right)dx$$

   $$Volumen_{größere\ Hüllen} = 2\pi rh\ dx =$$
   $$2\pi x(9-x^2)\ dx$$

2. **Addieren Sie die Hüllen, indem Sie integrieren.**

   Mit der Methode der Mantelflächen integrieren Sie von der Mitte zum äußeren Rand hin.

   $$\int_0^{3\sqrt{2}/2} 2\pi x\left(\frac{16}{9}x^2 - x^2 + 1\right)dx + \int_{3\sqrt{2}/2}^{3} 2\pi x(9-x^2)\,dx$$
   $$= 2\pi\int_0^{3\sqrt{2}/2}\left(\frac{7}{9}x^3 + x\right)dx + 2\pi\int_{3\sqrt{2}/2}^{3}(-x^3+9x)\,dx$$
   $$= 2\pi\left[\frac{7}{36}x^4 + \frac{1}{2}x^2\right]_0^{3\sqrt{2}/2} + 2\pi\left[-\frac{1}{4}x^4 + \frac{9}{2}x^2\right]_{3\sqrt{2}/2}^{3}$$
   $$= 2\pi\left(\frac{63}{16} + \frac{9}{4}\right) + 2\pi\left(-\frac{81}{4} + \frac{81}{2} - \left(-\frac{81}{16} + \frac{81}{4}\right)\right)$$
   $$= \frac{45\pi}{2}$$

Aufgabe *7

Wenden Sie die Wurstscheibenmethode an, um die Formel für das Volumen einer Pyramide mit quadratischer Grundfläche abzuleiten (siehe folgende Abbildung). Integrieren Sie von 0 bis h entlang der positiven Seite der umgekehrten y-Achse. (Ich habe die Aufgabe so dargestellt, weil sie dadurch vereinfacht wird. Sie können die y-Achse auch ganz normal zeichnen, aber dann erhalten Sie eine umgekehrte Pyramide.)

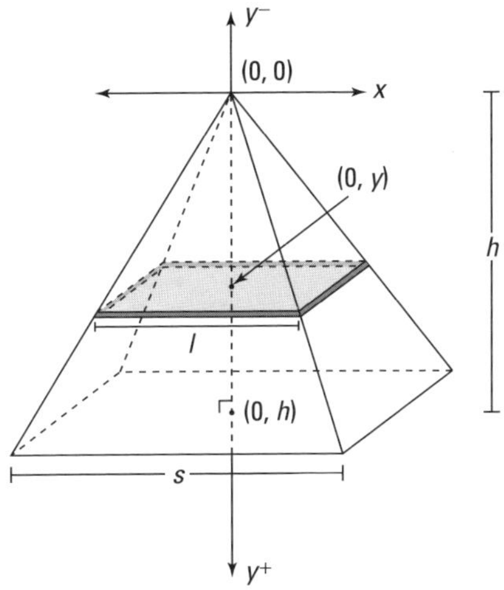

Aufgabe 8

Wenden Sie die Beilagscheibenmethode an, um das Volumen des Festkörpers zu bestimmen, der entsteht, wenn die von $f(x) = x$ und $g(x) = \sqrt{x}$ eingeschlossene Fläche um die x-Achse gedreht wird.

Aufgabe 9

Wie Aufgabe 8, aber mit $f(x) = x^2$ und $g(x) = 4x$.

Aufgabe *10

Wenden Sie die Scheibenmethode an, um die Formel für das Volumen eines Kegels abzuleiten. ***Hinweis***: Welche Funktion haben Sie? Sehen Sie sich dazu die folgende Abbildung an.

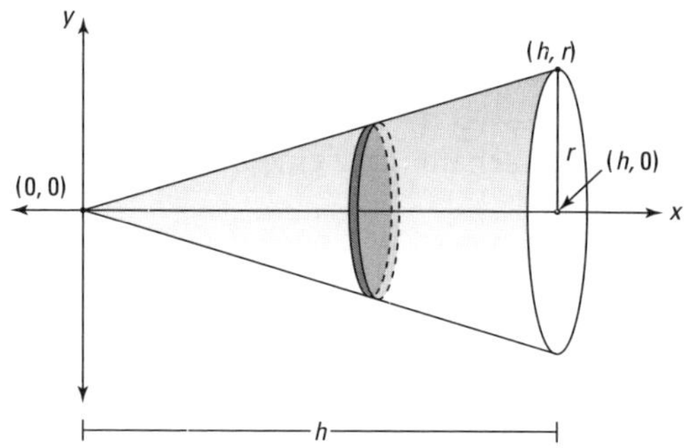

Aufgabe 11

Verwenden Sie die Mantelflächenmethode, um das Volumen des Festkörpers zu bestimmen, das entsteht, wenn die Fläche, die durch $f(x) = x^2$ und $g(x) = x^3$ eingeschlossen ist, um die y-Achse gedreht wird.

Aufgabe *12

Verwenden Sie die Mantelflächenmethode, um das Volumen des Festkörpers zu bestimmen, der entsteht, wenn die Fläche, die durch $\sin x$, $\cos x$ und die x-Achse eingeschlossen ist, um die y-Achse gedreht wird.

Bogenlänge und Drehoberflächen

Die Integration bestimmt die Länge einer Kurve, indem sie diese in eine unendliche Anzahl unendlich kleiner Stücke zerlegt, die alle gewissermaßen die Hypotenuse eines winzigen rechtwinkligen Dreiecks darstellen. Der Satz des Pythagoras erledigt den Rest. Dieselbe grundlegende Idee gilt für Drehoberflächen. Hier die beiden praktischen Formeln für die Lösung solcher Aufgaben:

- ✔ **Bogenlänge**: Die Länge entlang einer Funktion, $f(x)$, von a bis b, ist gegeben durch

$$\textit{Bogenlänge} = \int_a^b \sqrt{1+\left(f'(x)\right)^2}\,dx$$

- ✔ **Drehoberfläche**: Die Oberfläche, die durch Drehen des Teils einer Funktion $f(x)$ zwischen $x = a$ und $x = b$ um die x-Achse entsteht, ist gegeben durch:

$$\textit{Oberfläche} = 2\pi \int_a^b f(x)\sqrt{1+\left(f'(x)\right)^2}\,dx$$

Beispiel

Wie lang ist die Bogenlänge entlang $f(x) = x^{2/3}$ von $x = 8$ bis $x = 27$?

Lösung

Die Bogenlänge beträgt etwa 19,65.

1. **Bestimmen Sie $f'(x)$.**

   $f(x) = x^{2/3} \qquad f'(x) = \frac{2}{3}x^{-1/3}$

2. **Setzen Sie in die Formel für die Bogenlänge ein.**

   $$\textit{Bogenlänge}_{8\,bis\,27} = \int_8^{27} \sqrt{1+\frac{4}{9}x^{-2/3}}\,dx$$

3. **Integrieren Sie.**

   Aufgaben mit Bogenlängen erzeugen häufig knifflige Integrale. Ich werde hier nicht den gesamten Aufwand darstellen.

$$= \frac{1}{3}\int_8^{27} \sqrt{9+4x^{-2/3}}\,dx$$

$$= \frac{1}{3}\int_8^{27} x^{-1/3}\sqrt{9x^{2/3}+4}\,dx$$

Sie erledigen das Ganze mit einer u-Substitution, wobei $u = 9x^{2/3}+4$ ist.

$$= \frac{1}{3}\int_{40}^{85} \frac{1}{6}u^{1/2}\,du$$

$$= \frac{1}{18}\left[\frac{2}{3}u^{3/2}\right]_{40}^{85}$$

$$= \frac{85\sqrt{85}-80\sqrt{10}}{27}$$

$$\approx 19{,}65$$

Eine äußerst vernünftige Antwort, denn von $x = 8$ bis $x = 27$ ist $x^{2/3}$ sehr ähnlich einer geraden Linie der Länge 27 – 8, also 19.

Beispiel

Bestimmen Sie die Oberfläche, die durch Drehen von $f(x) = \frac{1}{3}x^3$ $(0 \le x \le 2)$ um die x-Achse entsteht.

Lösung

Die Fläche beträgt $\frac{\pi}{9}\left(17\sqrt{17}-1\right)$.

1. **Bestimmen Sie die Ableitung der Funktion.**

   $f(x) = \frac{1}{3}x^3 \qquad f'(x) = x^2$

2. **Setzen Sie in die Oberflächenformel ein.**

$$Oberfläche = 2\pi \int_0^2 \frac{1}{3}x^3\sqrt{1+(f(x^2))^2}\,dx$$
$$= \frac{2\pi}{3}\int_0^2 x^3\sqrt{1+x^4}\,dx$$

Dieses Integral können Sie mit Hilfe der u-Substitution lösen.

$u = 1 + x^4$, wenn $x = 0$, $u = 1$

$du = 4x^3\,dx$, wenn $x = 2$, $u = 17$

$$= \frac{2\pi}{3}\cdot\frac{1}{4}\int_0^2 4x^3\sqrt{1+x^4}\,dx$$
$$= \frac{\pi}{6}\int_1^{17} u^{1/2}\,du$$
$$= \frac{\pi}{6}\left[\frac{2}{3}u^{3/2}\right]\Bigg|_1^{17}$$
$$= \frac{\pi}{9}\left(17\sqrt{17}-1\right)$$

Aufgabe 13

Bestimmen Sie die Distanz zwischen (2, 1) und (5, 10) mit Hilfe der Bogenlängenformel.

Aufgabe 14

Wie groß ist die Oberfläche, die erzeugt wird, indem $f(x) = \frac{3}{4}x$ zwischen $x = 0$ und $x = 4$ um die x-Achse gedreht wird?

Aufgabe 15

1. Bestätigen Sie Ihre Lösung zu Aufgabe 13 unter Verwendung der Distanzformel.
2. Bestätigen Sie Ihre Lösung zu Aufgabe 14 mit Hilfe der Formel für die Seitenfläche eines Kegels, $LA = \pi r \ell$, wobei ℓ die Höhe der Mantellinie des Kegels ist.

Aufgabe 16

Welche Oberfläche erzeugt man durch Drehen von $f(x) = \sqrt{x}$ von $x = 0$ bis $x = 9$ um die x-Achse?

Gute Heilerfolge mit den Regeln von L'Hôpital

Diese leistungsstarke kleine Regel ermöglicht Ihnen, auf ganz einfache Weise Grenzwerte zu berechnen, die ohne diese Regel nur schwer oder überhaupt nicht zu bestimmen wären.

Die Regel von L'Hôpital: Wenn Sie beim Einsetzen der Zahl am Pfeil in einen Grenzwertausdruck entweder $^0/_0$ oder $^\infty/_\infty$ erhalten, ersetzen Sie den Zähler und den Nenner durch ihre jeweiligen Ableitungen und wiederholen die Grenzwertaufgabe. Dies tun Sie gegebenenfalls solange, bis Sie einen Grenzwertausdruck erhalten, den Sie lösen können.

Wenn Sie sich fragen, warum diese Grenzwertregel mitten in einem Kapitel über die Integration auftaucht: Sie brauchen die Regel von L'Hôpital im nächsten Abschnitt und im nächsten Kapitel.

Beispiel

Was ist $\lim\limits_{x\to\infty}\dfrac{x}{\log x}$?

Lösung

Der Grenzwert ist ∞.

1. **Setzen Sie ∞ für x ein.**

   Sie erhalten $^\infty/_\infty$. Das ist keine Lösung, aber die Voraussetzung für die Regel von L'Hôpital.

2. **Ersetzen Sie Zähler und Nenner des Grenzwertausdrucks durch die jeweiligen Ableitungen.**

   $$=\lim_{x\to\infty}\frac{1}{\frac{1}{x\ln 10}}=\lim_{x\to\infty}(x\ln 10)$$

3. **Jetzt können Sie einsetzen.**

   $=\infty\cdot\ln 10=\infty$

   Nicht vergessen: Wenn Sie die Zahl am Pfeil für x einsetzen, erhalten Sie $\pm\infty\cdot 0$, $\infty-\infty$, $1^{\pm\infty}$ oder $\pm\infty^0$, die so genannten unerlaubten Formen, statt einer der erlaubten Formen, $^0/_0$ oder $^{\pm\infty}/_{\pm\infty}$. Sie müssen die Grenzwertaufgabe umformen, bis Sie eine der erlaubten Formen erhalten.

Beispiel

Was ist $\lim\limits_{x \to \infty} (x^2 e^{-x})$?

Lösung

Der Grenzwert ist 0.

1. **Setzen Sie ∞ für x ein.**

   Sie erhalten $\infty \cdot 0$, eine der nicht erlaubten Formen.

2. **Schreiben Sie e^{-x} als $\dfrac{1}{e^x}$, um eine erlaubte Form zu erzeugen: $\lim\limits_{x \to \infty} \dfrac{x^2}{e^x}$.**

   Einsetzen ergibt jetzt das, was Sie brauchen: ∞/∞.

3. **Ersetzen Sie Zähler und Nenner durch ihre jeweiligen Ableitungen.**

   $$= \lim_{x \to \infty} \frac{2x}{e^x}$$

4. **Wenn Sie einsetzen, erhalten Sie wieder ∞/∞, Sie wenden also die Regel von L'Hôpital erneut an:**

   $$= \lim_{x \to \infty} \frac{2}{e^x} = \frac{2}{e^\infty} = \frac{2}{\infty} = 0$$

Aufgabe 17

Was ist $\lim\limits_{x \to \pi/2} \dfrac{\cos x}{x - \dfrac{\pi}{2}}$?

Aufgabe 18

$\lim\limits_{x \to 0} \dfrac{1 - \cos x}{x^2} = ?$

Aufgabe 19

Berechnen Sie $\lim\limits_{x \to \pi/4} ((\tan x - 1)\sec 6x)$.

Aufgabe 20

Was ist $\lim\limits_{x \to 0^+} \left(\frac{1}{x} + \frac{1}{\cos x - 1} \right)$?

Aufgabe 21

Berechnen Sie $\lim\limits_{x \to 0^+} (\csc x - \log x)$.

Aufgabe *22

Was ist $\lim\limits_{x \to 0} (1 + x)^{1/x}$? ***Tipp***: Wenn beim Einsetzen eine der Exponentialformen 0^0, ∞^0 oder $1^{\pm\infty}$ entsteht, setzen Sie den Grenzwert gleich y, bestimmen den natürlichen Logarithmus beider Seiten, wenden den Logarithmus einer Potenzregel an und lösen von dort weg.

Uneigentliche Integrale in die Schranken weisen

In diesem Abschnitt bekommen Sie es mit Integralen zu tun, die sich schlecht benehmen, weil sie unendlich nach oben, unten, links oder rechts verlaufen. Sie können dieser Unendlichkeit wie immer mit Hilfe von Grenzwerten zu Leibe rücken. Hier ein Integral, das gegen Unendlich geht:

Beispiel

Bestimmen Sie $\int_{-1}^{2} \frac{1}{x^2}\,dx$.

Lösung

Die Fläche ist unendlich groß.

1. **Überprüfen Sie, ob die Funktion zwischen den Integrationsgrenzen an jedem Punkt definiert ist.**

   Sie wissen, dass die Funktion bei $x = 0$ gegen unendlich schießt. Sie haben also ein uneigentliches Integral. Gleich werden Sie sehen, was passiert, wenn Sie dies nicht erkennen.

2. **Unterteilen Sie das Integral an dem kritischen x-Wert.**

   $$\int_{-1}^{2} \frac{1}{x^2}\,dx = \int_{-1}^{0} \frac{1}{x^2}\,dx + \int_{0}^{2} \frac{1}{x^2}\,dx$$

3. **Ersetzen Sie den kritischen x-Wert durch Konstanten und wandeln Sie die Integrale in Grenzwerte um.**

   $$= \lim_{a \to 0^-} \int_{-1}^{a} \frac{1}{x^2}\,dx + \lim_{b \to 0^+} \int_{b}^{2} \frac{1}{x^2}\,dx$$

4. **Integrieren Sie.**

   $$= \lim_{a \to 0^-} \left[-\frac{1}{x} \right]_{-1}^{a} + \lim_{b \to 0^+} \left[-\frac{1}{x} \right]_{b}^{2}$$

   $$= \lim_{a \to 0^-} \left(-\frac{1}{a} - \left(-\frac{1}{-1} \right) \right) + \lim_{b \to 0^+} \left(-\frac{1}{2} - \left(-\frac{1}{b} \right) \right)$$

   $$= \infty + \infty = \infty$$

Es gibt also keinen Grenzwert.

Warnung: Wenn Sie ein Integral in zwei Teile unterteilen und ein Teil ∞ ergibt und der andere $-\infty$, können Sie diese beiden *nicht* addieren, um die Lösung 0 zu erhalten! Wenn das passiert, ist der Grenzwert nicht definiert.

$$\int_{-1}^{2} \frac{1}{x^2}\,dx = -\frac{1}{x}\bigg|_{-1}^{2} = -\frac{1}{2} - \left(-\frac{1}{-1} \right) = -\frac{3}{2}$$

Das ist falsch! (Und absurd, weil die Funktion an jeder Stelle zwischen $x = -1$ und $x = 2$ positiv ist.)

Beispiel

Berechnen Sie $\int_1^\infty \frac{1}{x^2}\,dx$.

Lösung

Die Fläche ist 1.

1. **Ersetzen Sie ∞ durch c und wandeln Sie das Integral in einen Grenzwert um.**

$$\lim_{c\to\infty}\int_1^c \frac{1}{x^2}\,dx$$

2. **Integrieren Sie.**

$$=\lim_{c\to\infty}\left[-\frac{1}{x}\right]_1^c=\lim_{c\to\infty}\left(-\frac{1}{c}-(-1)\right)$$

$$=-\frac{1}{\infty}+1=1$$

Erstaunlich! Diese unendlich lange Fläche hat eine Fläche von 1 Quadrateinheit!

Aufgabe 23

Berechnen Sie $\int_{-32}^{1}\frac{dx}{\sqrt[5]{x}}$.

Aufgabe 24

Berechnen Sie $\int_0^6 x\ln x\,dx$.

Aufgabe 25

$\int_1^\infty \frac{dx}{x\sqrt{x^2-1}}$ =? ***Hinweis***: Unterteilen Sie bei $x = 2$.

Aufgabe 26

Was ist $\int_1^\infty \frac{1}{x}\,dx$?

Aufgabe *27

$\int_1^\infty \frac{1}{x}\sqrt{\arctan x}\,dx$ = ? ***Hinweis***: Verwenden Sie Aufgabe 26.

Aufgabe *28

$\int_{-\infty}^\infty \frac{1}{x}\,dx$ = ? **Hinweis**: Zerlegen Sie in vier Teile.

Lösungen zur Integration für die Problemlösung

1. Was ist der Durchschnittswert von $f(x) = \dfrac{x}{(x^2+1)^3}$ von 1 bis 3? **Der Durchschnittswert ist 0,03.**

$$\textit{Durchschnittswert} = \frac{\textit{Gesamtfläche}}{\textit{Grundlinie}} = \frac{\int_1^3 \frac{x}{(x^2+1)^3}}{3-1}$$

Erledigen Sie das mit einer u-Substitution.

$$= \frac{\frac{1}{2}\int_1^3 \frac{2x}{(x^2+1)^3}\,dx}{2}$$

$u = x^2 + 1$, wenn $x = 1$, $u = 2$

$du = 2x\,dx$, wenn $x = 3$, $u = 10$

$$= \frac{1}{4}\int_2^{10} \frac{du}{u^3}$$

$$= -\frac{1}{8}\left[u^{-2}\right]_2^{10}$$

$$= -\frac{1}{8}(10^{-2} - 2^{-2})$$

$$= 0{,}03$$

2. Die Geschwindigkeit eines Rennwagens ist in Meter pro Sekunde angegeben als $f(t) = t^{1,7} - 6t + 80$. Wie hoch ist seine Durchschnittsgeschwindigkeit von $t = 5$ Sekunden bis $t = 15$ Sekunden? Was ist das in km/h? $\approx$ **261,42 Kilometer pro Stunde**

$$\textit{Durchschnittsgeschwindigkeit} = \frac{\textit{Gesamtentfernung}}{\textit{Gesamtzeit}}$$

$$= \frac{\int_5^{15} (t^{1,7} - 6t + 80)\,dt}{15-5}$$

$$= \frac{\left.\frac{1}{2,7}t^{2,7} - 3t^2 + 80t\right|_5^{15}}{10}$$

$$\approx \frac{554{,}73 - 675 + 1200 - (28{,}57 - 75 + 400)}{10}$$

$$\approx 72{,}616\ m/s$$

$$\approx 261{,}42\ km/h$$

3. Wie groß ist die Fläche zwischen $f(x) = x^2$ und $g(x) = \sqrt{x}$? **Die Fläche ist** $\frac{1}{3}$.

   a. Zeichnen Sie die Funktionen.

   b. Bestimmen Sie die Schnittpunkte. Ich gehe davon aus, dass Ihnen das keine Probleme gemacht hat: (0, 0) und (1, 1).

   c. Bestimmen Sie die Fläche: ***Denken Sie daran***: Oben minus unten!

$$\textit{Fläche} = \int_0^1 (\sqrt{x} - x^2)\, dx = \frac{2}{3}x^{3/2} - \frac{1}{3}x^3 \Big|_0^1 = \frac{2}{3} - \frac{1}{3} = \frac{1}{3}$$

4. Wie groß ist die Gesamtfläche zwischen $f(t) = t^3$ und $g(t) = t^5$? **Die Fläche ist** $\frac{1}{6}$.

   a. Zeichnen Sie die Funktionen. Sie erkennen drei Schnittpunkte.

   b. Bestimmen Sie die Punkte: (–1, –1), (0, 0) und (1, 1).

   c. Bestimmen Sie die Fläche auf der linken Seite.

   t^5 ist oben, Sie erhalten also:

$$\textit{Fläche} = \int_0^1 (t^5 - t^3)\, dx = \frac{1}{6}t^6 - \frac{1}{4}t^4 \Big|_{-1}^0 = 0 - \left(\frac{1}{6} - \frac{1}{4}\right) = \frac{1}{12}$$

   d. Bestimmen Sie die Fläche auf der rechten Seite (t^3 ist oben) und addieren Sie diese zu $\frac{1}{12}$.

$$\textit{Fläche} = \int_0^1 (t^3 - t^5)\, dx = \frac{1}{4}t^4 - \frac{1}{6}t^6 \Big|_0^1 = \frac{1}{4} - \frac{1}{6} = \frac{1}{12}$$

   Die Gesamtfläche ist also gleich $\frac{1}{12} + \frac{1}{12} = \frac{1}{6}$.

   Wenn Sie erkannt hätten, dass t^3 und t^5 beides ungerade Funktionen sind, hätten Sie schließen können, dass die beiden Flächen gleich sind, und dann nur eine von ihnen berechnen und verdoppeln hätten müssen.

*5. Die Geraden $y = x$, $y = 2x - 5$ und $y = -2x + 4$ bilden ein Dreieck im ersten und vierten Quadranten. Wie groß ist die Fläche dieses Dreiecks? **Die Fläche ist 6.**

   a. Zeichnen Sie die drei Linien.

   b. Bestimmen Sie die drei Schnittpunkte.

mit $y = 2x - 5$	mit $y = -2x + 3$	mit $y = -2x + 3$
bei $x = 2x - 5$	bei $x = -2x + 3$	bei $2x - 5 = -2x + 3$
$x = 5$ und damit $y = 5$	$x = 1$ und damit $y = 1$	$x = 2$ und damit $y = -1$

c. Integrieren Sie, um die Fläche von $x = 1$ bis $x = 2$ zu ermitteln; $y = x$ befindet sich oben, $y = -2x + 3$ befindet sich unten, sie erhalten also:

$$\begin{aligned} \textit{Fläche} &= \int_1^2 (x - (-2x + 3))\,dx \\ &= 3\int_1^2 (x-1)\,dx \\ &= 3\left[\frac{1}{2}x^2 - x\right]_1^2 \\ &= 3\left[(2-2) - \left(\frac{1}{2} - 1\right)\right] = \frac{3}{2} \end{aligned}$$

d. Integrieren Sie, um die Fläche von $x = 2$ bis $x = 5$ zu ermitteln; $y = x$ befindet sich wieder oben, aber unten ist $y = 2x - 5$, Sie erhalten also folgendes:

$$\begin{aligned} \textit{Fläche} &= \int_2^5 (x - (2x - 5))\,dx \\ &= \int_2^5 (-x + 5)\,dx \\ &= -\frac{1}{2}x^2 + 5x\Big|_2^5 \\ &= -\frac{25}{2} + 25 - (-2 + 10) = \frac{9}{2} \end{aligned}$$

Wenn Sie die Summen aus den Schritten 3 und 4 addieren, erhalten Sie 6.

Die Anwendung der Analysis auf diese Aufgabe macht natürlich unerhört viel Spaß, aber eigentlich ist sie unnötig. Wenn Sie das Dreieck entsprechend den Schritten 3 und 4 in zwei Dreiecke zerlegen, erhalten Sie die Gesamtfläche mit Hilfe einfacher Koordinatengeometrie.

6. Wie groß ist die Fläche des Dreiecks im ersten Quadranten zwischen $x = 0{,}5$ und $x = 1$, das aus $\sin x$, $\cos x$ und der Geraden $y = \frac{1}{2}$ gebildet wird? **Die Fläche ist $\sqrt{3} - \sqrt{2} - \frac{\pi}{12}$.**

a. Zeichnen Sie den Graphen und bestimmen Sie die Schnittpunkte.

I. Aus dem Beispiel wissen Sie, dass sich $\sin x$ und $\cos x$ an der Stelle $x = \frac{\pi}{4}$ schneiden.

II. $y = \frac{1}{2}$ schneidet $\sin x$ an der Stelle $\sin x = \frac{1}{2}$, somit ist $x = \frac{\pi}{6}$

III. $y = \frac{1}{2}$ schneidet $\cos x$ an der Stelle $\cos x = \frac{1}{2}$, somit ist $x = \frac{\pi}{3}$

b. Integrieren Sie um die Fläche zwischen $\frac{\pi}{6}$ und $\frac{\pi}{4}$ sowie zwischen $\frac{\pi}{4}$ und $\frac{\pi}{3}$ zu bestimmen.

$$Fläche = \int_{\pi/6}^{\pi/4}\left(\sin x - \frac{1}{2}\right)dx + \int_{\pi/4}^{\pi/3}\left(\cos x - \frac{1}{2}\right)dx$$

$$= -\cos x - \frac{1}{2}x\Big|_{\pi/6}^{\pi/4} + \sin x - \frac{1}{2}x\Big|_{\pi/4}^{\pi/3}$$

$$= -\frac{\sqrt{2}}{2} - \frac{\pi}{8} - \left(-\frac{\sqrt{3}}{2} - \frac{\pi}{12}\right) + \frac{\sqrt{3}}{2} - \frac{\pi}{6} - \left(\frac{\sqrt{2}}{2} - \frac{\pi}{8}\right)$$

$$= \sqrt{3} - \sqrt{2} - \frac{\pi}{12}$$

Das ist doch einmal eine hübsche Lösung!

*7. Wenden Sie die Wurstscheibenmethode an, um die Formel für das Volumen einer Pyramide mit quadratischer Grundfläche abzuleiten. **Die Formel lautet $1/3s^2h$.**

Unter Verwendung ähnlicher Dreiecke erhalten Sie folgende Beziehung: $\frac{y}{h} = \frac{l}{s}$.

Sie wollen die Seite Ihrer repräsentativen Scheibe als Funktion von y (und unter Verwendung der Konstanten s und h) ausdrücken, Sie erhalten also $l = \frac{ys}{h}$.

Das Volumen Ihrer repräsentativen Quadratscheibe ist gleich ihrer Querschnittsfläche multipliziert mit ihrer Dicke, dy, Sie erhalten also:

$$Volumen_{\text{Scheibe}} = \left(\frac{ys}{h}\right)^2 dy$$

Vergessen Sie nicht, dass sich Konstanten beim Integrieren wie gewöhnliche Zahlen verhalten.

$$Volumen_{\text{Pyramide}} = \int_0^h \left(\frac{ys}{h}\right)^2 dy = \frac{s^2}{h^2}\int_0^h y^2 dy = \frac{s^2}{h^2}\cdot\frac{1}{3}y^3\Big|_0^h = \frac{s^2}{h^2}\cdot\frac{1}{3}h^3 = \frac{1}{3}s^2h$$

Das ist die übliche Pyramidenformel: $\frac{1}{3}\cdot Grundfläche \cdot Höhe$ – auf die harte Tour ermittelt.

8. Wenden Sie die Beilagscheibenmethode an, um das Volumen des Körpers zu bestimmen, der entsteht, wenn die von $f(x) = x$ und $g(x) = \sqrt{x}$ eingeschlossene Fläche um die x-Achse gedreht wird. **Das Volumen beträgt $\frac{\pi}{6}$.**

a. Skizzieren Sie den Körper und eine repräsentative Scheibe. Sehen Sie sich dazu die folgende Abbildung an.

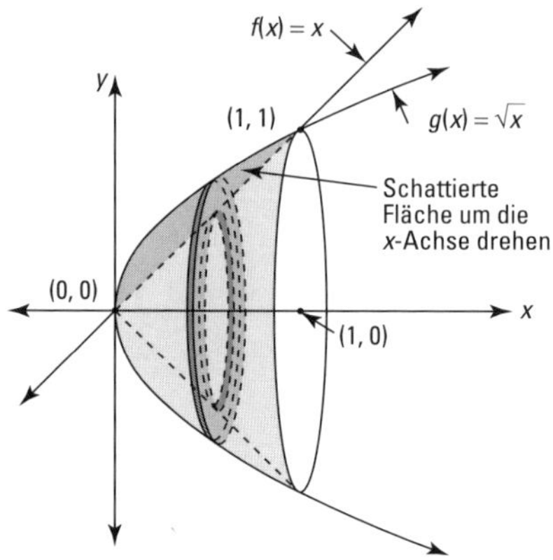

b. Drücken Sie das Volumen Ihrer repräsentativen Scheibe aus.

$$Volumen_{\text{Beilagscheibe}} = \pi(R^2 - r^2)\,dx = \pi\left(\sqrt{x}^2 - x^2\right)dx = \pi(x - x^2)\,dx$$

c. Addieren Sie die unendliche Anzahl an unendlich dünnen Beilagscheiben von 0 bis 1, indem Sie integrieren.

$$Volumen_{\text{Körper}} = \int_0^1 \pi(x - x^2)\,dx = \pi\left[\frac{1}{2}x^2 - \frac{1}{3}x^3\right]_0^1 = \pi\left(\frac{1}{2} - \frac{1}{3}\right) = \frac{\pi}{6}$$

Beachten Sie, dass die unendliche Anzahl an Beilagscheiben, die Sie eben addiert haben, auch eine unendliche Anzahl an Löchern beinhaltet – sehr viel mehr an Löchern, als man braucht, um die Albert Hall zu füllen. ***Zusatzpunkt***: Von welchen »Löchern« haben die Beatles gesungen? ***Hinweis***: Denken Sie an den Wagenlenker Glutius aus Kapitel 8.

9. Wie Aufgabe 8, aber mit $f(x) = x^2$ und $g(x) = 4x$. **Das Volumen ist $\frac{2048\pi}{15}$ Kubikeinheiten.**

a. Skizzieren Sie den Körper und eine repräsentative Scheibe. Sehen Sie sich dazu die folgende Abbildung an.

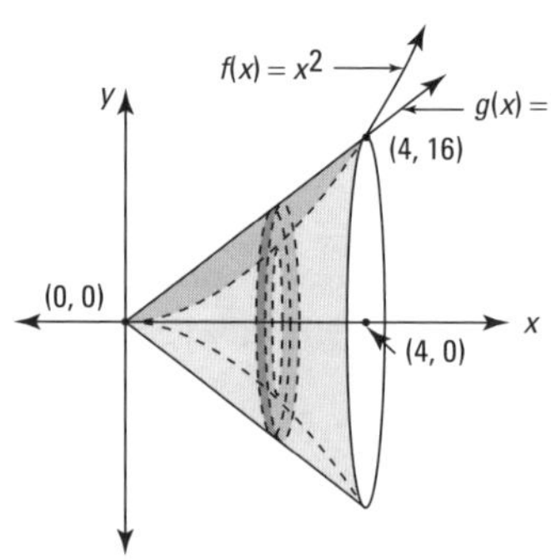

b. Bestimmen Sie die Funktionsschnittpunkte.

$x^2 = 4x$

$x = 4$ und damit $y = 16$

c. Drücken Sie das Volumen einer repräsentativen Beilagscheibe aus.

$$Volumen_{\text{Beilagscheibe}} = \pi(R^2 - r^2)\,dx = \pi\left((4x)^2 - (x^2)^2\right)dx = \pi(16x^2 - x^4)\,dx$$

d. Addieren Sie die Beilagscheiben von 0 bis 4 durch Integrieren.

$$Volumen_{Körper} = \pi\int_0^4 (16x^2 - x^4)\,dx = \pi\left[\frac{16}{3}x^3 - \frac{1}{5}x^5\right]_0^4 = \pi\left(\frac{1024}{3} - \frac{1024}{5}\right) = \frac{2048\pi}{15}$$

*10. Wenden Sie die Scheibenmethode an, um die Formel für das Volumen eines Kegels abzuleiten. **Die Formel lautet 1/3 $\pi r^2 h$.**

a. Bestimmen Sie die Funktion, die sich um die x-Achse dreht um den Kegel zu erhalten.

Die Funktion ist die Gerade, die durch (0, 0) und (h, r) verläuft. Ihre Steigung ist $\frac{r}{h}$ und damit ist ihre Gleichung gleich $f(x) = \frac{r}{h}x$.

b. Drücken Sie das Volumen einer repräsentativen Scheibe aus. Der Radius Ihrer repräsentativen Scheibe ist $f(x)$, und ihre Dicke ist dx. Ihr Volumen ist deshalb

$$V_{\text{Scheibe}} = \pi\left(f(x)\right)^2 dx = \pi\left(\frac{r}{h}x\right)^2 dx$$

c. Addieren Sie die Scheiben von $x = 0$ bis $x = $ h, indem Sie integrieren. Vergessen Sie nicht, dass r und h einfache Konstanten sind.

$$V_{\text{Kegel}} = \int_0^h \pi\left(\frac{r}{h}x\right)^2 dx = \frac{\pi r^2}{h^2}\int_0^h x^2\,dx = \frac{\pi r^2}{h^2}\cdot\frac{1}{3}h^3 = \frac{1}{3}\pi r^2 h$$

11. Verwenden Sie die Mantelflächenmethode, um das Volumen des Festkörpers zu bestimmen, das entsteht, wenn die Fläche, die durch $f(x) = x^2$ und $g(x) = x^3$ eingeschlossen ist, um die y-Achse gedreht wird. **Das Volumen ist $\frac{\pi}{10}$.**

a. Skizzieren Sie Ihren Festkörper. Sehen Sie sich dazu die folgende Abbildung an.

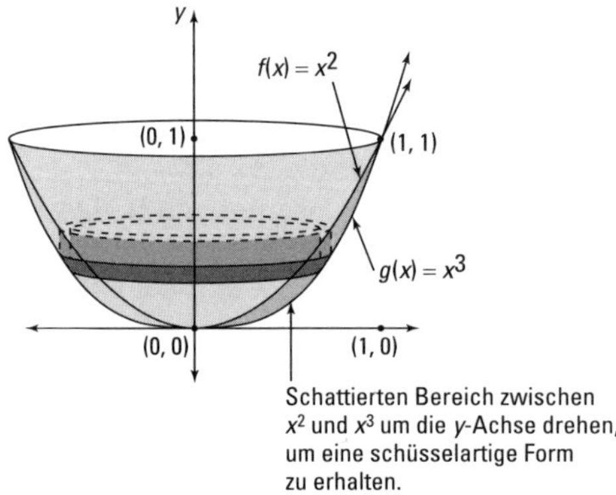

b. Drücken Sie das Volumen Ihrer repräsentativen Hülle aus. Die Höhe der Hülle ist gleich *Oben* minus *Unten* oder $x^2 - x^3$. Ihr Radius ist x, ihre Dicke ist dx. Ihr Volumen ist damit

$$Volumen_{\text{Hülle}} = 2\pi rh\,dx = 2\pi x(x^2 - x^3)\,dx$$

c. Addieren Sie die Hüllen von $x = 0$ bis $x = 1$ (Mitte zum rechten Ende), indem Sie integrieren.

$$Volumen_{\text{Schüssel}} = 2\pi \int_0^1 (x^3 - x^4)\,dx = 2\pi \left[\frac{1}{4}x^4 - \frac{1}{5}x^5\right]_0^1 = \frac{\pi}{10}$$

*12. Verwenden Sie die Mantelflächenmethode, um das Volumen des Festkörpers zu bestimmen, der entsteht, wenn die Fläche, die durch $\sin x$, $\cos x$ und die x-Achse eingeschlossen ist, um die y-Achse gedreht wird. **Das Volumen ist $\pi^2 - \frac{\pi^2\sqrt{2}}{2}$.**

a. Skizzieren Sie die Hundeschüssel. Sehen Sie sich dazu die folgende Abbildung an.

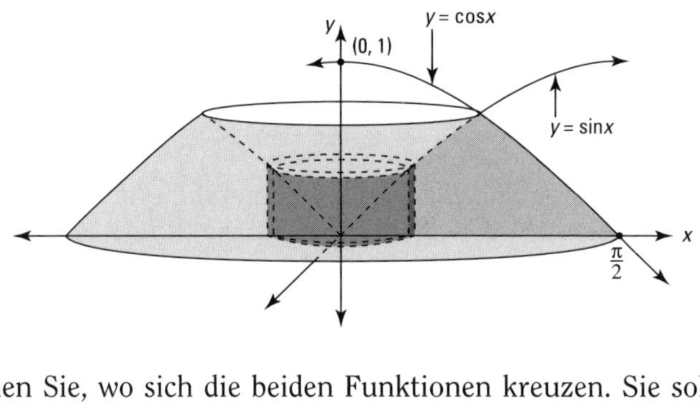

b. Bestimmen Sie, wo sich die beiden Funktionen kreuzen. Sie sollten $\left(\frac{\pi}{4}, \frac{\sqrt{2}}{2}\right)$ erhalten.

c. Drücken Sie das Volumen Ihrer repräsentativen Hülle aus. Sicher haben Sie bemerkt, dass die Hüllen mit einem Radius kleiner $\frac{\pi}{4}$ eine Höhe von $\sin x$ haben, während die größeren Hüllen eine Höhe von $\cos x$ haben. Sie müssen also zwei Hüllenstapel aufaddieren:

$$Volumen_{\text{kleinere Hülle}} = 2\pi rh\,dx$$
$$= 2\pi x \sin x\,dx$$

$$Volumen_{\text{größere Hülle}} = 2\pi x \cos x\,dx$$

4. Addieren Sie die beiden Hüllenstapel.

$$Volumen_{\text{Hundeschussel}} = 2\pi \int_0^{\pi/4} x \sin x\,dx + 2\pi \int_{\pi/4}^{\pi/2} x \cos x\,dx$$

Beide Integrale sind einfach zu lösen mit Hilfe der partiellen Integration, wobei in beiden Fällen $u = x$. Die Lösung überlasse ich Ihnen. Sie sollten das folgende Ergebnis erhalten:

$$= 2\pi\left[-x\cos x + \sin x\right]_0^{\pi/4} + 2\pi\left[x\sin x + \cos x\right]_{\pi/4}^{\pi/2}$$
$$= 2\pi\left(-\frac{\pi}{4}\cdot\frac{\sqrt{2}}{2} + \frac{\sqrt{2}}{2}\right) + 2\pi\left(\frac{\pi}{2} - \frac{\pi}{4}\cdot\frac{\sqrt{2}}{2} - \frac{\sqrt{2}}{2}\right)$$
$$= \pi^2 - \frac{\pi^2\sqrt{2}}{2}$$

13. Bestimmen Sie die Distanz von (2, 1) bis (5, 10) mit Hilfe der Bogenlängenformel.

1. Finden Sie eine Funktion für den »Bogen« (bei dem es sich natürlich eigentlich um eine Linie handelt), die die beiden Punkte verbindet. Sicher erinnern Sie sich an die Punkt/Steigung-Formel aus der Algebra:

$$y - y_1 = m(x - x_1)$$
$$y - 1 = 3(x - 2)$$
$$y = 3x - 5$$

2. Bestimmen Sie y'. Das müsste eigentlich im Handumdrehen gehen: $y' = 3$.

3. Setzen Sie in die Formel ein: $Bogenlänge = \int_2^5 \sqrt{1+3^2}\,dx = x\sqrt{10}\Big|_2^5 = 3\sqrt{10}$

14. Wie groß ist die Oberfläche, die erzeugt wird, indem $f(x) = \frac{3}{4}x$ von $x = 0$ bis $x = 4$ um die x-Achse gedreht wird? **15π**.

a. Skizzieren Sie die Funktion und die Oberfläche.

b. Setzen Sie die Funktion und ihre Ableitung in die Formel ein.

$$SA = 2\pi \int_0^4 \frac{3}{4}x\sqrt{1+\left(\frac{3}{4}\right)^2}\,dx = \frac{3\pi}{2}\int_0^4 x\sqrt{\frac{25}{16}}\,dx = \frac{15\pi}{8}\left[\frac{1}{2}x^2\right]_0^4 = 15\pi$$

15. 1. Bestätigen Sie Ihre Lösung zu Aufgabe 13 unter Verwendung der Distanzformel.

$$d = \sqrt{(x_2 - x_1)^2 + (y_2 - y_1)^2} = \sqrt{(5-2)^2 - (10-1)^2} = \mathbf{3\sqrt{10}}$$

2. Bestätigen Sie Ihre Lösung zu Aufgabe 14 mit Hilfe der Formel für die Seitenfläche eines Kegels, $LA = \pi r \ell$, wobei ℓ die Mantelflächenhöhe des Kegels ist.

a. Bestimmen Sie den Radius und die Mantelflächenhöhe des Kegels.

Aus Ihrer Skizze und der Funktion erkennen Sie leicht, dass die Funktion durch (4, 3) verläuft, und dass deshalb der Radius gleich 3 und die Mantelflächenhöhe gleich 5 ist (es handelt sich um die Hypotenuse eines 3-4-5-Dreiecks).

b. Setzen Sie in die Formel ein.

$$\textit{Seitenfläche} = \pi r \ell = 15\pi$$

Stimmt also.

16. Welche Oberfläche erzeugt man durch Drehen von $f(x) = \sqrt{x}$ von $x = 0$ bis $x = 9$ um die x-Achse? **Die Oberfläche ist** $\boldsymbol{\frac{\pi}{6}\left(37\sqrt{37} - 1\right)}$.

a. Setzen Sie die Funktion und ihre Ableitung in die Formel ein.

$$f(x) = \sqrt{x} \qquad f'(x) = \frac{1}{2\sqrt{x}}$$

$$\textit{Oberfläche} = 2\pi \int_0^9 \sqrt{x}\sqrt{1 + \left(\frac{1}{2\sqrt{x}}\right)^2}\, dx = 2\pi \int_0^9 \sqrt{x}\sqrt{1 + \frac{1}{4x}}\, dx = 2\pi \int_0^9 \sqrt{x + \frac{1}{4}}\, dx$$

b. Integrieren Sie.

$$= 2\pi\left[\frac{2}{3}\left(x + \frac{1}{4}\right)^{3/2}\right]_0^9 = \frac{4\pi}{3}\left(\left(\frac{37}{4}\right)^{3/2} - \left(\frac{1}{4}\right)^{3/2}\right) = \frac{\pi}{6}(37\sqrt{37} - 1)$$

17. $\lim\limits_{x \to \pi/2} \dfrac{\cos x}{x - \frac{\pi}{2}} = \mathbf{-1}$

a. Setzen Sie ein: $0/0$ – weiter!

b. Ersetzen Sie Zähler und Nenner durch ihre jeweiligen Ableitungen: $= \lim\limits_{x \to \pi/2} \dfrac{-\sin x}{1}$

c. Setzen Sie erneut ein: $= \dfrac{-\sin\frac{\pi}{2}}{1} = -1$

18. $\lim\limits_{x\to 0} \dfrac{1-\cos x}{x^2} = \mathbf{\dfrac{1}{2}}$

a. Setzen Sie ein: $0/0$; keine Probleme.

b. Ersetzen Sie durch die Ableitungen: $= \lim\limits_{x\to 0} \dfrac{\sin x}{2x}$

c. Setzen Sie ein: wieder $0/0$, also wiederholen.

d. Ersetzen Sie erneut durch die Ableitungen: $= \lim\limits_{x\to 0} \dfrac{\cos x}{2}$

e. Fertig: $= \dfrac{1}{2}$

19. $\lim\limits_{x\to\pi/4} ((\tan x - 1)\sec 6x) = \mathbf{\dfrac{1}{3}}$

a. Beim Einsetzen erhalten Sie $0 \cdot \infty$, also weiter mit Schritt 2.

b. Schreiben Sie um: $= \lim\limits_{x\to\pi/4} \dfrac{\tan x - 1}{\cos 6x} = \dfrac{0}{0}$; prima.

c. Ersetzen Sie durch Ableitungen: $= \lim\limits_{x\to\pi} \dfrac{\sec^2 x}{-6\sin 6x}$.

d. Setzen Sie schließlich noch einmal ein: $= \dfrac{\sec^2 \dfrac{\pi}{4}}{-6\sin \dfrac{3\pi}{2}} = \dfrac{2}{6} = \dfrac{1}{3}$

20. $\lim\limits_{x\to 0^+} \left(\dfrac{1}{x} + \dfrac{1}{\cos x - 1}\right) = \mathbf{-\infty}$

a. Durch Einsetzen erhalten Sie $\infty - \infty$, bringt nichts.

b. Schreiben Sie um, indem Sie die Brüche addieren: $= \lim\limits_{x\to 0^+} \dfrac{\cos x - 1 + x}{x(\cos x - 1)}$. Das ist in Ordnung: $0/0$.

c. Ersetzen Sie durch die Ableitungen: $= \lim\limits_{x\to 0^+} \dfrac{-\sin x + 1}{(\cos x - 1) - x\sin x}$

d. Ersetzen Sie schließlich noch einmal: $= \dfrac{1}{"-0"} = -\infty$

Diese 0 ist »negativ«, weil der Nenner in der Zeile davor negativ ist, wenn sich x von rechts her 0 annähert. Verwenden Sie allerdings im Unterricht niemals »-0« – Ihr Lehrer schmeißt Sie raus!

21. $\lim\limits_{x\to 0^+} (\csc x - \log x) = \infty$

a. Dieser Grenzwert ist gleich $\infty - (-\infty)$, was gleich $\infty + \infty = \infty$ ist.

b. Fertig! Sie brauchen die Regel von L'Hôpital nicht!

*22. $\lim\limits_{x\to 0}(1+x)^{1/x} = \boldsymbol{e}$

a. Dies ist ein Fall mit 1^∞. Zeit für eine neue Vorgehensweise.

b. Setzen Sie Ihren Grenzwert gleich y und bestimmen Sie den natürlichen Logarithmus beider Seiten.

$$y = \lim_{x\to 0}(1+x)^{1/x}$$

$$\ln y = \ln\left(\lim_{x\to 0}(1+x)^{1/x}\right)$$

c. Ich gestatte Ihnen, den Grenzwert nach außen zu ziehen: $\ln y = \lim\limits_{x\to 0}\left(\ln(1+x)^{1/x}\right)$.

d. Verwenden Sie den Logarithmus einer Potenzregel: $\ln y = \lim\limits_{x\to 0}\left(\dfrac{1}{x}\ln(1+x)\right)$.

e. Damit haben Sie den Fall $\infty \cdot 0$, Sie schreiben also um: $\ln y = \lim\limits_{x\to 0}\dfrac{\ln(1+x)}{x}$.

f. Sie erhalten $0/0$ – Jetzt bin ich da, wo ich hinwollte.

g. Ersetzen Sie durch Ableitungen: $\ln y = \lim\limits_{x\to 0}\dfrac{\frac{1}{1+x}}{1} = 1$.

h. Ihr ursprünglicher Grenzwert ist gleich y, Sie müssen also nach y auflösen.

$$\ln y = 1$$

$$y = e$$

23. $\displaystyle\int_{-32}^{1}\frac{dx}{\sqrt[5]{x}} = \mathbf{-18{,}75.}$

a. Undefiniert an der Stelle $x = 0$, deshalb Aufspaltung in zwei Integrale: $\displaystyle\int_{-32}^{1}\frac{dx}{\sqrt[5]{x}} = \int_{-32}^{0}\frac{dx}{\sqrt[5]{x}} + \int_{0}^{1}\frac{dx}{\sqrt[5]{x}}$

b. In Grenzwerte umwandeln: $\displaystyle = \lim_{a\to 0^-}\int_{-32}^{a}\frac{dx}{\sqrt[5]{x}} + \lim_{b\to 0^+}\int_{b}^{1}\frac{dx}{\sqrt[5]{x}}$

c. Integrieren Sie: $\displaystyle = \lim_{a\to 0^-}\left[\frac{5}{4}x^{4/5}\right]_{-32}^{a} + \lim_{b\to 0^+}\left[\frac{5}{4}x^{4/5}\right]_{b}^{1} = 0 - \frac{5}{4}\cdot 16 + \frac{5}{4} - 0 = -18{,}75$

24. $\displaystyle\int_{0}^{6} x\ln x\,dx. = \mathbf{18\ ln\ 6 - 9}$

a. Es handelt sich um ein uneigentliches Integral, weil es an der Stelle $x = 0$ nicht definiert ist, deshalb wandeln Sie es in einen Grenzwert um:

$$= \lim_{c\to 0^+}\int_{c}^{6} x\ln x\,dx$$

b. Integrieren Sie partiell. ***Hinweis***: $\ln x$ ist L aus LIATE. Sie erhalten also:

$$= \lim_{c \to 0^+} \left[\frac{1}{2} x^2 \ln x - \frac{1}{4} x^2 \right]_c^6$$

$$= \lim_{c \to 0^+} \left(\frac{1}{2} \cdot 36 \ln 6 - 9 - \frac{1}{2} c^2 \ln c + \frac{1}{4} c^2 \right)$$

$$= 18 \ln 6 - 9 - \frac{1}{2} \lim_{c \to 0^+} (c^2 \ln c)$$

c. Jetzt wird es Zeit für die Regel von L'Hôpital. Es liegt ein Grenzwert in der Form $0 \cdot (-\infty)$ vor, deshalb wandeln Sie ihn in einen Grenzwert der Form ∞/∞ um:

$$= 18 \ln 6 - 9 - \frac{1}{2} \lim_{c \to 0^+} \frac{\ln c}{\frac{1}{c^2}}$$

d. Ersetzen Sie Zähler und Nenner durch Ableitungen und rechnen Sie fertig:

$$= 18 \ln 6 - 9 - \frac{1}{2} \lim_{c \to 0^+} \frac{\frac{1}{c}}{-\frac{2}{c^3}} = 18 \ln 6 - 9 - \frac{1}{2} \lim_{c \to 0^+} \left(-\frac{c^2}{2} \right) = 18 \ln 6 - 9$$

25. $\displaystyle \int_1^\infty \frac{dx}{x\sqrt{x^2 - 1}} = \boldsymbol{\frac{\pi}{2}}$

Dies ist ein doppelt uneigentliches Integral, weil es sowohl nach oben als auch nach rechts gegen Unendlich geht. Sie müssen es aufteilen und jede einzelne Uneigentlichkeit separat behandeln.

a. Es spielt keine Rolle, wo Sie es aufteilen; wir verwenden hier 2, weil das eine leicht handhabbare Zahl ist.

$$= \int_1^2 \frac{dx}{x\sqrt{x^2 - 1}} + \int_2^\infty \frac{dx}{x\sqrt{x^2 - 1}}$$

b. Wandeln Sie in Grenzwerte um.

$$= \lim_{a \to 1^+} \int_a^2 \frac{dx}{x\sqrt{x^2 - 1}} + \lim_{b \to \infty} \int_2^b \frac{dx}{x\sqrt{x^2 - 1}}$$

c. Integrieren Sie.

$$= \lim_{a \to 1^+} [\text{arcsec } x]_a^2 + \lim_{b \to \infty} [\text{arcsec } x]_2^b$$

$$= \lim_{a \to 1^+} (\text{arcsec } 2 - \text{arcsec } a) + \lim_{b \to \infty} (\text{arcsec } b - \text{arcsec } 2)$$

$$= \text{arcsec } 2 - 0 + \frac{\pi}{2} - \text{arcsec } 2$$

$$= \frac{\pi}{2}$$

26. $\int_1^\infty \frac{1}{x}\,dx = \infty$

a. Wandeln Sie in einen Grenzwert um: $\lim_{c\to\infty} \int_1^c \frac{1}{x}\,dx$

b. Integrieren Sie und rechnen Sie fertig:

$$= \lim_{c\to\infty} \left[\ln x\right]_1^c = \lim_{c\to\infty} (\ln c - \ln 1) = \infty$$

*27. $\int_1^\infty \frac{1}{x}\sqrt{\arctan x}\,dx = \infty$

Für diese Aufgabe brauchen Sie nichts zu arbeiten, sondern »nur« Logik. Sie wissen aus Aufgabe 26, dass $\int_1^\infty \frac{1}{x}\,dx = \infty$.

Jetzt vergleichen Sie $\int_1^\infty \frac{1}{x}\sqrt{\arctan x}\,dx$ mit $\int_1^\infty \frac{1}{x}\,dx$. Aber als erstes beachten Sie, dass, weil $\int_1^\infty \frac{1}{x}\,dx$ gleich Unendlich ist, auch $\int_{10}^\infty \frac{1}{x}\,dx$, $\int_{100}^\infty \frac{1}{x}\,dx$ oder $\int_{1000000}^\infty \frac{1}{x}\,dx$ Unendlich sein müssen, da die Fläche unter $1/x$ von 1 bis zu einer anderen Zahl endlich sein muss.

Von $\sqrt{3}$ bis ∞ ist $\arctan x \geq 1$, und deshalb $\sqrt{\arctan x} \geq 1$, und damit $\frac{1}{x}\sqrt{\arctan x} \geq \frac{1}{x}$.

Und weil schließlich $\int_{\sqrt{3}}^\infty \frac{1}{x}\,dx = \infty$ und weil zwischen $\sqrt{3}$ und ∞ außerdem $\frac{1}{x}\sqrt{\arctan x}$ immer gleich oder größer $\frac{1}{x}$ ist, muss $\int_{\sqrt{3}}^\infty \frac{1}{x}\sqrt{\arctan x}\,dx$ ebenfalls gleich ∞ sein, und damit auch $\int_1^\infty \frac{1}{x}\sqrt{\arctan x}\,dx$.

Elegant einen Bogen um die Arbeit geschlagen!

*28. $\int_{-\infty}^\infty \frac{1}{x}\,dx$ **ist nicht definiert.**

Vierfach uneigentlich!

a. Unterteilen Sie in vier Teile: $\int_{-\infty}^\infty \frac{1}{x}\,dx = \int_{-\infty}^{-1} \frac{1}{x}\,dx + \int_{-1}^{0} \frac{1}{x}\,dx + \int_0^1 \frac{1}{x}\,dx + \int_1^\infty \frac{1}{x}\,dx$

b. Wandeln Sie in Grenzwerte um: $\lim\limits_{a \to -\infty} \int\limits_{a}^{-1} \frac{1}{x}\,dx + \lim\limits_{b \to 0^-} \int\limits_{-1}^{b} \frac{1}{x}\,dx + \lim\limits_{c \to 0^+} \int\limits_{c}^{1} \frac{1}{x}\,dx + \lim\limits_{d \to \infty} \int\limits_{1}^{d} \frac{1}{x}\,dx$

c. Integrieren Sie:

$$= \lim_{a \to -\infty} \left[\ln|x|\right]_a^{-1} + \lim_{b \to 0^-} \left[\ln|x|\right]_{-1}^{b} \lim_{c \to 0^+} \left[\ln|x|\right]_c^{1} + \lim_{d \to \infty} \left[\ln|x|\right]_1^{d}$$
$$= \lim_{a \to -\infty} (\ln 1 - \ln|a|) + \lim_{b \to 0^-} (\ln|b| - \ln 1) + \lim_{c \to 0^+} (\ln 1 - \ln|c|) + \lim_{d \to \infty} (\ln|d| - \ln 1)$$

d. Rechnen Sie fertig: $= -\infty + (-\infty) + \infty + \infty$. Aus diesem Grund existiert kein Grenzwert und das bestimmte Integral ist somit undefiniert

Wenn Sie sich den Graphen von $y = 1/x$ ansehen, denken sie womöglich angesichts seiner perfekten Symmetrie, dass $\int\limits_{-\infty}^{\infty} \frac{1}{x}\,dx$ gleich 0 sei. Aber so seltsam das anmutet – so funktioniert das nicht.

13 Unendliche Reihen: Willkommen an den äußeren Grenzen!

In diesem Kapitel...

- Nachmittagsprogramm
- Ernsthafte Reihen
- Tests, Tests und wieder Tests

In diesem Kapitel geht es um etwas, das wirklich faszinierend sein kann, sobald Sie nur aufhören, darüber nachzudenken: Summen von Zahlen, die nie enden. Im Ernst, die Zahlensummen in diesem Kapitel wären größer als das gesamte Weltall, wenn sie alle ausgeschrieben würden. Und trotz der Unendlichkeit dieser Summe ergeben einige von ihnen eine endliche Zahl! Man spricht von *konvergierenden* Reihen. Die restlichen sind *divergent*. Ihre Aufgabe in diesem Kapitel wird es sein, sie zu unterscheiden.

Der raffinierte Test auf den n-ten Term

Wenn schon die anfänglichen Terme jeder Reihe das Weltall füllen würden, wie sieht dann erst der n-te Term aus, der noch weit jenseits davon liegt? Gibt es ihn, oder ist es ein Phantasiegebilde? Wenn ein Baum im Wald umfällt und niemand dabei zuhört, macht er dann beim Umfallen ein Geräusch?

Zunächst ein paar Definitionen. Eine *Folge* ist eine endliche oder unendliche Liste von Zahlen (wir werden es allerdings nur mit unendlichen Folgen zu tun bekommen). Wenn Sie die Terme einer Folge addieren, wird die Folge zur *Reihe*. Ein Beispiel:

1, 2, 4, 8, 16, 32, 64, … ist eine Folge, und

1 + 2 + 4 + 8 + 16 + 32 + 64 + … ist die zugehörige Reihe.

Wenn $\lim\limits_{n\to\infty} a_n \neq 0$, dann divergiert $\sum a$. In einfachen Worten: Wenn die einer Reihe zugrunde liegende Folge nicht gegen Null konvergiert, muss die Reihe divergieren.

Daraus folgt nicht, dass *wenn* die einer Reihe zugrunde liegende Folge gegen Null konvergiert, die Reihe sicher konvergiert. Sie kann konvergieren, aber es gibt keine Garantie dafür.

Beispiel

Konvergiert oder divergiert $\sum_{n=1}^{\infty} \sqrt[n]{1-\frac{1}{n}}$?

Lösung

Sie divergiert.

Diese Frage können Sie mit Ihrem gesunden Menschenverstand beantworten, falls Ihr Analysislehrer dies zulässt. Wenn n immer größer wird, wird $1-1/n$ immer größer und geht immer näher gegen 1. Und wenn Sie die Wurzel aus einer Zahl wie 0,9 ziehen, wird das Ergebnis *größer* als die Zahl – und je höher der Wurzelindex ist, desto größer ist das Ergebnis. $\sqrt[n]{1-\frac{1}{n}}$ muss größer werden, wenn n größer wird, und damit kann $\lim_{n\to\infty} \sqrt[n]{1-\frac{1}{n}}$ nicht gleich Null werden. Die Reihe divergiert deshalb aufgrund des Tests auf den n-ten Term.

Wenn Ihr Lehrer ein Pedant ist, können Sie folgendes tun: Wenn Sie ∞ einsetzen, erhalten Sie $\left(1-\frac{1}{\infty}\right)^{1/\infty}$, das ist 1^0, und das wiederum ist 1 – fertig. (Beachten Sie, dass 1^0 nicht zu den Formen gehört, die ein Fall für die Regel von L'Hôpital wären (siehe Kapitel 12). Weil $\lim_{n\to\infty} \sqrt[n]{1-\frac{1}{n}} = 1$ ist, divergiert $\sum_{n=1}^{\infty} \sqrt[n]{1-\frac{1}{n}}$.

Aufgabe 1

Konvergiert oder divergiert $\sum_{n=1}^{\infty} \frac{2n^2-9n-8}{5n^2+20n+12}$?

Aufgabe 2

Konvergiert oder divergiert $\sum_{n=1}^{\infty} \frac{1}{n}$?

Drei grundlegende Reihen testen

In diesem Abschnitt stellen Sie fest, ob geometrische Reihen, p-Reihen und Teleskopreihen konvergent oder divergent sind.

- **Geometrische Reihen**: Wenn $0 < |r| < 1$ ist, konvergiert die geometrische Reihe $\sum_{n=0}^{\infty} ar^n$ gegen $\frac{a}{1-r}$. Wenn $|r| \geq 1$ ist, divergiert die Reihe. Kennen Sie das Rätsel, wie man die Hälfte bis zur Wand geht, dann wieder die Hälfte, dann die Hälfte der verbleibenden Distanz usw.? Diese Schritte bilden eine geometrische Reihe.
- **p-Reihen**: Die p-Reihe $\sum \frac{1}{n^p}$ konvergiert für $p > 1$ und divergiert für $p \leq 1$.
- **Teleskopreihen**: Die Teleskopreihe, dargestellt als $(h_1 - h_2) + (h_2 - h_3) + (h_3 - h_4) + \ldots + (h_n - h_{n+1})$, konvergiert, wenn h_{n+1} konvergiert. In diesem Fall konvergiert die Reihe gegen $h_1 - \lim_{n\to\infty} h_{n+1}$. Wenn h_{n+1} divergiert, divergiert auch die Reihe. Diese Reihe ist sehr selten, deshalb werde ich auch keine Aufgabe dazu stellen.

Bei der Analyse der Reihen in diesem Abschnitt und im restlichen Kapitel sollten Sie immer daran denken, dass die Multiplikation einer Reihe mit einer Konstanten sich nicht darauf auswirkt, ob sie konvergiert oder divergiert. Wenn beispielsweise $\sum_{n=1}^{\infty} u_n$ konvergiert, dann konvergiert auch $1000 \cdot \sum_{n=1}^{\infty} u_n$. Auch das Weglassen von beliebig vielen Anfangstermen wirkt sich nicht auf Konvergenz oder Divergenz aus. Wenn $\sum_{n=1}^{\infty} u_n$ konvergiert, dann konvergiert auch $\sum_{n=982}^{\infty} u_n$.

Beispiel

1. Konvergiert oder divergiert $1 + \frac{1}{2} + \frac{1}{4} + \frac{1}{8} + \frac{1}{16} + \ldots$? Wenn die Reihe konvergiert, gegen welchen Wert konvergiert sie?

Lösung

1. Jeder Term ist der vorhergehende Term multipliziert mit $\frac{1}{2}$. Aus diesem Grund handelt es sich um eine geometrische Reihe mit $r = \frac{1}{2}$. Der erste Term, a, ist gleich 1, die Reihe konvergiert also gegen $\frac{a}{1-r} = \frac{1}{1-\frac{1}{2}} = 2$.

Beispiel

2. Konvergiert oder divergiert $\sum \frac{1}{\sqrt{n}}$?

Lösung

2. $\sum \frac{1}{\sqrt{n}}$ ist die p-Reihe $\sum \frac{1}{n^{1/2}}$ mit $p = \frac{1}{2}$. Weil $p < 1$, divergiert die Reihe.

Aufgabe 3

Konvergiert oder divergiert 0,008 – 0,006 + 0,0045 – 0,003375 + 0,00253125…? Wenn die Reihe konvergiert, gegen welchen Wert konvergiert sie?

Aufgabe 4

Konvergiert oder divergiert $\frac{1}{2}+\frac{1}{4}+\frac{1}{8}+\frac{1}{12}+\frac{1}{16}+\frac{1}{20}\ldots$?

Aufgabe 5

Konvergiert oder divergiert $\sum_{n=1}^{\infty}\frac{1}{n}$?

Aufgabe 6

Konvergiert oder divergiert $1+\frac{\sqrt[4]{2}}{2}+\frac{\sqrt[4]{3}}{3}+\frac{\sqrt[4]{4}}{4}+\ldots+\frac{\sqrt[4]{n}}{n}$?

Äpfel und Birnen... und Bananen: Drei Vergleichstests

Mit den drei Vergleichstests vergleichen Sie die betreffenden Reihen mit einer Vergleichsreihe. Wenn die Vergleichsreihe konvergiert, konvergiert auch die betrachtete Reihe; wenn die Vergleichsreihe divergiert, divergiert auch die betrachtete Reihe.

- **Der direkte Vergleichstest**: Wenn $0 \leq a_n \leq b_n$ für alle n und $\sum b_n$ konvergiert, dann konvergiert auch $\sum a_n$, und wenn $\sum a_n$ divergiert, dann divergiert auch $\sum b_n$.

  Man könnte ihn auch als *Naja*-Test bezeichnen. Er besagt lediglich, dass eine Reihe mit Termen gleich oder größer als die Terme einer divergenten Reihe ebenfalls divergieren muss, und dass eine Reihe mit Termen gleich oder kleiner als die Terme einer konvergenten Reihe auch konvergieren muss.

- **Der Grenzwertvergleichstest**: Für zwei Reihen $\sum a_n$ und $\sum b_n$ gilt für $a_n > 0$, $b_n > 0$ und $\lim\limits_{n\to\infty} \frac{a_n}{b_n} = L$, wobei L endlich und positiv ist, dass entweder beide Reihen konvergieren oder beide divergieren.

- **Der Integralvergleichstest**: Wenn $f(x)$ für alle $x \geq 1$ positiv, stetig und abnehmend ist und wenn $a_n = f(n)$, dann sind $\sum\limits_{n=1}^{\infty} a_n$ und $\int\limits_1^{\infty} f(x)\,dx$ beide konvergent oder beide divergent.

  Beachten Sie, dass andere Bücher dies aus irgendeinem seltsamen Grund nicht als Vergleichstest anführen, und das trotz der Tatsache, dass die drei Tests in diesem Abschnitt derselben Logik folgen.

Verwenden Sie einen oder mehrere der drei Vergleichstests, um festzustellen, ob die Reihen in den Aufgaben konvergieren oder divergieren. Beachten Sie auch, dass diese Aufgaben häufig auf mehrerlei Arten gelöst werden können.

Beispiel

Konvergiert oder divergiert $\sum\limits_{n=2}^{\infty} \frac{1}{\ln n}$?

Lösung

Es divergiert.

Beachten Sie, dass der Test auf den n-ten Term hier keine Hilfe darstellt, weil $\lim\limits_{n\to\infty} \frac{1}{\ln n} = 0$ ist. Aus der Regel für die p-Reihe wissen Sie, dass $\sum\limits_{n=1}^{\infty} \frac{1}{n}$ divergiert.

Natürlich divergiert auch $\sum\limits_{n=2}^{\infty} \frac{1}{n}$. Der direkte Vergleichstest teilt Ihnen mit, dass $\sum\limits_{n=2}^{\infty} \frac{1}{\ln n}$ auch divergieren muss, weil jeder Term von $\sum\limits_{n=2}^{\infty} \frac{1}{\ln n}$ größer als der entsprechende Term von $\sum\limits_{n=2}^{\infty} \frac{1}{n}$ ist.

Beispiel

Konvergiert oder divergiert

$$\sum_{n=2}^{\infty}\frac{1}{n^2-n}?$$

Lösung

Es konvergiert.

1. **Probieren Sie es mit dem Test auf den n-ten Term.**

   Das hilft nicht weiter: $\lim\limits_{n\to\infty}\frac{1}{n^2-n}=0$

2. **Versuchen Sie es mit dem direkten Vergleichstest.**

   $\sum\limits_{n=2}^{\infty}\frac{1}{n^2-n}$ erinnert an $\sum\limits_{n=2}^{\infty}\frac{1}{n^2}$, von dem Sie wissen, dass es nach der Regel der p-Reihe konvergiert. Aber der direkte Vergleichstest ist deswegen keine Hilfe, weil jeder Term von $\sum\limits_{n=2}^{\infty}\frac{1}{n^2-n}$ *größer* als der entsprechende Term Ihrer bekannten konvergenten Reihe ist.

3. **Probieren Sie es mit dem Grenzwertvergleichstest mit $\sum\limits_{n=2}^{\infty}\frac{1}{n^2}$. Wunderbar.**

   Am besten setzen Sie Ihre bekannte Vergleichsreihe in den Nenner.

   $$\lim_{n\to\infty}\frac{\frac{1}{n^2-n}}{\frac{1}{n^2}}$$

   $$=\lim_{n\to\infty}\frac{n^2}{n^2-n}$$

   = 1 (aufgrund der Regel der horizontalen Asymptote)

   Weil der Grenzwert endlich und positiv ist und weil $\sum\limits_{n=2}^{\infty}\frac{1}{n^2}$ konvergiert, konvergiert auch $\sum\limits_{n=2}^{\infty}\frac{1}{n^2-n}$.

Beispiel

Konvergiert oder divergiert

$$\sum_{n=2}^{\infty}\frac{1}{n\sqrt{\ln n}}?$$

Lösung

Es divergiert.

Wenn Sie erkennen, dass Sie den Reihenausdruck integrieren können, haben Sie ein Heimspiel. Fragen Sie sich also immer, ob Sie den Integralvergleichstest anwenden können.

1. **Fragen Sie sich, ob Sie wissen, wie dieser Ausdruck zu integrieren ist.**

   Natürlich. Es handelt sich um eine einfache u-Substitution.

2. **Führen Sie die Integration durch.**

   $$\int_2^{\infty}\frac{1}{x\sqrt{\ln x}}\,dx$$

   $$=\lim_{c\to\infty}\int_2^{c}\frac{1}{x\sqrt{\ln x}}\,dx$$

   $u=\ln x$, wenn $x=2$, folgt $u=\ln 2$

   $du=\frac{1}{x}dx$, und wenn $x=c$,

   folgt $u=\ln c$

   $$=\lim_{c\to\infty}\int_{\ln 2}^{\ln c}u^{-1/2}du$$

   $$=\lim_{c\to\infty}\left[2u^{1/2}\right]_{\ln 2}^{\ln c}$$

   $$=\lim_{c\to\infty}\left(2\sqrt{\ln c}-2\sqrt{\ln 2}\right)$$

   $$=\infty$$

   Weil dieses uneigentliche Integral divergiert, divergiert auch die entsprechende Reihe.

Aufgabe 7

$$\sum_{n=1}^{\infty} \frac{10(0,9)^n}{\sqrt{n}}$$

Aufgabe 8

$$\sum_{n=1}^{\infty} \frac{1,1^n}{10n}$$

Aufgabe 9

$$\frac{1}{1001} + \frac{1}{2001} + \frac{1}{3001} + \frac{1}{4001} + \ldots$$

Aufgabe 10

$$\sum_{n=1}^{\infty} \frac{1}{n + \sqrt{n} + \ln n}$$

Aufgabe *11

$$\sum_{n=2}^{\infty} \frac{1}{n^3-(\ln n)^3}$$

Aufgabe *12

$$\sum_{n=2}^{\infty} \frac{1}{n \ln n + \sin n}$$

Aufgabe 13

$$\sum_{n=1}^{\infty} \frac{n^2}{e^{n^3}}$$

Aufgabe *14

$\sum_{n=1}^{\infty} \frac{n^3}{n!}$ (Gegeben sei, dass $\sum \frac{1}{n!}$ konvergiert.)

Und jetzt noch die beiden »R«-Tests

Hier werden Sie den Quotiententest und den Wurzeltest üben. Bei beiden Tests bedeutet ein Ergebnis kleiner 1, dass die betreffende Reihe konvergiert; ein Ergebnis größer 1 bedeutet, dass die Reihe divergiert; und von einem Ergebnis von 1 können Sie keine Aussage ableiten.

- ✔ **Der Quotiententest**: Für eine Reihe $\sum u_n$ betrachten Sie den Grenzwert des Quotienten aus einem Term mit dem vorhergehenden Term, $\lim\limits_{n\to\infty}\frac{u_{n+1}}{u_n}$. Wenn dieser Grenzwert kleiner 1 ist, konvergiert die Reihe. Ist er größer 1 (einschließlich ∞), divergiert die Reihe. Und wenn er gleich 1 ist, sagt Ihnen der Quotiententest überhaupt nichts.
- ✔ **Der Wurzeltest**: Beachten Sie die Ähnlichkeit zum Quotiententest. Für eine Reihe $\sum u_n$ betrachten Sie den Grenzwert der n-ten Wurzel des n-ten Terms, $\lim\limits_{n\to\infty}\sqrt[n]{u_n}$. Ist dieser Grenzwert kleiner 1, konvergiert die Reihe. Ist er größer 1 (einschließlich ∞), divergiert die Reihe. Ist er gleich 1, besagt der Tests nichts.

Der Quotiententest ist dann ein sinnvoller Test, wenn die Reihe Fakultäten wie etwa $n!$ enthält, oder wenn n in der Potenz steht, wie bei 2^n. Der Wurzeltest funktioniert auch dann gut, wenn die Reihe n-te Potenzen enthält. Falls Sie nicht sicher sind, welchen Test Sie zuerst ausprobieren sollten, beginnen Sie mit dem Quotiententest – häufig ist er der einfachere.

Manchmal ist es sinnvoll, die Konvergenz oder Divergenz einer Reihe zu kennen, bevor man einen der Tests anwendet, um die Konvergenz oder Divergenz zu beweisen.

Beispiel

1. Konvergiert oder divergiert $\sum\limits_{n=1}^{\infty}\frac{n}{2^n}$?

Lösung

1. Probieren Sie es mit dem Quotiententest.

$$\lim_{n\to\infty}\frac{\frac{n+1}{2^{(n+1)}}}{\frac{n}{2^n}}=\lim_{n\to\infty}\frac{2^n(n+1)}{2^{n+1}\cdot n}=\lim_{n\to\infty}\frac{n+1}{2n}=\frac{1}{2}$$

Weil dies kleiner als 1 ist, konvergiert die Reihe.

2. Konvergiert oder divergiert $\sum\limits_{n=1}^{\infty}\frac{5^{3n+4}}{n^{3n}}$?

2. Betrachten Sie den Grenzwert der n-ten Wurzel des n-ten Terms:

$$\lim_{n\to\infty}\sqrt[n]{\frac{5^{3n+4}}{n^{3n}}}=\lim_{n\to\infty}\left(\frac{5^{3n+4}}{n^{3n}}\right)^{1/n}=\lim_{n\to\infty}\frac{5^{3+4/n}}{n^3}=0$$

Weil dieser Grenzwert kleiner 1 ist, konvergiert die Reihe.

Aufgabe 15

$$\sum_{n=1}^{\infty} \frac{1}{(\ln(n+2))^n}$$

Aufgabe 16

$$\sum_{n=1}^{\infty} \frac{n^{\sqrt{n}}}{\sqrt{n}^n}$$

Aufgabe *17

$$\sum_{n=1}^{\infty} \frac{n!}{n^n}$$

Aufgabe *18

$$\sum_{n=1}^{\infty} n\left(\frac{3}{4}\right)^n$$

Aufgabe 19

$$\sum_{n=1}^{\infty} \frac{n^{\sqrt{n}}}{n!}$$

Aufgabe 20

$$\sum_{n=1}^{\infty} \frac{n!}{4^n}$$

Er liebt mich, er liebt mich nicht: Alternierende Reihen

Alternierende Reihen sehen ganz ähnlich aus wie alle anderen Reihen, außer dass sie ein zusätzliches $(-1)^n$ oder $(-1)^{n+1}$ enthalten. Dieser zusätzliche Term bewirkt, dass die Terme der Reihe zwischen positiv und negativ *alternieren*.

Eine alternierende Reihe konvergiert, wenn zwei Bedingungen erfüllt sind:

1. Ihr n-ter Term konvergiert gegen 0.
2. Ihre Terme sind nicht zunehmend, d.h. jeder Term ist entweder kleiner oder gleich seinem Vorgänger (wobei das Minuszeichen zu ignorieren ist).

Für die Aufgaben in diesem Abschnitt bestimmen Sie, ob die Reihe konvergiert oder divergiert. Wenn sie konvergiert, stellen Sie fest, ob die Konvergenz absolut oder bedingt ist.

Wenn Sie alle Terme einer konvergenten alternierenden Reihe positiv machen und diese dann immer noch konvergiert, sagt man, die Reihe konvergiert *absolut*. Divergiert diese Reihe mit den positiven Termen, konvergiert die alternierende Reihe *bedingt*.

Beispiel

$$\sum_{n=1}^{\infty}(-1)^n \frac{1}{\sqrt{n}}$$

Lösung

Die Reihe ist bedingt konvergent.

Wenn Sie aus dieser Reihe eine Reihe mit lauter positiven Termen machen, wird sie zu einer p-Reihe mit $p = \frac{1}{2}$. Die obige alternierende Reihe ist also nicht absolut konvergent. Sie ist jedoch bedingt konvergent, weil sie offensichtlich die beiden Bedingungen des Tests für alternierende Reihen erfüllt:

1. **Der n-te Term konvergiert gegen 0.**

   $$\lim_{n\to\infty}\frac{1}{\sqrt{n}} = 0$$

2. **Die Terme nehmen nicht zu.**

   Die Reihe ist also bedingt konvergent.

Aufgabe 21

$$\sum_{n=1}^{\infty}(-1)^{n+1}\frac{n+1}{3n+1}$$

Aufgabe *22

$$\sum_{n=3}^{\infty}(-1)^n \frac{n+1}{n^2-2}$$

Lösungen für unendliche Reihen

1. $\sum_{n=1}^{\infty} \frac{\mathbf{2n^2 - 9n - 8}}{\mathbf{5n^2 + 20n + 12}}$ **divergiert**. Sie wissen aus Kapitel 4 (oder können sich dunkel erinnern), in dem es um Grenzwerte ging, dass $\lim_{n\to\infty} \frac{2n^2 - 9n - 9}{5n^2 + 20n + 12} = \frac{2}{5}$ ist, nämlich aufgrund der Regel der horizontalen Asymptote. Weil der Grenzwert nicht gegen 0 konvergiert, sagt Ihnen der Test auf den n-ten Term, dass die Reihe divergiert.

2. $\sum_{n=1}^{\infty} \frac{\mathbf{1}}{\mathbf{n}}$ **konvergiert... NICHT gegen 0** Es sollte offensichtlich sein, dass $\lim_{n\to\infty} \frac{1}{n} = 0$.

   Wenn Sie schließen, dass die Reihe $\sum_{n=1}^{\infty} \frac{1}{n}$ deshalb nach dem Test auf den n-ten Term konvergieren muss, habe ich eine schlechte und eine gute Nachricht für Sie. Die schlechte Nachricht ist, dass Sie nicht recht haben – Sie müssen den Test auf die p-Reihe machen, um festzustellen, ob dies konvergiert oder nicht (siehe Lösung Aufgabe 5). Die gute Nachricht ist, dass Sie den Fehler hier und nicht in einer Prüfung gemacht haben.

Vergessen Sie nicht, dass der Test auf den n-ten Term keine Hilfe dahingehend bietet, ob eine Reihe konvergiert oder divergiert, wenn die zugrunde liegende Folge gegen 0 konvergiert.

3. **0,008 – 0,006 + 0,0045 – 0,003375 + 0,00253125 ... konvergiert gegen** $\mathbf{\frac{4}{875}}$.

   a. Bilden Sie den Quotienten aus erstem Term und zweitem Term: $\frac{-0{,}006}{0{,}008} = -\frac{3}{4}$.

   b. Prüfen Sie, ob alle anderen Quotienten der anderen Paare aufeinander folgender Terme gleich $-3/4$ sind.

   $\frac{0{,}0045}{-0{,}006} = -\frac{3}{4}$ Passt. $\frac{-0{,}03375}{0{,}0045} = -\frac{3}{4}$ Passt. $\frac{0{,}00253125}{-0{,}003375} = -\frac{3}{4}$ Passt.

   Wir haben also eine geometrische Reihe mit $r = \frac{-3}{4}$.

   c. Wenden Sie die Regel für die geometrische Reihe an.

   Weil $-1 < |r| < 1$, konvergiert diese Reihe gegen

   $$\frac{a}{1-r} = \frac{0{,}008}{1-\left(-\frac{3}{4}\right)} = \frac{4}{875}$$

»r« steht für »ratio« (Quotient), aber vielleicht stellen Sie sich wie ich das r (in dieser Aufgabe $\left.\frac{-3}{4}\right)$ lieber als Multiplikator vor, weil dies die Zahl ist, mit der Sie jeden Term multiplizieren, um den jeweils nächsten zu erhalten.

4. $\frac{1}{2}+\frac{1}{4}+\frac{1}{8}+\frac{1}{12}+\frac{1}{16}+\frac{1}{20}\ldots ?$

   a. Bestimmen Sie den ersten Quotienten.

   $$\frac{\frac{1}{4}}{\frac{1}{2}}=\frac{1}{2}$$

   b. Testen Sie die anderen Paare.

   $$\frac{\frac{1}{8}}{\frac{1}{4}}=\frac{1}{2}\text{? Passt.} \qquad \frac{\frac{1}{12}}{\frac{1}{8}}=\frac{1}{2}\text{? Nein.}$$

   Somit handelt es sich *nicht* um eine geometrische Reihe, und die Regel für geometrische Reihen gilt nicht. Können Sie raten, ob diese Reihe konvergiert oder nicht (vorausgesetzt, das Muster 8, 12, 16, 20 wird fortgesetzt)? Sie können beweisen, dass diese Reihe divergiert, indem Sie den Grenzwertvergleichstest (siehe Aufgabe 10) für die harmonische Reihe (siehe Aufgabe 5) anwenden.

5. $\sum_{n=1}^{\infty}\frac{1}{n}$ **divergiert.**

   Mit der Regel für p-Reihen können Sie jetzt Aufgabe 2 lösen. $\sum\frac{1}{n}$, die so genannte *harmonische Reihe* $\left(1+\frac{1}{2}+\frac{1}{3}+\frac{1}{4}+\frac{1}{5}+\ldots+\frac{1}{n}\right)$, ist wahrscheinlich die wichtigste p-Reihe. Weil $p = 1$, teilt Ihnen die Regel für p-Reihen mit, dass die harmonische Reihe divergiert.

6. $1+\frac{\sqrt[4]{2}}{2}+\frac{\sqrt[4]{3}}{3}+\frac{\sqrt[4]{2}}{4}+\ldots+\frac{\sqrt[4]{n}}{n}$ **divergiert.**

   Dies sieht vielleicht nicht aus wie eine p-Reihe, aber man kann das nicht von außen beurteilen.

   a. Schreiben Sie die Terme mit Exponenten statt mit Wurzeln:

   $$=1+\frac{2^{1/4}}{2}+\frac{3^{1/4}}{3}+\frac{4^{1/4}}{4}+\ldots+\frac{n^{1/4}}{n}.$$

b. Verwenden Sie die üblichen Exponentenregeln, um die Zähler in den Nenner zu bringen.

$$=1+\frac{1}{2^{3/4}}+\frac{1}{3^{3/4}}+\frac{1}{4^{3/4}}+\ldots+\frac{1}{n^{3/4}}$$

c. Wenden Sie die Regel für die p-Reihen an. Sie haben eine p-Reihe mit $p = \frac{3}{4}$, deshalb divergiert diese Reihe.

7. $\sum_{n=1}^{\infty}\frac{10(0,9)^n}{\sqrt{n}}$ **konvergiert.**

a. Sehen Sie sich den Summenausdruck an, um eine Reihe zu erkennen, die als Vergleichsreihe genutzt werden kann. Sie sollten $\sum 0,9^n$ als konvergente geometrische Reihe erkennen, weil r, nämlich 0,9, zwischen 0 und 1 liegt.

b. Verwenden Sie den direkten Vergleichstest, um $\sum_{n=1}^{\infty}\frac{10(0,9)^n}{\sqrt{n}}$ mit $\sum_{n=1}^{\infty}0,9^n$ zu vergleichen. Als erstes ziehen Sie die 10 heraus und ignorieren sie, weil die Multiplikation einer Reihe mit einer Konstanten keine Auswirkung auf ihre Konvergenz oder Divergenz hat. Sie erhalten also $\sum_{n=1}^{\infty}\frac{0,9^n}{\sqrt{n}}$.

Weil jeder Term von $\sum_{n=1}^{\infty}\frac{0,9^n}{\sqrt{n}}$ kleiner oder gleich dem entsprechenden Term der *konvergenten* Reihe $\sum_{n=1}^{\infty}0,9^n$ ist, muss auch $\sum_{n=1}^{\infty}\frac{0,9^n}{\sqrt{n}}$ konvergieren. Und weil $\sum_{n=1}^{\infty}\frac{0,9^n}{\sqrt{n}}$ konvergiert, konvergiert auch $\sum_{n=1}^{\infty}\frac{10(0,9)^n}{\sqrt{n}}$.

8. $\sum_{n=1}^{\infty}\frac{1.1^n}{10n}$ **divergiert.**

a. Bestimmen Sie eine geeignete Vergleichsreihe. Wie in Aufgabe 7 gibt es eine geometrische Reihe im Zähler, $\sum_{n=1}^{\infty}1,1^n$. Laut der Regel für geometrische Reihen divergiert sie. Anders als in Aufgabe 7 hilft Ihnen dies jedoch nicht weiter, weil die vorgegebene Reihe *kleiner* als diese *divergente* geometrische Reihe ist. Verwenden Sie stattdessen die Reihe im Nenner.

$\sum_{n=1}^{\infty}\frac{1,1^n}{10n}=\frac{1}{10}\sum_{n=1}^{\infty}\frac{1,1^n}{n}$. Der Nenner von $\sum_{n=1}^{\infty}\frac{1,1^n}{n}$ ist die divergente p-Reihe $\sum_{n=1}^{\infty}\frac{1}{n}$.

b. Wenden Sie den direkten Vergleichstest an. Weil jeder Term von $\sum_{n=1}^{\infty}\frac{1{,}1^n}{n}$ *größer* als der entsprechende Term der *divergente* Reihe $\sum_{n=1}^{\infty}\frac{1}{n}$ ist, divergiert auch $\sum_{n=1}^{\infty}\frac{1{,}1^n}{n}$, und damit auch $\sum_{n=1}^{\infty}\frac{1{,}1^n}{10n}$.

9. $\mathbf{\frac{1}{1001}+\frac{1}{2001}+\frac{1}{3001}+\frac{1}{4001}+\ldots}$ **divergiert.**

a. Fragen Sie sich, woran diese Reihe erinnert. An die divergente harmonische Reihe: $\frac{1}{1}+\frac{1}{2}+\frac{1}{3}+\frac{1}{4}+\ldots$.

b. Multiplizieren Sie die vorgegebene Reihe mit 1001, so dass Sie sie mit der harmonischen Reihe vergleichen können.

$$1001\left(\frac{1}{1001}+\frac{1}{2001}+\frac{1}{3001}+\frac{1}{4001}\ldots\right)=\frac{1001}{1001}+\frac{1001}{2001}+\frac{1001}{3001}+\frac{1001}{4001}+\ldots$$

c. Verwenden Sie den direkten Vergleichstest. Es kann einfach gezeigt werden, dass die Terme der Reihe aus Schritt 2 größer oder gleich den Termen der divergenten p-Reihe sind, somit divergiert auch die vorgegebene Reihe.

10. $\mathbf{\sum_{n=1}^{\infty}\frac{1}{n+\sqrt{n}+\ln n}}$ **divergiert.**

Probieren Sie es mit dem Grenzwertvergleichstest: Verwenden Sie die divergente harmonische Reihe $\sum_{n=1}^{\infty}\frac{1}{n}$ als Vergleichsreihe.

$$\lim_{n\to\infty}\frac{\frac{1}{n+\sqrt{n}+\ln n}}{\frac{1}{n}}$$

$$=\lim_{n\to\infty}\frac{n}{n+\sqrt{n}+\ln n}$$

$$=\lim_{n\to\infty}\frac{1}{1+\frac{1}{2\sqrt{n}}+\frac{1}{n}} \quad (\textit{L'Hôpital})$$

Weil der Grenzwert endlich und positiv ist, teilt Ihnen der Grenzwertvergleichstest mit, dass $\sum_{n=1}^{\infty}\frac{1}{n+\sqrt{n}+\ln n}$ mit der Vergleichsreihe divergiert. Übrigens hätten Sie diese Aufgabe auch mit dem direkten Vergleichstest erledigen können. Erkennen Sie, warum? ***Hinweis***: Sie können die harmonische Reihe als Vergleichsreihe verwenden, müssen sie aber zuvor etwas anpassen.

*11 $\sum_{n=2}^{\infty} \frac{1}{n^3 - (\ln n)^3}$ **konvergiert.**

a. Prüfen Sie kurz, ob der direkte Vergleichstest eine unmittelbare Antwort erzeugt.

Das ist nicht der Fall, weil $\sum_{n=2}^{\infty} \frac{1}{n^3 - (\ln n)^3}$ größer als die bekannt konvergente p-Reihe $\sum_{n=1}^{\infty} \frac{1}{n^3}$ ist.

b. Probieren Sie den Grenzwertvergleichstest mit $\sum_{n=1}^{\infty} \frac{1}{n^3}$ als Vergleichsreihe.

$$= \lim_{n\to\infty} \frac{\dfrac{1}{n^3 - (\ln n)^3}}{\dfrac{1}{n^3}}$$

$$= \lim_{n\to\infty} \frac{n^3}{n^3 - (\ln n)^3}$$

$$= \lim_{n\to\infty} \frac{1}{1 - \dfrac{(\ln n)^3}{n^3}}$$

$$= \lim_{n\to\infty} \frac{1}{1 - \left(\dfrac{\ln n}{n}\right)^3}$$

$$= \frac{1}{1 - \lim\limits_{n\to\infty} \left(\dfrac{\ln n}{n}\right)^3}$$ (Das müssen Sie mir einfach glauben.)

$$= \frac{1}{1 - \left(\lim\limits_{n\to\infty} \dfrac{\ln n}{n}\right)^3}$$ (Auch das müssen Sie mir glauben.)

$$= \frac{1}{1 - \left(\lim\limits_{n\to\infty} \dfrac{\frac{1}{n}}{1}\right)^3}$$ (Regel von L'Hôpital aus Kapitel 12.)

Weil dies endlich und positiv ist, teilt Ihnen der Grenzwertvergleichstest mit, dass $\sum_{n=2}^{\infty} \frac{1}{n^3 - (\ln n)^3}$ mit der Vergleichsreihe konvergiert.

*12. $\sum_{n=2}^{\infty} \frac{1}{n \ln n + \sin n}$ **divergiert.**

a. Sie wissen, dass Sie $\int \frac{1}{x \ln x}$ mit einer einfachen u-Substitution integrieren können. Tun Sie das, dann können Sie den Integralvergleichstest anwenden.

$$\int_2^{\infty} \frac{dx}{x \ln x} \qquad u = \ln x, \quad \text{wenn} \quad x = 2, u = \ln 2$$

$$= \lim_{c \to \infty} \int_2^{c} \frac{dx}{x \ln x} \qquad du = \frac{dx}{x}, \quad \text{wenn} \quad x = c, u = \ln c$$

$$= \lim_{c \to \infty} \int_{\ln 2}^{\ln c} \frac{du}{u}$$

$$= \lim_{c \to \infty} \left[\ln u\right]_{\ln 2}^{\ln c}$$

$$= \lim_{c \to \infty} \left(\ln(\ln c) - \ln(\ln 2)\right)$$

$$= \infty$$

Nach dem Integralvergleichstest divergiert $\sum_{n=2}^{\infty} \frac{1}{n^3 - (\ln n)^3}$ mit seinem entsprechenden uneigentlichen Integral, $\int_1^{\infty} \frac{dx}{x \ln x}$.

b. Probieren Sie es mit dem direkten Vergleichstest. Funktioniert nicht, weil $\frac{1}{n \ln n + \sin n}$ *kleiner* $\frac{1}{n \ln n}$ ist.

c. Probieren Sie es mit der Multiplikation mit einer Konstanten (immer ganz einfach und einen Versuch wert).

$\sum_{n=2}^{\infty} \frac{1}{n \ln n}$ divergiert, und deshalb auch $\frac{1}{2} \sum_{n=2}^{\infty} \frac{1}{n \ln n} = \sum_{n=2}^{\infty} \frac{1}{2n \ln n}$.

d. Jetzt probieren Sie es erneut mit dem direkten Vergleichstest. Man kann ganz einfach zeigen, dass $\frac{1}{n \ln n + \sin n}$ immer *größer* als $\frac{1}{2n \ln}$ $(n \geq 2)$ ist, und damit teilt Ihnen der direkte Vergleichstest mit, dass $\sum_{n=2}^{\infty} \frac{1}{n \ln n + \sin n}$ mit $\sum_{n=2}^{\infty} \frac{1}{2n \ln n}$ divergieren muss.

13. $\sum_{n=1}^{\infty} \frac{n^2}{e^{n^3}}$ **konvergiert.**

Dies ist unmittelbar geeignet für den Integraltest:

$$\int_1^{\infty} \frac{x^2}{e^{x^3}} dx = \lim_{c \to \infty} \int_1^{c} \frac{x^2}{e^{x^3}} dx = \lim_{c \to \infty} \frac{1}{3} \int_1^{c^3} \frac{du}{e^u} = \frac{1}{3} \lim_{c \to \infty} \left[-e^{-u}\right]_1^{c^3} = -\frac{1}{3} \lim_{c \to \infty} \left(\frac{1}{e^{c^3}} - \frac{1}{e}\right) = \frac{1}{3e}$$

Weil das Integral konvergiert, konvergiert auch die Reihe.

*14. $\sum_{n=1}^{\infty} \frac{n^3}{n!}$ **konvergiert.**

a. Probieren Sie den Grenzwertvergleichstest mit der konvergenten Reihe $\sum_{n=1}^{\infty} \frac{1}{n!}$ als Vergleichsreihe.

$$\lim_{n\to\infty} \frac{\frac{n^3}{n!}}{\frac{1}{n!}} = \lim_{n\to\infty} \frac{n!n^3}{n!} = \infty$$ Bringt nichts. Dieses Ergebnis hilft Ihnen gar nicht weiter.

b. Probieren Sie den folgenden eleganten Trick. Ignorieren Sie die ersten drei Terme von $\sum_{n=1}^{\infty} \frac{n^3}{n!}$, was ja die Konvergenz oder Divergenz der Reihe nicht beeinträchtigt.

Die Reihe ist damit $\frac{4^3}{4!} + \frac{5^3}{5!} + \frac{6^3}{6!} + \ldots$, was dargestellt werden kann als $\sum_{n=1}^{\infty} \frac{(n+3)^3}{(n+3)!}$.

c. Probieren Sie es jetzt erneut mit dem Grenzwertvergleichstest.

$$\lim_{n\to\infty} \frac{\frac{(n+3)^3}{(n+3)!}}{\frac{1}{n!}}$$

$$= \lim_{n\to\infty} \frac{n!(n+3)^3}{(n+3)!}$$

$$= \lim_{n\to\infty} \frac{(n+3)^3}{(n+3)(n+2)(n+1)}$$

$$= \lim_{n\to\infty} \frac{n^3 + \textit{kleinere Potenzen von } n}{n^3 + \textit{kleinere Potenzen von } n}$$

$= 1$ (nach der Regel der horizontalen Asymptote)

Somit konvergiert $\sum_{n=1}^{\infty} \frac{(n+3)^3}{(n+3)!}$ nach dem Grenzwertvergleichstest. Und weil $\sum_{n=1}^{\infty} \frac{n^3}{n!}$ dieselbe Reihe ist, bis auf die ersten drei Terme, konvergiert auch sie.

15. $\sum_{n=1}^{\infty} \frac{1}{(\ln(n+2))^n}$ **konvergiert.**

$$\lim_{n\to\infty} \left(\frac{1}{(\ln(n+2))^n} \right)^{1/n}$$

Probieren Sie es mit dem Wurzeltest:

$$= \lim_{n\to\infty} \frac{1}{\ln(n+2)}$$

$$= 0$$

Das ist kleiner 1, die Reihe konvergiert also.

16. $\sum_{n=1}^{\infty} \frac{n^{\sqrt{n}}}{\sqrt{n}^n}$ **konvergiert.**

Probieren Sie es mit dem Wurzeltest:

$$\lim_{n\to\infty}\left(\frac{n^{\sqrt{n}}}{\sqrt{n}^n}\right)^{1/n} = \lim_{n\to\infty}\frac{n^{\sqrt{n}/n}}{n^{1/2}} = \lim_{n\to\infty}\frac{1}{n^{1/2-\sqrt{n}/n}} = 0$$

Damit konvergiert die Reihe.

*17. $\sum_{n=1}^{\infty} \frac{n!}{n^n}$ **konvergiert.**

Dies ist eine Fakultät, versuchen Sie es also mit dem Quotiententest:

$$\lim_{n\to\infty}\frac{\frac{(n+1)!}{(n+1)^{n+1}}}{\frac{n!}{n^n}} = \lim_{n\to\infty}\frac{(n+1)!n^n}{n!(n+1)^{n+1}} = \lim_{n\to\infty}\frac{(n+1)n^n}{(n+1)^{n+1}} = \lim_{n\to\infty}\frac{n^n}{(n+1)^n} = \lim_{n\to\infty}\left(\frac{n}{n+1}\right)^n$$

In der rechten Spalte geht es weiter mit logarithmischer Differentiation.

$$y = \lim_{n\to\infty}\left(\frac{n}{n+1}\right)^n$$

$$\ln y = \ln\left(\lim_{n\to\infty}\left(\frac{n}{n+1}\right)^n\right)$$

$$= \lim_{n\to\infty}\left(\ln\left(\frac{n}{n+1}\right)^n\right)$$

$$= \lim_{n\to\infty}\left(\frac{\ln\left(\frac{n}{n+1}\right)}{\frac{1}{n}}\right)$$

$$= \lim_{n\to\infty}\left(\frac{\frac{n+1}{n}\cdot\frac{n+1-n}{(n+1)^2}}{\frac{-1}{n^2}}\right) \text{ (\textit{Regel von L'Hôpital})}$$

$$= \lim_{n\to\infty}\left(\frac{-n}{n+1}\right)$$

$$\ln y = -1$$

$$y = e^{-1}$$

Weil dies kleiner 1 ist, konvergiert die Reihe.

*18. $\sum_{n=1}^{\infty} n\left(\frac{3}{4}\right)^n$ **konvergiert.**

Schreiben Sie dies so um, dass es eine große n-te Potenz ist: $\sum_{n=1}^{\infty}\left(n^{1/n}\cdot\frac{3}{4}\right)^n$. Jetzt betrachten Sie den Grenzwert der n-ten Wurzel.

$$\lim_{n\to\infty}\left(\left(\frac{3}{4}n^{1/n}\right)^n\right)^{1/n}$$

$$=\lim_{n\to\infty}\frac{3}{4}n^{1/n}$$

$$=\frac{3}{4}\lim_{n\to\infty}n^{1/n}$$ (Dies ist ein nicht erlaubter Fall nach der Regel von L'Hôpital: ∞^0)

$$\ln y=\ln\left(\frac{3}{4}\lim_{n\to\infty}n^{1/n}\right)$$

$$=\ln\frac{3}{4}+\lim_{n\to\infty}(\ln n^{1/n})$$

$$=\ln\frac{3}{4}+\lim_{n\to\infty}\frac{\ln n}{n}$$

$$=\ln\frac{3}{4}+\lim_{n\to\infty}\frac{\frac{1}{n}}{1}$$ (Regel von L'Hôpital)

$$\ln y=\ln\frac{3}{4}$$

$$y=\frac{3}{4}$$

Der Grenzwert der n-ten Wurzel ist also $\frac{3}{4}$, und damit konvergiert die Reihe.

19. $\sum_{n=1}^{\infty}\frac{n^{\sqrt{n}}}{n!}$ **konvergiert.**

Versuchen Sie es mit dem Quotiententest:

$$\lim_{n\to\infty}\frac{\frac{(n+1)^{\sqrt{n+1}}}{(n+1)!}}{\frac{n^{\sqrt{n}}}{n!}}=\lim_{n\to\infty}\frac{n!(n+1)^{\sqrt{n+1}}}{(n+1)!n^{\sqrt{n}}}=\lim_{n\to\infty}\frac{(n+1)^{\sqrt{n+1}}}{(n+1)n^{\sqrt{n}}}=\lim_{n\to\infty}\frac{(n+1)^{\sqrt{n+1}-1}}{n^{\sqrt{n}}}=0$$

Nach dem Quotiententest konvergiert die Reihe.

20. $\sum_{n=1}^{\infty} \frac{n!}{4^n}$ **divergiert.**

Probieren Sie es mit dem Quotiententest: $\lim_{n\to\infty} \frac{\frac{(n+1)!}{4^{n+1}}}{\frac{n!}{4^n}} = \lim_{n\to\infty} \frac{(n+1)!4^n}{n!4^{n+1}} = \lim_{n\to\infty} \frac{n+1}{4} = \infty$

21. $\sum_{n=1}^{\infty} (-1)^{n+1} \frac{n+1}{3n+1}$ **divergiert.** Dies ist trivial, weil $\lim_{n\to\infty} \frac{n+1}{3n+1} = \frac{1}{3}$, die erste Bedingung des Tests auf alternierende Reihen ist nicht erfüllt, d.h. sowohl die alternierende Reihe als auch die Reihe der positiven Terme sind divergent.

*22. $\sum_{n=3}^{\infty} (-1)^n \frac{n+1}{n^2-2}$ **konvergiert bedingt.**

Prüfen Sie die beiden Bedingungen des Tests auf alternierende Reihen:

a. $\lim_{n\to\infty} \frac{n+1}{n^2-2}$

$= \lim_{n\to\infty} \frac{1}{2n}$ (Regel von L'Hôpital)

$= 0$ Passt.

b. Sind die Terme nicht zunehmend?

$\frac{n+1}{n^2-2} \geq \frac{(n+1)+1}{(n+1)^2-2}$?

$\frac{n+1}{n^2-2} \geq \frac{n+2}{n^2+2n-1}$?

$(n+1)(n^2+2n-1) \geq (n+2)(n^2-2)$?

$n^3+2n^2-n+n^2+2n-1 \geq n^3-2n+2n^2-4$?

$n^3+3n^2+n-1 \geq n^3+2n^2-2n-4$?

$n^2+3n+5 \geq 0$? Passt.

Damit ist die Reihe zumindest bedingt konvergent. Und es kann einfach gezeigt werden, dass sie nur bedingt konvergent und nicht absolut konvergent ist, indem der direkte Vergleichstest angewendet wird. Jeder Term von $\sum_{n=3}^{\infty} \frac{n+1}{n^2-2}$ hat einen größeren Zähler und einen kleineren Nenner – und ist damit größer als der entsprechende Term von $\sum_{n=3}^{\infty} \frac{n}{n^2}$. $\sum_{n=3}^{\infty} \frac{n}{n^2}$ ist dasselbe wie die divergente harmonische Reihe, $\sum_{n=3}^{\infty} \frac{1}{n}$, und deshalb ist auch $\sum_{n=3}^{\infty} \frac{n+1}{n^2-2}$ divergent.

Teil V
Der Teil der Zehn

»Pass auf, Gerlinde! Langsam... Laaaangsam... erst berechnest du das Volumen des Krugs!«

In diesem Teil ...

Hier erzähle ich Ihnen zehn Dinge, die Sie über Grenzwerte und unendliche Reihen wissen sollten, zehn Dinge, die Sie über die Differentiation wissen sollten, und zehn Dinge, die Sie über die Integration wissen sollten. Merken Sie sich das, sonst wird alles übel enden!

Zehn Dinge, die Sie über Grenzwerte, Stetigkeit und unendliche Reihen wissen sollten

14

In diesem Kapitel...

- Wenn es keine Grenzwerte, Stetigkeit und Ableitungen gibt
- Zehn Tests auf Konvergenz

In diesem sehr kurzen Kapitel stelle ich Ihnen zwei großartige Mnemotechniken vor, mit denen Sie sich jede Menge über Grenzwerte, Stetigkeit, Ableitungen und unendliche Reihen merken können. Hier geht es endlich um das Wesentliche!

Die 33333-Mnemotechnik

Diese Mnemotechnik ist eine Merkhilfe für Grenzwerte, Stetigkeit und Ableitungen. Beachten Sie erstens, dass ich das Wort »limil« unter die fünf Dreien geschrieben habe. Es ist das englische Wort für den Grenzwert (»limit«), wobei das *t* zu einem *l* gemacht wurde. Beachten Sie außerdem die hübsche Parallele zwischen »limil« und der zweiten Mnemotechnik in diesem Kapitel, der 13231-Mnemotechnik – in beiden Fällen haben Sie zwei Paare, die einen Buchstaben oder eine Zahl in der Mitte einrahmen.

3 3 3 3 3

l i m i l

Erste 3 über dem »l«: Die Definition eines Grenzwerts (Limes) besteht aus 3 Teilen

Sie finden die formale Definition eines Grenzwerts in Kapitel 3. Diese Mnemotechnik hilft Ihnen, sich zu merken, dass sie aus drei Teilen besteht. Das sollte schon genügen, dass Sie sich an diese drei Teile erinnern. Probieren Sie es aus!

Fünfte 3 über dem »l«: Es gibt 3 Fälle, in denen es keinen Grenzwert (Limes) gibt

Die drei Fälle sind:

- ✔ An einer vertikalen Asymptote. Dies ist eine *unendliche Unstetigkeit*.
- ✔ An einer *Sprungunstetigkeit*.

- Bei dem Grenzwert gegen Unendlich oder minus Unendlich einer oszillierenden Funktion wie etwa $\lim\limits_{x \to \infty} \cos x$, wo die Funktion ständig nach unten und oben schwingt, ohne sich je auf einen einzigen y-Wert einzupendeln.

Zweite 3 über dem »i«: Die Definition der Stetigkeit besteht aus 3 Teilen

Beachten Sie als erstes die sehr intelligente Aussage, dass der Buchstabe *i* nicht gezeichnet werden kann, ohne den Stift vom Papier aufzuheben, und dass er damit nicht *stetig* ist. Auf diese Weise können Sie sich merken, dass die zweite und die vierte 3 mit der Stetigkeit zu tun haben.

Die dreiteilige formale Definition der Stetigkeit finden Sie in Kapitel 3. Die Mnemotechnik hilft Ihnen, sich zu merken, dass sie aus drei Teilen besteht. Und genau wie bei der Definition eines Grenzwerts wird Ihnen das allein schon helfen, sich an diese drei Teile zu erinnern.

Vierte 3 über dem »i«: Es gibt 3 Fälle, in denen keine Stetigkeit vorliegt

Die drei Fälle sind:

- Eine *entfernbare Unstetigkeit* – der hochtrabende Begriff der Analysis für eine Lücke.
- Eine *unendliche Unstetigkeit*
- Eine *Sprungunstetigkeit*

Dritte 3 über dem »m«: Es gibt 3 Fälle, in denen es keine Ableitung gibt

Beachten Sie, dass *m* häufig für die Steigung steht. Und die Steigung ist dasselbe wie die Ableitung. Die drei Fälle, wo sie nicht existiert, sind:

- An jeder *Unstetigkeit*
- An einem *Scheitel*: einer Spitze oder einer Ecke auf einer Funktion (dies tritt nur bei seltsamen Funktionen auf)
- An einer *vertikalen Tangente*. (Eine vertikale Linie hat eine undefinierte Steigung und damit eine undefinierte Ableitung.)

Die 13231-Mnemotechnik

Diese Mnemotechnik hilft Ihnen, sich die zehn Tests auf Konvergenz oder Divergenz einer unendlichen Reihe zu merken, um die es in Kapitel 13 ging. $1 + 3 + 2 + 3 + 1 = 10$. Verstanden?

Erste 1: Der Test auf den n-ten Term für Divergenz

Für jede Reihe gilt, dass die Reihe divergiert, wenn der n-te Term nicht gegen 0 geht.

Zweite 1: Der Test auf den n-ten Term für die Konvergenz alternierender Reihen

Der eigentliche Name dieses Tests ist der *Test auf alternierende Reihen*. Ich bezeichne ihn hier aber als Test auf den n-ten Term für die Konvergenz, weil man ihn sich so besser merken kann, da er sehr viel gemeinsam hat mit dem Test auf den n-ten Term auf Divergenz, und weil diese beiden Tests eine hübsche Umrahmung für die anderen Tests darstellen, und weil dies schlussendlich mein Buch ist.

Eine alternierende Reihe konvergiert, wenn 1) ihr n-ter Term gegen 0 konvergiert, und 2) jeder Term kleiner oder gleich dem vorhergehenden Term ist (wobei die Minuszeichen ignoriert werden).

Beachten Sie die folgende sehr hübsche Parallele zwischen den beiden Tests auf den n-ten Term: wenn beim Divergenz-Test auf den n-ten Term dieser n-te Term nicht gegen 0 konvergiert, konvergiert die Reihe nicht, aber es trifft *nicht* zu, dass wenn der n-te Term gegen 0 konvergiert, die Reihe dann auch konvergieren muss.

Bei dem Test auf den n-ten Term bei alternierenden Reihen verhält es sich genau anders herum (oder so gut wie). Wenn der Test erfolgreich ist, dann konvergiert die Reihe, aber wenn der Test fehlschlägt, muss die Reihe nicht unbedingt nicht konvergieren.

Erste 3: Die drei Tests mit Namen

Diese »3« hilft Ihnen, sich die drei Reihentypen zu merken, die Namen tragen: geometrische Reihen (die konvergieren, wenn $|r| < 1$), p-Reihen (die konvergieren, wenn $p > 1$) und Teleskopreihen.

Zweite 3: Die drei Vergleichstests

Der direkte Vergleichstest, der Grenzwertvergleichstest und der Integralvergleichstest verhalten sich alle drei identisch. Sie vergleichen dabei eine vorgegebene Reihe mit einer bekannten Vergleichsreihe. Wenn die Vergleichsreihekonvergiert, konvergiert auch die vorgegebene Reihe. Dasselbe gilt für die Divergenz.

Die 2 in der Mitte: Die beiden R-Tests

Der Quotiententest und der Wurzeltest bilden ein zusammenhängendes Paar, weil für beide Tests gilt, dass die Reihe konvergiert, wenn der Grenzwert kleiner 1 ist. Wenn der Grenzwert größer 1 ist, divergiert die Reihe. Wenn der Grenzwert gleich 1 ist, sagt der Test nichts über Ihre Reihe aus.

Zehn Dinge, die Sie sich über die Differentiation merken sollten

15

In diesem Kapitel...

- Psst, hier bin ich!
- Der Differenzquotient
- Extrema, Krümmung und Wendepunkte
- Die Produkt- und Quotientenregeln

In diesem Kapitel erfahren Sie zehn wichtige Dinge, die Sie über die Differentiation wissen sollten. Sehen Sie sich diese Seiten ruhig öfter an! Wenn Sie diese zehn Dinge immer beherzigen, sind Sie Ihrem Ziel zum Differentiationsfachmann einen wesentlichen Schritt näher gekommen.

Der Differenzquotient

Die formale Definition einer Ableitung basiert auf dem *Differenzquotienten*:

$f'(x) = \lim_{h \to 0} \frac{f(x+h) - f(x)}{h}$. Dies besagt quasi dasselbe wie $\mathit{Steigung} = \frac{\mathit{Höhe}}{\mathit{Weite}}$.

Die erste Ableitung ist eine Rate

Eine erste Ableitung teilt Ihnen mit, um wie viel sich y pro Einheitenänderung in x ändert. Wenn y beispielsweise in Kilometern und x in Stunden angegeben ist und y an irgendeinem Punkt innerhalb der Funktion um 3 Einheiten nach oben geht, wenn x um 1 Einheit nach rechts geht, haben Sie 3 km/h. Das ist die Rate und das ist die Ableitung.

Die erste Ableitung ist eine Steigung

Im vorigen Beispiel ergibt sich, wenn y um 3 Einheiten nach oben geht (die *Höhe*), wenn x um 1 Einheit nach rechts geht (die *Länge*), die Steigung (*Höhe/Länge*) an diesem Punkt der Funktion, nämlich 3. Das ist die Steigung und das ist die Ableitung.

Extrema, Vorzeichenwechsel und die erste Ableitung

Wenn sich das Vorzeichen der ersten Ableitung von positiv in negativ ändert oder umgekehrt, bedeutet das, dass Sie erst nach oben und dann nach unten gegangen sind (und damit einen Berggipfel überquert haben, ein *lokales Maximum*), bzw. dass Sie erst nach unten und dann nach oben gegangen sind (und damit eine Talsohle durchquert haben, ein *lokales Mi-*

nimum). In beiden Fällen *lokaler Extremwerte* ist die erste Ableitung normalerweise Null, sie kann aber auch undefiniert sein (wenn der lokale Extremwert eine Ecke war). Beachten Sie außerdem, dass wenn die erste Ableitung gleich Null ist, Sie einen *horizontalen Wendepunkt* statt eines lokalen Extremwerts haben können.

Die zweite Ableitung und Konkavität

Eine *positive* zweite Ableitung lässt erkennen, dass eine Funktion konvex (nach oben gekrümmt, wie ein Löffel, in dem sich Wasser befindet, oder ein Lächeln) verläuft. Eine *negative* zweite Ableitung bedeutet konkav (nach unten gekrümmt, wie ein Löffel, aus dem Wasser ausgekippt wird, oder nach unten zeigende Mundwinkel).

Wendepunkte und Vorzeichenwechsel in der zweiten Ableitung

Beachten Sie die hübschen Parallelen zwischen dem Vorzeichenwechsel bei der zweiten Ableitung und dem Vorzeichenwechsel bei der ersten Ableitung, wie in den obigen Abschnitten beschrieben.

Wenn das Vorzeichen der zweiten Ableitung sich von positiv in negativ ändert oder umgekehrt, bedeutet das, dass sich die Krümmung der Funktion von oben nach unten bzw. von unten nach oben ändert. In jedem Fall haben Sie wahrscheinlich einen *Wendepunkt* (es könnte aber auch eine Ecke sein). An einem Wendepunkt ist die zweite Ableitung in der Regel Null, sie kann aber auch undefiniert sein, wenn eine vertikale Tangente am Wendepunkt vorliegt. Außerdem garantiert die Tatsache, dass die zweite Ableitung gleich Null ist, nicht, dass Sie sich an einem Wendepunkt befinden. Die zweite Ableitung kann an einem Punkt Null sein, wo die Funktion nach oben oder unten gekrümmt ist (wie z.B. an der Stelle $x = 0$ auf der Kurve $y = x^4$).

Die Produktregel

Die Ableitung eines Produkts von zwei Funktionen ist gleich der Ableitung der ersten multipliziert mit der zweiten plus die erste multipliziert mit der Ableitung der zweiten. In Symbolen: $\frac{d}{dx}(uv) = u'v + uv'$.

Die Quotientenregel

Die Ableitung eines Quotienten von zwei Funktionen ist gleich der Ableitung der oberen multipliziert mit der unteren *minus* der oberen multipliziert mit der Ableitung der unteren, dividiert durch die untere zum Quadrat. In Symbolen: $\frac{d}{dx}\left(\frac{u}{v}\right) = \frac{u'v - uv'}{v^2}$.

Beachten Sie, dass, abgesehen vom Minuszeichen, der Zähler der Quotientenregel identisch mit der Produktregel ist. Für beide Regeln erstellen Sie die Ableitung der ersten Funktion, die Sie lesen: die *linke* Funktion in einem Produkt und die *obere* Funktion in einem Quotienten.

Lineare Annäherung

Hier folgt eine lustige Analysisformel für eine lineare Annäherung: $l(x) = f(x_1) + f'(x_1)(x - x_1)$. Wenn Sie versuchen, sich dies zu merken, und dabei immer frustrierter werden, denken Sie an folgendes: Es ist einfach nur die Gleichung einer Geraden, und ihre Bedeutung entspricht der Punkt/Steigung-Form für die Gleichung einer Geraden, die Sie in Algebra I kennen gelernt haben (und die hier etwas angepasst wurde): $y = y_1 + m(x - x_1)$.

PSST!, hier folgt eine praktische Methode, sich die Ableitungen von trigonometrischen Funktionen zu merken

Nehmen Sie die letzten drei Buchstaben in PSST und schreiben Sie die trigonometrischen Funktionen auf, die mit diesen Buchstaben beginnen: Sekans, Sekans, Tangens. Darunter schreiben Sie ihre Co-Funktionen, Kosekans, Kosekans, Kotangens (und fügen ein Minuszeichen ein). Anschließend zeichnen Sie Pfeile. Die Pfeile zeigen auf die Ableitungen. Beispielsweise zeigt der Pfeil hinter Sekans auf seine Ableitung, sec · tan, und der Pfeil neben Tangens zeigt zurück auf seine Ableitung, $\sec^2$. Und das geht so:

sec	→	**sec**	←	**tan**
csc	→	**–csc**	←	**cot**

16 Zehn Dinge, die Sie sich über die Integration merken sollten, wenn Sie sich etwas Gutes tun wollen

In diesem Kapitel...

- Drei Annäherungsregeln
- Der Hauptsatz der Differential- und Integralrechnung
- Bestimmte und unbestimmte Integrale und Antiableitungen

In diesem Kapitel geht es um zehn Dinge, die Sie über die Integration wissen sollten. Wenn Sie eine wirklich integrierte Person werden wollen (im Gegensatz zu einer abgeleiteten), sollten Sie diese Integrationsregeln integrieren und sie als integralen Bestandteil Ihres Daseins verstehen.

Die Trapezregel

Die Trapezregel bietet eine relativ gute Annäherung der Fläche unter einer Kurve, falls Sie die exakte Fläche nicht mittels Integration bestimmen können – oder wollen.

$$T_n = \frac{b-a}{2n}\left[f(x_0) + 2f(x_1) + 2f(x_2) + 2f(x_3) + \ldots + 2f(x_{n-1}) + f(x_n)\right]$$

Die Mittelpunktsregel

Eine noch bessere Annäherung erhalten Sie durch die Mittelpunktsregel – sie verwendet Rechtecke.

$$M_n = \frac{b-a}{n}\left[f\left(\frac{x_0+x_1}{2}\right) + f\left(\frac{x_1+x_2}{2}\right) + f\left(\frac{x_2+x_3}{2}\right) + \ldots + f\left(\frac{x_{n-1}+x_n}{2}\right)\right]$$

Simpson-Regel

Die beste Flächenannäherung erhalten Sie durch die Simpson-Regel – sie verwendet trapezähnliche Formen, die parabolische Oberkanten haben.

$$S_n = \frac{b-a}{3n}\left[f(x_0) + 4f(x_1) + 2f(x_2) + 4f(x_3) + 2f(x_4) + \ldots + 4f(x_{n-1}) + f(x_n)\right]$$

Wenn Sie beispielsweise bereits die Mittelpunktannäherung für zehn Rechtecke und die Trapezannäherung für zehn Trapeze haben, können Sie die Annäherung nach der Simpson-Regel für zehn »Trapeze« mit gekrümmter Oberseite dank der folgenden Abkürzung ganz leicht berechnen:

$S_{2n} = \frac{M_n + M_n + T_n}{3}$. Hierbei erhalten Sie eine außerordentlich gute Annäherung.

Das unbestimmte Integral

Das unbestimmte Integral, $\int f(x)\,dx$, ist die Familie aller Anti-Ableitungen von $f(x)$. Aus diesem Grund muss Ihre Lösung mit »$+C$« enden. Beispielsweise ist $\int 2x\,dx$ die Familie aller Parabeln der Form $x^2 + C$, wie etwa $x^2 - 1$, $x^2 + 3$, $x^2 + 10$ usw. All dies sind vertikale Verschiebungen von $y = x^2$.

Der Hauptsatz der Differential- und Integralrechnung, 1. Version

Für eine Flächefunktion A, die Fläche unter $f(t)$ erzeugt, ist

$$A_f(x) = \int_s^x f(t)\,dt\,,$$

die Rate, mit der die Fläche erzeugt wird, ist gleich der Höhe der ursprünglichen Funktion. Weil die Rate die Ableitung ist, ist die Ableitung der Flächenfunktion gleich der ursprünglichen Funktion:

$$\frac{d}{dx}A_f(x) = f(x)$$

Der Hauptsatz der Differential- und Integralrechnung, 2. Version

Sei F eine beliebige Stammfunktion (Anti-Ableitung) der Funktion f, dann ist

$$\int_a^b f(x)\,dx = F(b) - F(a)$$

Das bestimmte Integral

Im Wesentlichen ist es die Aufgabe aller bestimmten Integrale, $\int_a^b f(x)\,dx$, unendlich viele unendlich kleine Teile von irgendetwas aufzuaddieren, um den Gesamtbetrag zwischen a

und b zu erhalten. Der Ausdruck hinter dem Integralsymbol, $f(x)\,dx$ (der *Integrand*) ist immer ein mathematischer Ausdruck für einen repräsentativen Abschnitt der Dinge, die Sie aufaddieren.

Die Höhe eines Rechtecks ist gleich oben minus unten

Wenn Sie mit Hilfe eines bestimmten Integrals Rechtecke aufaddieren, um die Gesamtfläche zwischen zwei Kurven zu erhalten, brauchen Sie einen Ausdruck für die Höhe eines repräsentativen Rechtecks. Das sollte trivial sein: Es ist einfach die obere y-Koordinate minus die untere y-Koordinate des Rechtecks.

Fläche unter der x-Achse ist negativ

Wenn Sie beispielsweise die Fläche unter der x-Achse und oberhalb von $y = \sin x$ zwischen $-\pi$ und 0 berechnen wollen, befindet sich die Oberkante eines repräsentativen Rechtecks auf der x-Achse (die Funktion $y = 0$), und die Unterseite befindet sich auf $\sin x$. Damit ist die Höhe des Rechtecks gleich $0 - \sin x$, und Sie verwenden das folgende bestimmte Integral, um die Fläche zu erhalten: $\int_{-\pi}^{0} (0 - \sin x)\,dx$, was natürlich gleich $-\int_{-\pi}^{0} \sin x\,dx$ ist. Dieses *negative* Integral verschafft Ihnen also die üblicherweise *positive* Fläche. Und aus diesem Grund erzeugt ein üblicherweise *positives* Integral eine *negative* Fläche für die Teile einer Kurve, die unterhalb der x-Achse liegen.

Stückweise integrieren

Wenn Sie die Gesamtfläche zwischen zwei Kurven benötigen und die »obere« Funktion wechselt, weil sich die beiden Kurven kreuzen, brauchen Sie mehrere bestimmte Integrale. Jede Stelle, an der sich die Kurven kreuzen, definiert den Rand einer Fläche, die Sie separat integrieren müssen. (Wenn eine Funktion die x-Achse schneidet, müssen Sie $y = 0$ als zweite Funktion betrachten und die x-Schnittpunkte als Kreuzungspunkte.)

Stichwortverzeichnis

M

N

O

P

Q

R

S

T

U

V

W

Z

FÜR DUMMIES

$D(U+M)+(M-I^E)/S$ = MATHE SCHNELL, LEICHT UND MIT VIEL SPASS GELERNT

Algebra für Dummies
ISBN 978-3-527-70267-1

Analysis für Dummies
ISBN 978-3-527-70336-4

Analysis II für Dummies
ISBN 978-3-527-70509-2

Differentialgleichnungen für Dummies
ISBN 978-3-527-70527-6

Geometrie für Dummies
ISBN 978-3-527-70298-5

Grundlagen der Mathematik für Dummies
ISBN 978-3-527-70441-5

Lineare Algebra für Dummies
ISBN 978-3-527-70316-6

Mathematik für Naturwissenschaftler für Dummies
ISBN 978-3-527-70419-4

Statistik für Dummies
ISBN 978-3-527-70108-7

Trigonometrie für Dummies
ISBN 978-3-527-70297-8

Übungsbuch Statistik für Dummies
ISBN 978-3-527-70390-6

Wahrscheinlichkeitsrechnung für Dummies
ISBN 978-3-527-70304-3

Weiterführende Statistik für Dummies
ISBN 978-3-527-70413-2

Wirtschaftsmathematik für Dummies
ISBN 978-3-527-70375-3

FÜR DUMMIES

DER SCHNELLE EINSTIEG IN DIE NATURWISSENSCHAFTEN

Anatomie und Physiologie für Dummies
ISBN 978-3-527-70284-8

Astronomie für Dummies
ISBN 978-3-527-70370-8

Biochemie für Dummies
ISBN 978-3-527-70508-5

Biologie für Dummies
ISBN 978-3-527-70386-9

Chemie für Dummies
ISBN 978-3-527-70473-6

Genetik für Dummies
ISBN 978-3-527-70272-5

Logik für Dummies
ISBN 978-3-527-70382-1

Mathematik für Naturwissenschaftler
für Dummies
ISBN 978-3-527-70419-4

Molekularbiologie für Dummies
ISBN 978-3-527-70445-3

Nanotechnologie für Dummies
ISBN 978-3-527-70299-2

Organische Chemie für Dummies
ISBN 978-3-527-70292-3

Physik für Dummies
ISBN 978-3-527-70396-8